普通高等教育"十一五"国家级规划教材

农药分析与残留分析

王　惠　吴文君　主编

钱传范　花日茂　张　兴　主审

化学工业出版社

·北京·

本教材涵盖了农药分析和农药残留分析两部分内容，具体包括农药分析、残留分析、数据处理、农药制剂分析方法与农药残留实验室质量控制四个部分。

本教材反映了本领域的最新进展，可作为高等农林院校植物保护专业、应用化学专业和食品安全专业等本科生的教材，也可供农业、卫生、食品、环境、化工、贸易等行业从事农药科研和管理的技术人员参阅。

图书在版编目（CIP）数据

农药分析与残留分析/王惠，吴文君主编. —北京：
化学工业出版社，2006.11（2024.1重印）
普通高等教育"十一五"国家级规划教材
ISBN 978-7-5025-8746-8

Ⅰ.农… Ⅱ.①王…②吴… Ⅲ.①农药分析-高等
学校-教材②农药残留量分析-高等学校-教材 Ⅳ.①TQ
450.7②X592

中国版本图书馆 CIP 数据核字（2006）第 135560 号

责任编辑：刘俊之 宋林青 文字编辑：昝景岩
责任校对：凌亚男 装帧设计：张 辉

出版发行：化学工业出版社（北京市东城区青年湖南街 13 号 邮政编码 100011）
印 装：北京印刷集团有限责任公司
787mm×1092mm 1/16 印张 12¼ 字数 336 千字 2024 年 1 月北京第 1 版第 9 次印刷

购书咨询：010-64518888 售后服务：010-64518899
网 址：http://www.cip.com.cn
凡购买本书，如有缺损质量问题，本社销售中心负责调换。

定 价：45.00 元

编写人员名单

主　　编：王　惠　西北农林科技大学
　　　　　吴文君　西北农林科技大学
副 主 编：潘灿平　中国农业大学
　　　　　张凤云　西北农林科技大学
　　　　　慕　卫　山东农业大学
　　　　　汤　锋　安徽农业大学
编写人员：（按姓氏笔画排序）
　　　　　王　惠　西北农林科技大学
　　　　　毛富春　西北农林科技大学
　　　　　刘颖超　河北农业大学
　　　　　汤　锋　安徽农业大学
　　　　　杨顺义　甘肃农业大学
　　　　　沈慧敏　甘肃农业大学
　　　　　张　建　石河子大学
　　　　　张凤云　西北农林科技大学
　　　　　陈华保　四川农业大学
　　　　　彭文文　江西农业大学
　　　　　慕　卫　山东农业大学
　　　　　潘灿平　中国农业大学
　　　　　操海群　安徽农业大学
主　　审：钱传范　中国农业大学
　　　　　花日茂　安徽农业大学
　　　　　张　兴　西北农林科技大学

前　言

　　农药分析与残留分析包括农药产品质量控制涉及的分析和农药残留监督分析两部分。在农药分析方面，钱传范教授（1992 年）主编出版了《农药分析》一书；在农药残留分析方面，樊德方教授（1982 年）主编出版了《农药残留量检测与分析》一书。这两本书一直是我国农药分析和农药残留分析教学和科研中重要的参考书。进入 21 世纪后，由于一些发达国家对农产品中农药残留量做出了更为严格的要求，农药残留问题不仅成为我国农产品出口的重要障碍，也突出地成为消费者普遍关注的食品安全问题的重要内容。近年来，农药残留问题再度受到国家和农业部的高度重视，全国各省和许多地、市、县都建立了农药残留的检测机构，全国农药残留的监督检测体系即将形成。在对农药残留高度关注的同时，国家也采取了对高毒农药的限制使用措施，同时鼓励对新的高效低毒农药品种的开发研究措施，因此近年来农药新品种、新剂型不断出现，同时对分析方法和技术也有了新的和更高的要求。

　　面对新的形势，我国急需培养大批掌握农药分析和农药残留分析技术的专门人才。岳永德教授 2003 年编辑出版了《农药残留分析》一书，在残留分析方面具有指导意义。但多年来，我国高等院校一直缺乏一本《农药分析与残留分析》的系统教材。编者在与中国农业大学、山东农业大学和安徽农业大学等几所大学同行任课教师的交流中发现，很有必要出版一本新的集农药分析与残留分析为一体的高等学校使用教材。于是，就催生了这本《农药分析与残留分析》教材。

　　全书共分四个部分。第一部分（包括第一章至第七章）为农药分析部分；第二部分（包括第八章至第十章）为残留分析部分；第三部分（第十一章）为数据处理。第四部分（第十二章）为农药制剂分析方法与农药残留实验室质量控制。

　　各章的编写人员为：绪论　王惠，潘灿平，慕卫；第一章　王惠，彭文文；第二章　张凤云，张建，刘颖超；第三章　慕卫，刘颖超；第四章　慕卫，陈华保；第五章　毛富春，王惠；第六章　张建，毛富春；第七章　慕卫，陈华保；第八章　王惠，汤锋；第九章　汤锋；第十章　彭文文，操海群，沈慧敏，杨顺义；第十一章　张凤云，毛富春；第十二章　潘灿平；附录　慕卫，潘灿平。全书由王惠、张凤云、吴文君修改定稿；由中国农业大学钱传范教授、安徽农业大学花日茂教授和西北农林科技大学张兴教授主审。

　　随着科学技术的发展，新的分析方法不断出现。本教材尽量反映本领域的新进展，但也难免出现遗漏和不足，对于书中的不足之处，欢迎批评指正，以便进一步完善。

编者

2006 年 6 月

目 录

绪论 ……………………………………………………………………………………… 1
  第一节 农药分析与残留分析的任务与地位 …………………………………… 1
  第二节 农药登记中对农药分析和残留分析的要求 ………………………… 2
  第三节 农药质量标准 …………………………………………………………… 3
  第四节 原药全分析 ……………………………………………………………… 4
  第五节 农药残留分析概述 ……………………………………………………… 6
  第六节 农药分析和残留分析对方法的特殊要求 …………………………… 7

第一部分 农药分析 ……………………………………………………………… 8

第一章 原药与制剂分析的采样 ………………………………………………… 8
  第一节 概述 ……………………………………………………………………… 8
  第二节 采样技术 ………………………………………………………………… 9
  第三节 抽取样品的包装、运输和贮存 ……………………………………… 11
  第四节 农药定量包装净含量的检查 ………………………………………… 11

第二章 有效成分分析——经典方法 ………………………………………… 13
  第一节 薄层色谱法 ……………………………………………………………… 13
  第二节 重量分析法 ……………………………………………………………… 16
  第三节 滴定分析法 ……………………………………………………………… 18
  第四节 紫外-可见分光光度法 ………………………………………………… 26

第三章 有效成分分析——气相色谱法 …………………………………… 31
  第一节 气相色谱法在农药分析中的应用和特点 …………………………… 31
  第二节 基本原理 ………………………………………………………………… 31
  第三节 操作技术 ………………………………………………………………… 34
  第四节 农药的气相色谱分析实例 …………………………………………… 45

第四章 有效成分分析——高效液相色谱法 ……………………………… 47
  第一节 高效液相色谱法的特点 ……………………………………………… 47
  第二节 基本原理 ………………………………………………………………… 47
  第三节 高效液相色谱仪流程及操作技术 …………………………………… 49
  第四节 实验技术 ………………………………………………………………… 55
  第五节 农药高效液相色谱分析方法的建立 ………………………………… 55

第五章 有效成分分析——毛细管电泳技术 ……………………………… 58
  第一节 仪器组成及原理 ……………………………………………………… 58
  第二节 分离模式 ………………………………………………………………… 59
  第三节 在农药分析中的应用 ………………………………………………… 61

第六章 有效成分及杂质的定性分析——波谱法 ……………………… 63
  第一节 波谱的一般知识 ……………………………………………………… 63
  第二节 紫外光谱 ………………………………………………………………… 65
  第三节 红外光谱 ………………………………………………………………… 66

第四节　质谱 ·· 70
第五节　核磁共振谱 ·· 74

第七章　农药理化性状分析 ··· 84
第一节　水分测定 ·· 84
第二节　酸度测定（参照钱传范《农药分析》） ··· 86
第三节　乳液稳定性测定（引自 GB/T 1603—2001） ································· 88
第四节　悬浮率测定（引自 GB/T 14825—93） ··· 89
第五节　润湿性测定（引自 GB/T 5451—2001） ·· 90
第六节　细度测定（引自 GB/T 16150—1995） ··· 90
第七节　贮藏稳定性测定 ·· 92
第八节　悬乳剂分散稳定性能测定 ··· 92
第九节　粒剂基本理化性能测定 ··· 93
第十节　烟剂基本理化性能测定 ··· 94
第十一节　其他物理化学性状测定 ··· 96

第二部分　残留分析 ··· 98

第八章　农药残留基本概念与田间试验 ··· 98
第一节　基本概念 ·· 98
第二节　田间试验 ·· 100
第三节　采样 ·· 104
第四节　分析样品的预处理 ··· 105

第九章　农药残留样品制备 ·· 110
第一节　提取溶剂的选择 ·· 110
第二节　提取方法 ··· 112
第三节　浓缩 ·· 131
第四节　净化 ·· 133

第十章　残留农药的检测 ··· 141
第一节　气相色谱法（GC） ·· 141
第二节　高效液相色谱法 ·· 143
第三节　高效薄层色谱法 ·· 143
第四节　色-质联用法 ··· 150
第五节　酶抑制法 ··· 153
第六节　酶联免疫吸附分析法 ··· 156
第七节　生物传感器 ·· 161
第八节　生物测定法 ·· 162

第三部分　数据处理 ··· 164

第十一章　数据处理 ·· 164
第一节　准确度和精密度 ·· 164
第二节　误差的来源及减免方法 ·· 166
第三节　有限数据的统计处理 ··· 167

第四部分　农药制剂分析方法准则与农药残留实验室质量控制 ··············· 173

第十二章　农药制剂分析方法准则与农药残留实验室质量控制 ··············· 173

第一节 国际农药分析协作委员会农药制剂分析方法准则 ……………………… 173

第二节 农药残留分析实验室 GLP 指南 ……………………………………… 176

参考文献 …………………………………………………………………… 179

附录 ………………………………………………………………………… 182

附录 1 农药原药登记全组分分析试验报告编写的要求 ………………… 182

附录 2 某些农药产品中常出现的杂质（英文） ………………………… 183

附录 3 某些农药及其杂质的毒性（英文） ……………………………… 187

附录 4 常用农药的气相色谱的测定条件 ………………………………… 187

附录 5 常用农药的高效液相色谱的测定条件 …………………………… 189

绪　　论

第一节　农药分析与残留分析的任务与地位

一、农药分析与残留分析的任务

农药分析主要指对农药产品质量指标的控制分析。农药产品分为原药和制剂两种类型。原药是农药合成单位通过工业化生产线直接合成的农药产品，一般为单一有效成分。原药一般不能直接使用，必须加工成制剂产品，才能用于农田。制剂是用农药原药加入一定的助剂（如溶剂、乳化剂、湿展剂、载体等）加工而成的农药产品。

农药分析是农药产品化学研究的主要手段，其中包括农药产品中有效成分的含量分析、理化性状分析、原材料的质量分析以及杂质的定性定量分析等。农药残留分析的内容是分析施于农田的农药在农田中的消解动态，最终在农副产品、相关环境（包括鸟类、鱼类、蜜蜂天敌、水生生物、家蚕、蚯蚓、土壤微生物以及后茬作物等）中的滞留情况以及各种施药因素对农药最终残留水平的影响等。

农药分析对农药科研、生产和应用都有重要作用。农药工厂对中间体和产物的分析是控制合成步骤和改进合成方法的依据，农药分析是工厂保证出厂产品质量的主要措施，也是农药检定部门和农业生产资料部门质量管理的重要措施，还是检测农药在贮藏期的变化，改进制剂性能和改善农药应用技术等操作中不可缺少的手段。农药分析更是农药合成、加工、应用等科学研究工作的基础。

农药残留分析的目的是评价该农药在农田中使用后，除起到正常的防虫、防病、除草或促进作物生长等作用外，对环境可能造成的污染程度，对人类和非靶标生物的潜在毒性。由于部门职能的不同，农药残留分析的目的也有所区别。对农药科研单位和农药管理部门，其目的是判断农药的安全性（是新农药品种登记的必要资料之一）；对农产品市场管理和环保部门，其目的是判断利用农药为保护措施生产的农副产品的安全性，评价农副产品中农药残留是否超标，农产品可否食用；对农户来说，要判断自己生产的商品的安全性，评价自己生产的商品中农药残留是否超标，可否上市。

学习农药分析与残留分析课程的目的，是让学生掌握农药分析和农药残留分析的各种方法和技术，在农药研制、安全生产和安全使用等监控系统中熟练运用，保证农业生产在保障人类健康的前提下高速发展。

二、农药分析与残留分析在农药学研究中的地位

按照农药登记所需要资料分类，可以将农药学研究大致分为以下四个分支：

① 农药生物学的研究（主要是关于药效的研究）。

② 农药的产品化学（包括原药和制剂有效成分的理化性质、定性定量分析方法以及原药产品的杂质特性、含量等研究）。

③ 环境和残留的研究（包括原药的挥发性、土壤吸附作用、淋溶作用、土壤降解作用、水解、光解作用、生物富集作用和制剂对鸟类、鱼类、蜜蜂天敌、水生生物、家蚕、蚯蚓、土壤微生物以及后茬作物等的影响研究，还包括杂质和代谢产物对环境的作用研究等）。

④ 毒理学研究（包括对动物的急性毒性和皮肤及眼睛黏膜的刺激作用、蓄积毒性和致突

变作用、亚慢性毒性和代谢作用、慢性毒性、致癌作用等研究）。

以上四个分支中有两个与农药分析和残留分析直接相关。农药分析是农药产品化学的研究手段；残留分析是研究农药环境作用的主要手段。两者都是农药登记的必需和基础环节。事实上农药分析贯穿于农药研制到生产，以及产品销售过程的各个环节，残留分析是农药使用后的检测监督环节。所以农药与残留分析是农药研制和开发过程中必不可少的监控方式，在保障农药安全生产和合理使用方面意义重大。

第二节　农药登记中对农药分析和残留分析的要求

农药登记分为以下几种类型：①新有效成分农药登记（临时登记和正式登记）；②特殊有效成分登记（包括卫生杀虫剂、杀鼠剂、生物化学农药、微生物农药、植物源农药和天敌农药）；③新制剂登记；④相同产品登记；⑤分装产品登记；⑥新使用范围和使用方法登记；⑦特殊需要的农药登记。本节主要介绍新有效成分农药正式登记时，对农药制剂产品化学和对残留分析资料的要求。

一、产品化学资料

1. 产品标准

要登记的农药产品必须有产品标准（现行国家标准或企业标准），新有效成分农药需要编制新的产品标准。标准包含的内容如下：

（1）产品名称　产品名称包括中文通用名称（应采用国家标准 GB 4839—1998 规定的名称，国家标准中没有的，应向农药登记审批部门指定的有关技术委员会申请暂用名称或建议名称）；英文通用名称（应采用 ISO 通用名称，若无，可采用其他国际组织推荐的名称并注明出处）；商品名称（若有）；化学文摘服务登录号（CASRN）（若有）；国际农药分析协作委员会（CIPAC）数字代号（若有）；企业开发号（若有）；化学名称及其结构式。

（2）基本物化参数　基本物化参数包括相对分子质量、熔点（或沸点）、蒸气压（20℃）、溶解度（20℃）、密度（堆积度）、黏度（若有）、分配系数（正辛醇/水）、稳定性（对酸、碱、光、热等）、其他。

（3）适用范围

（4）产品组成和外观（颜色、物态、气味）、产品技术项目和指标　技术项目主要有有效成分含量、其他成分名称及含量、相关控制项目及指标要求。若有效成分以不同的化合物存在，必须注明其确切的结构形式；若化合物中有异构体存在，须注明各有效体的比例。

（5）试验方法　包括抽样、鉴别试验、有效成分含量测定、其他成分含量测定、相关理化指标测定等方法（通常包括方法提要、原理、仪器、试剂和溶液、仪器操作条件、测定步骤、结果计算、允许差等）及相关谱图（若有）、必要的仪器装置图等。

（6）产品的检验和验收

（7）规格、标志、标签、包装和贮运

（8）产品质量保证期

2. 产品标准编制说明

编制说明的内容应包括制定标准的目的、制定标准的依据和工作概况、技术指标确定的依据、有效成分的检验方法、试验方法的详细说明及评价。有效成分的检验方法应包括分析方法的线性关系、5批以上精密度测定数据、5批以上准确度测定数据、原始谱图；3批以上热贮稳定性试验数据；2年常温贮存稳定性试验报告（由所在省农药登记资料初审单位或国家农药登记主管部门认可的农药质量检测单位出具）。

3. 质量检验报告

产品质量检验报告和有效成分含量分析方法的验证报告由所在省农药登记资料初审单位或国家农药登记主管部门认可的农药质量检测单位出具。内容包括：①有效成分含量及其定性谱图（若有）；②0.1%以上及微量但对哺乳动物、环境有明显危害的杂质的名称、结构式、含量及必要的定性谱图（若有）；③结论。

二、残留资料

残留资料是在中国2个以上自然条件或耕作制度不同的省级行政地区、2年以上的田间残留试验报告，是农药安全性评价的重要内容。农药残留包括农药母体及其有毒代谢物，因此残留资料也应包括对代谢物的分析资料。具体内容包括：①样品提取净化步骤及其涉及的仪器和操作条件。②残留分析方法。包括方法来源、原理、仪器、试剂、操作步骤、结果计算、方法回收率、灵敏度、变异系数等。方法必须在中国可行，否则必须加以改进。③登记农药在申请登记作物的可食部分、土壤耕作层（0～20cm）、水（仅对水田）中的残留量和时间的关系（即消解动态）。

第三节　农药质量标准

农药的质量标准是评价各个农药产品质量的依据。前已述及，农药登记时必须要有农药标准，在申请生产许可证时也必须提供产品标准，而且农药产品标准编制完成后要由农药登记部门审定认可并同意发布。

一、农药标准分类

关于农药质量标准的类别，国际和我国的标准不同。目前国际上有联合国粮农组织（FAO）和世界卫生组织（WHO）两种农药标准。我国实行的农药标准目前主要为两级标准。一是企业标准，由企业提出草案，报省、自治区、直辖市有关部门审查、批准；二是国家标准（标有GB字样），由国家标准局制定。标准的产生顺序一般是先有企业标准，当生产同一产品的企业多了，为了统一检测标准，才需要制定国家标准。已经发布的标准，无论是企业标准还是国家标准，其中的各项指标企业均无权修改，如果发现问题可提出修订意见，报原发布和审批机关审查修订。

二、农药标准的内容

1. 原药产品质量标准的内容

原药产品标准包括的内容主要有以下几个方面：①组成。包括有效成分及异构体的名称、含量、比例，0.1%以上和微量但对哺乳动物、环境有明显危害的杂质名称、含量和结构式等。②物化参数。包括外观（颜色、物态、气味）、密度（堆积度）、熔点（或沸点）、蒸气压（20℃）、水和有机溶剂中的溶解度（20℃）、分配系数（正辛醇/水）、稳定性（对酸、碱、光、热）等。③规格。④试验方法。包括鉴别试验、有效成分含量测定、其他成分含量测定、辅助指标测定等方法（通常包括方法提要、原理、仪器、试剂和溶液、仪器操作条件、测定步骤、结果计算、允许误差等）及相关谱图（若有）、必要的仪器装置图等。附编制说明，说明检验方法的线性关系、5批以上精密度测定数据、5批以上准确度测定数据、原始谱图。⑤合成方法。简述工艺路线。⑥原药中有效成分的定性图谱。红外光谱、紫外光谱、核磁共振、质谱等。⑦0.1%以上及微量但对哺乳动物、环境有明显危害的杂质的名称、结构式、含量及必要的定性谱图（若有）。⑧包装。形状大小、净重或净含量。⑨运输和贮存注意事项。

2. 制剂产品质量标准的内容

制剂产品标准包括的内容主要有以下几个方面：①通用名称、商品名称、其他名称（如有）。②剂型。③组成。产品有效成分含量和其他成分（包括各种助剂）名称和含量。④物化参数。包括外观（颜色、物态、气味）、密度（堆积度）、黏度、可燃性（或闪点）、腐蚀性、旋光性、爆炸性、与其他农药相混性。⑤规格。⑥试验方法。包括鉴别试验、有效成分含量测定、其他成分含量测定、辅助指标测定等方法（通常包括方法提要、原理、仪器、试剂和溶液、仪器操作条件、测定步骤、结果计算、允许误差等）及相关谱图（若有）、必要的仪器装置图等。附编制说明，说明检验方法的线性关系、5批以上精密度测定数据、5批以上准确度测定数据、原始谱图。⑦简单加工方法。⑧包装。包装材料、形状大小，外包装材料、形状大小，内衬垫物材料、净重或净容量。⑨运输和贮存注意事项。⑩境内国家级检验报告（应提供2g标样、100g原药、250g制剂）。

原药质量标准与制剂质量标准的区别主要表现在以下几点：①原药要求提供异构体的名称、含量、比例，0.1%以上和微量但对哺乳动物、环境有明显危害的杂质名称、含量和结构式及必要的定性谱图等。②原药要求有效成分的定性图谱等。③制剂要求境内国家级检验报告并提供标样、原药和制剂供检验。可见对原药特别强调其中杂质的定性定量数据。

第四节　原药全分析

一、原药中杂质分析的目的

对农药原药进行全分析具有以下作用：①了解产品的稳定性，判断其药效和安全性。如果原药物理化学性质很差，所配制的制剂就不能充分发挥作用或对保护对象产生毒害。②确定所登记成分的真实性，保证进行药效、毒理学、残留、环境等一系列试验的可靠性；③保证原药有效成分含量，限制杂质（尤其是有害杂质）及其含量，以控制药效，降低对环境的副作用。

二、原药中的一些重要杂质及其影响

与农药原药生产和贮藏相关的杂质有：卤代苯并噁英或卤代苯并呋喃、氯代偶氮苯、亚硝胺类、亚乙基硫脲、联苯二醚、苯胺和亚苯胺类、联氨类、取代苯酚、异硫代磷酸酯、有机磷和氨基甲酸酯化合物的衍生产物等。有些杂质来自于农药生产的原始材料，有些是在贮存和使用过程中产生的。但这些杂质对环境的压力极大，有的比农药产品本身的毒性还大。

图 0-1 为工业马拉硫磷中的杂质结构。图 0-2 是马拉硫磷在贮存中的变化。可见马拉硫磷的稳定性较差，只有严格控制贮藏条件，才能保证药效和安全性。

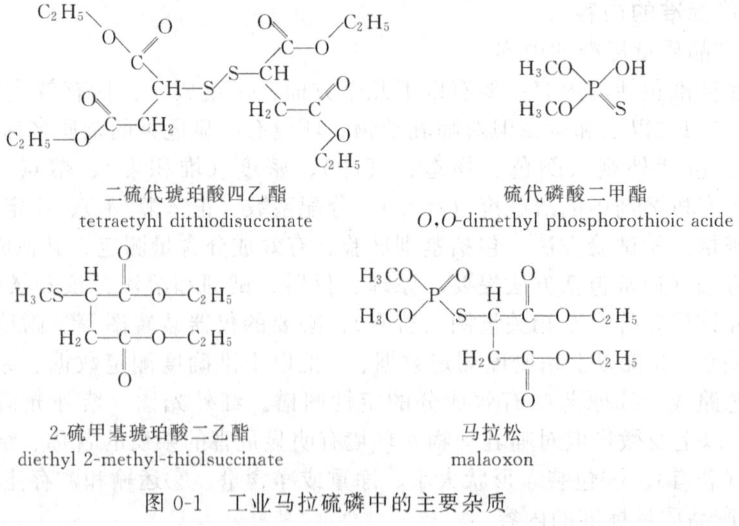

二硫代琥珀酸四乙酯
tetraetyhl dithiodisuccinate

硫代磷酸二甲酯
O,O-dimethyl phosphorothioic acide

2-硫甲基琥珀酸二乙酯
diethyl 2-methyl-thiolsuccinate

马拉松
malaoxon

图 0-1　工业马拉硫磷中的主要杂质

此外在某些情况下，地亚农在有机溶剂中含少量水（0.1%～2%）时可以变质产生有害物质。S-甲基杀螟硫磷是杀螟硫磷中的主要杂质，在长期贮存于外界温度下的杀螟硫磷中还常检测到杀螟硫磷的氧化产物和其他杂质，而且有些杂质的含量在贮存过程中不断增加。

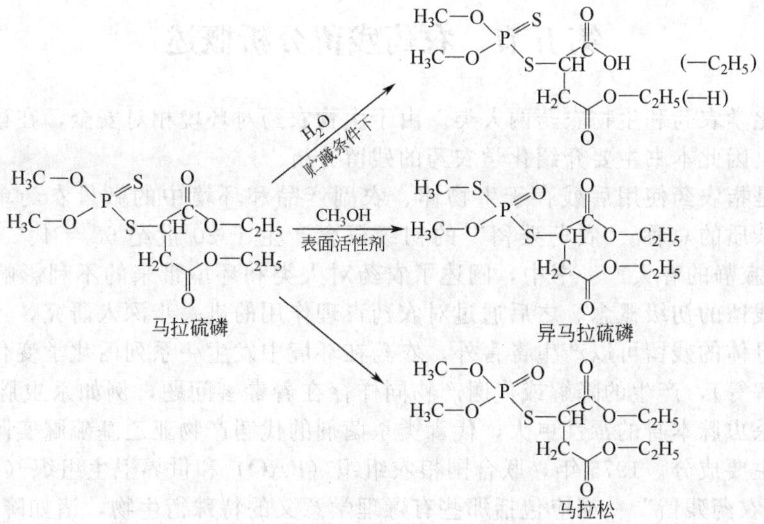

图 0-2 马拉硫磷在贮存中的变化

用于杀虫剂喹螨醚合成的试剂，有少量（大约 0.5%）存在于纯化后的工业产品中。这种杂质迁移到工业产品晶体的表面，大大降低晶体成团的熔点，使颗粒变大。由这种工业材料制备的悬浮剂不稳定，表现出低的生物学活性。

一些有机磷化合物，尤其是一些苯基硫磷酸酯可以使人类和动物产生迟发性神经毒性。如对溴磷的杂质脱溴磷，其毒性比对溴磷本身更强。毒死蜱是一种对哺乳动物有温和毒性的有机磷杀虫剂，硫特普是其中一种高毒性杂质。许多国家对硫特普的最大含量限制在 0.3% 或 0.5%。但某些国家的检测数据表明，一些地区的农药生产者生产的毒死蜱，其硫特普的含量达到 17%。

多氯二苯并二噁英（polychlorinated dibenzo-p-dioxins，PCDDs）和多氯二苯并呋喃（polychlorinated dibenzo-p-furans，PCDFs）为二噁英类环境污染物，其急性毒性约为氰化钾的 1000 倍，在苯氧乙酸类除草剂（如 2,4,5-T，2,4-D）、杀真菌剂五氯酚和六氯苯等的生产过程中产生。目前大多数发达国家已经开始削减此类化学品的生产和使用。

亚乙基硫脲（ETU）是代森类农药（如代森锰、代森锰锌、福美双）的杂质或代谢产物，在贮存期或使用过程中常常出现。研究发现，大鼠经口或皮肤暴露在 ETU 中时，可导致畸胎，同时引起 CNS 和骨骼异常。大鼠、小鼠经口 ETU，可导致甲状腺癌发生率的升高。而代森类农药本身对人体无毒。因此对这些农药中杂质的控制才是农药产品安全性控制的主要内容。

在残留方面，杀虫剂三氯杀螨砜和四氯杀螨砜中杂有 DDT 及其相关化合物，它们比三氯杀螨砜和四氯杀螨砜本身的残留期更长。因此，这些制剂的使用可能导致食品中 DDT 的残留超标。六氯苯（HCB）是五氯硝基苯、百菌清中的杂质，因为 HCB 比五氯硝基苯的环境持效性更长，这种杂质在农产品中的残留远高于母体化合物。百菌清应用时有类似情况。

硫特普是存在于二嗪农（diazinon）中的高毒杂质，比二嗪农有更强的抗水解能力，而水解是二嗪农在农田中的主要解毒途径。因此，硫特普就成为废物处理和降解过程中的残留难题。硫特普也可在其他有机磷农药商业化制剂如蝇毒磷、毒死蜱、对硫磷、内吸磷、乙拌磷、线虫磷、伏杀磷和特丁硫磷等中检测到。因此对原药中杂质的定性、定量十分重要。

农药登记要求对于含量小于 0.1% 但具有毒理学意义的杂质提供定性、定量资料，所以杂质的鉴定比较困难，除了常用的 UV、MS、NMR、IR 外，还需要几种分析技术的结合完成。

第五节　农药残留分析概述

农药分为化学农药和生物农药两大类。由于生物农药对环境相对安全，在讨论残毒问题时一般很少考虑，因此本书主要介绍化学农药的残留分析。

农药残留是指农药使用后残存于生物体、农副产品和环境中的微量农药单体、有机代谢物、降解物和杂质的总称。"农药残留"的初级概念产生于20世纪60年代。1962年，卡森（Carson）在《寂静的春天》一书中，阐述了农药对人类和环境带来的不利影响，在人们心目中萌生了农药残留的初级概念。之后通过对农药毒理作用的进一步深入研究，人们逐渐地认识到，除了农药母体的残留可以产生毒害外，农药在环境中发生一系列的化学变化（如氧化、还原、水解、酶解等），产生的降解或代谢产物同样存在着毒害问题，例如杀虫脒的代谢产物 4-氯邻甲苯胺比杀虫脒本身的毒性更大，代森类杀菌剂的代谢产物亚乙基硫脲实际是该类农药产生毒害作用的主要成分。1975年，联合国粮农组织（FAO）和世界卫生组织（WHO）联席会议报告指出，"农药残留"一词应包括那些有毒理学意义的特殊衍生物，诸如降解或转化产物、代谢产物、反应产物以及杂质等。因此比较完整的农药残留概念是，农药使用后，残存于农作物和环境中的农药原体和具有毒理学意义的代谢物和杂质的总称。

随着农药残留概念的不断完善，对农药残留允许限量标准的制定也有相应的修改。例如，有些农药的允许残留量要求包括其氧化物；有些农药的允许残留量要求包括降解产物，如磷胺在食品中的允许残留量中，包括它的脱乙基衍生物；代森类农药的残留量只由亚乙基硫脲的测定量来决定，等等。因此在进行农药残留分析时，首先应了解该农药的性质，了解其代谢和降解产物的毒性以及杂质毒性，确定测定对象。

一、农药残留进入人体的途径

农药直接施于作物上后，除了杀虫、防病、除草等作用外，还可以通过内吸、传导等作用进入作物体内，进而传递到作物的可食部分。农药进入人体的途径可以大致归结为如下几种：

（1）直接残留　农药施于作物后残留在果实和植物茎叶上，在不合理采收期采收食用，或者直接食用贮藏期使用过农药（为了防止虫害和变质）的农副产品。

（2）土壤中的农药残留　农药施于土壤或作物上而洒落到土壤表面，通过传导等方式迁移到本茬或下茬作物的可食部分。

（3）水中的农药残留　土壤及田水中的农药，经雨水或灌溉水等冲刷，流向江、河、湖、海，在浮游生物体内蓄积，最后使可食用水生动物受到污染。

（4）空气中的农药残留　农田中的部分农药由于蒸发或挥发作用进入大气中，随空气中的尘粒飘逸下落至各种食物上。

二、农药残留对人体的危害

农药进入人体后，除了对人体内各种生理活性酶的影响外，还对人体神经系统、内分泌系统和生殖机能等有潜在危害，甚至会降低机体的免疫功能，有致癌、致畸形和致突变等危险。有机氯农药对许多动物的肝功能和再生过程具有不良影响，有些可能是直接或间接的致癌剂。有机磷农药虽然毒性较有机氯小，但在哺乳动物体内有使核酸烷化的作用，损伤DNA，具有诱变作用。氨基甲酸酯类农药的羟基化代谢物，对染色体有断裂作用，因而可能诱变或致癌。某些农药中的苯类衍生物，对人体的造血系统有明显的破坏作用，影响白细胞的增殖，使其发生突变，引起所谓的"白血病"。因此合理使用农药，对人类的健康具有十分重要的作用。

必须提醒的是，不是所有使用的农药都会造成严重的残毒问题。在20世纪40～60年代，有机氯农药曾经对环境造成了很大的污染，主要的原因是大量、超量地应用农药。从20世纪80年代开始，这些难分解的有机氯农药已禁止生产和使用。近年来各国也陆续对一些高毒的有机磷农药提出了限用和禁用规定。一些有机磷农药、氨基甲酸酯类农药、拟除虫菊酯类农药及灭幼脲类等化学农药大多容易分解，只要严格按照安全使用规则施用，一般不会造成严重的残留问题。同时，目前针对各种农药出现了一些生物解毒剂或称农药残留降解剂等产品，也可以在一定程度上降低农药残留的危害。

三、农药残留分析的操作程序

农药残毒分析的操作程序因实验目的而不同。以研究农药安全性为目的的操作程序包括：田间试验设计—采样—样品前处理—检测—报告。以研究食品安全性为目的操作程序包括：样品初筛—采样—样品前处理—检测—报告。

第六节　农药分析和残留分析对方法的特殊要求

农药分析中涉及有效成分的分析，由于待测组分含量多大于1%或测定方法取样量多大于0.1g或10ml，属于常量分析的范畴；涉及乳油制剂中水分含量（国家标准要求<0.5%）的分析属于微量分析。因此在农药分析中，为了获得样品中农药的准确含量，要求方法的准确度和精密度必须达到规定标准。而农药残留分析中，待测组分含量一般为 mg/kg（<0.01%），属于痕量（超微量）分析。因此对残留分析，要求方法灵敏度高，对方法有最小检出限和测定限的要求。

习题与思考题

1. 区分农药原药和制剂的概念。
2. 新有效成分农药正式登记时，对农药制剂产品化学和对残留化学的资料要求有哪些？
3. 原药杂质分析的目的是什么？登记资料对杂质分析有何要求？
4. 评价农药产品是否合格的依据是什么？农药质量标准分哪几类？标准包括的内容主要有哪些？
5. 农药制剂的主要理化性状指标有哪些？
6. 简述农药残留分析的样品类型和操作程序。
7. 农药有效成分分析对方法的要求是什么？残留分析对方法的要求是什么？

第一部分　农药分析

第一章　原药与制剂分析的采样

农药生产企业产品出厂检验、经销部门和用户进行进货验收检验、质量纠纷的仲裁分析以及国家授权机构的监督抽查检验等过程中，采样都是最重要的工作。采样方法是否科学，决定检验结果是否能够作为判定本批产品质量状况的依据。为了使商品农药采样方法标准化，联合国粮农组织（FAO）制定了适用于农药原药与制剂分析的采样方法标准，作为国际商业往来中通用标准采样方法。我国也制定了商品农药采样方法国家标准（GB 1605—79 和 GB 1605—2001）。本章主要介绍国家标准 GB 1605—2001 中对商品农药原药及加工制剂的取样方法以及对抽取样品的包装检验、运输和贮存等方面的要求。

第一节　概　述

一、采样安全

农药是有毒化学品，如果处置不当会造成中毒。因此采样人员在遵循 GB/T 3723《工业用化学产品采样的安全通则》的同时，还应熟悉并遵守具体农药安全事项，并根据农药标签和图示的警示穿戴合适的防护服。

① 要避免农药与皮肤接触，避免误食吸入粉尘和蒸气，避免污染个人用品或周围环境，不要在农药附近存放食品。

② 避免液体农药泄漏和溅出，防止固体农药粉尘扩散；处置泄漏的容器或开口处已积累了一些农药的容器应特别当心。

③ 取样前要确认已具备冲洗条件，万一发生溢出泄漏事故，应立即彻底冲洗。

④ 取样期间和其后未完全清洗之前，不得进食、吸烟、饮水等。

⑤ 要保证可用设备及时安全清洗，并能安全地处理污染物品，如个人保护服、用具和手巾等。

二、采样工具

（1）一般取样器　长约 100cm，一端装有木柄或金属柄，用不锈钢或铜管制成（图 1-1）。

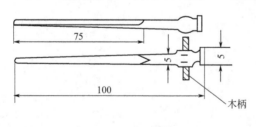

图 1-1　一般取样器

（2）双管取样器　采取容易变质或易潮解的样品时，可采用双管取样器（图 1-2），其大小与一般取样器相同，外边套一个（黄铜）管。内管与外管须密合无空隙，两管都开有同样大小的槽口。当样品进入槽中后，将内管旋转，使其闭合，取出样品。

（3）取样探子和实心尖形取样器　在需开采件数较多和样品较坚硬的情况下，可以用较小的取样探子（图 1-3）和实心尖形取样器。小探子柄长 9cm，槽长 40cm，直径 1cm。实心尖形取样器与一般取样器大小相同。

（4）取样管　对于液体产品，采用取样管采样。取样管为普通玻璃或塑料制成，其长短和直径随包装容器大小而定。

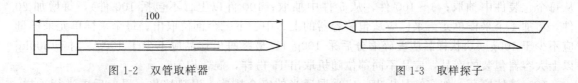

图 1-2　双管取样器　　　　　　　　　　　　图 1-3　取样探子

第二节　采样技术

一、采样的一般规定

1. 批次和批次采样的基本原则

对不同批次产品质量的检验一定要每批单独采样。批次的定义要根据具体情况确定，以质量相同为主要依据。对周期性生产流程的工艺，将生产加工和存放条件相同的一个工艺周期生产得到的农药产品视为一批；对连续性生产流程的工艺，视一个班次生产得到的农药产品为一批。

如果已经证明一个批号中不同包装的产品，由于种种原因质量不尽相同，不均匀，应视为多个批次进行采样。

2. 采样准备

采样器械应清洁干燥，由不与样品发生化学反应的材料制成。

准备清洁干燥的样品混合用具，如烧杯、聚乙烯袋、塑料布及开盖工具等。

盛放样品的容器应由不与样品发生化学反应和被样品溶解（而使样品质量发生变化）的材料制成。

样品瓶采用可密封的玻璃瓶。对光敏感的样品应用棕色玻璃瓶或高密度聚乙烯氟化瓶。遇水易分解的农药不应用一般塑料瓶和聚酯瓶包装。固体样品可用铝箔袋密封包装。

3. 随机采样原则

采样应在产品的不同部位进行。这些位置应由统计上的随机方法确定，如随机数表法等。如不能实现随机采样，应在采样报告中说明选定采样单元的方法。

4. 样品的混合与缩分

固体样品可在聚乙烯袋中进行混合。当样品占到袋子容积的 1/3 时，密封袋口，颠倒 10 次以上。固体样品的缩分一般采用四分法。液体样品在大小适宜的烧杯中混合。从混匀后的样品中取出所需部分，置于另一较小的烧杯中（样品不超过烧杯容积的 2/3）。按实验需要分装成所需份数。

混合分装应在通风橱中或通风良好的地方快速进行。

5. 样品份数

根据采样目的不同，可由按采样方案制备的最终样品再分成数份样品。一般至少 3 份，包括实验室样品、备考样品和存样。每份样品的数量与采样方法中要求的一致。

二、采样方法

工厂生产的未经加工的农药产品称为原药。原药在常温下是固体的称为原粉，如绿麦隆原粉；是液体的则称为原油，如禾草敌原油。制剂有液体制剂（包括乳油、悬浮剂、悬乳剂、微乳剂、水乳剂等）、固体制剂（包括粉剂、可湿性粉剂、水溶性粉剂、片剂、水分散粒剂和其他颗粒产品等）和其他类型产品如气体农药等。因此，本章将按照这四种类型分别介绍采样方法。

1. 商品原药采样

（1）农药原粉　原粉开采件数取决于被采样产品包装的总件数：小于 5 件（包括 5 件），

从每个包装件中抽取；6～100件，从5件中抽取；100件以上（不包括100件），每增加20件，增加1个采样单元。采样应从包装容器的上、中、下三个部位取出。每个采样单元采样量应不少于100g（块状样品应破碎缩分后采100g）。最终每份样品应不少于100g。对于500kg以上大容器包装的产品，应从不同部位随机取出15份样，混合均匀。

（2）液体原药　如有结晶析出，应采取适当的安全措施，温热熔化，混匀后再进行采样。每批产品开采3～5件，每件取样不少于500ml，将所取样品混合均匀，最后取不少于200ml的样品，密封存放备检。

2. 液体制剂采样

（1）开采件数　采样时需打开包装件的数量一般应符合如下要求：

总件数≤10，开1件；

总件数11～20，开2件；

总件数21～260，每增加20件，增开1件，不足20件按20件计；

总件数≥261，开15件。

（2）注意事项

① 采样时在打开包装容器前要小心地摇动、翻滚，尽量使产品均匀；

② 打开容器后应再检查一下产品是否均匀，有无结晶沉淀或分层现象；

③ 对悬浮剂、水乳剂等贮存易分层产品，还应倒出农药，进一步确认容器底部是否还有不能悬浮起来的沉淀，如出现的沉淀不能重新混匀时，应在取样报告中加以说明。

④ 大贮罐和槽车等应从上、中、下不同深度采样，或在卸货开始、中间和最后时间分别采样，每个采样单元的样品量应不少于200ml，最终每份样品量也应不少于200ml。

3. 固体制剂采样

采样时，需打开包装件的数量一般应符合液体制剂的要求。从多个小包装中分别取出，再制备混合样，必要时进行缩分。

从较大包装中取样时，应选用插入式取样器或中间带凹槽的取样探头。所取样品应包括上、中、下三个部位。

如用取样管或取样探头取样时，应从包装开口处对角线穿过，直达包装底部。根据所需样品的量决定从每个包装中取出产品的量。一般根据均匀程度，每份样品量为300～600g（必要时可根据实验要求适当增加样品量）。如粉剂、可湿性粉剂，每份样品量300g即可；而粒剂、大粒剂、片剂等，每份样品量应在600g以上。

4. 其他

对于特殊形态的样品，应根据具体情况，采取适宜的方法取样。如溴甲烷，应从每批产品的任一钢瓶中抽取。

三、采样报告和记录

每份样品应有采样报告。采样报告一式数份，采样方应保存一份。采样报告至少应包括以下内容（根据采样不同目的可增加内容）：

① 生产厂（公司）的名称和地址。② 产品名称、有效成分含量、中文通用名称、剂型。③ 生产日期或（和）批号。④ 生产和抽样检验的执行标准。⑤ 产品等级。⑥ 产品总件数和每件中包装瓶（或袋）的数量和净含量。⑦ 采样件数。⑧ 采样方法。⑨ 采样地点。⑩ 采样日期。⑪ 其他说明。采样报告还应记录采样产品现场环境条件和采样当时天气情况等，记录产品异常现象，如结晶、沉淀、分层和无法混匀等，记录包装、包装标签破损和产品渗漏等。⑫ 采样人姓名签字。⑬ 采样产品生产销售或拥有者代表姓名签字。

四、注意事项

采样应严格按规定进行，以确保所采样品的代表性和人身安全。

当用户、生产厂等对采样有争议时，有权提出疑问，经权威部门审核后作出是否重新采样的决定。

第三节　抽取样品的包装、运输和贮存

一、包装

抽取的样品装入符合要求的样品瓶、袋后，应进行密封，粘贴封条和牢固醒目的标签。标签内容推荐为：产品名称、有效成分含量、中文通用名称、剂型；净含量（以质量计或以体积计）；生产日期或（和）批号；生产厂、公司名称；毒害等级；采样日期。

需要运输的样品应将包装瓶或袋先装入塑料袋中密封，再装入一容积较大、结实的塑料袋中，四周填塞吸附剂，封口，然后装入牢固容器中，周围用柔软物固定密封，贴上有防毒、防火和防潮等标记的标签，并用箭头表示样品朝上的方向。

二、运输和贮存

农药样品的运输应符合国家有关危险货物的包装、运输规定。

农药样品应贮存在通风、低温、干燥的库房中，并远离火源。贮存时不得与食物、种子、饲料混放，避免让儿童接触。

第四节　农药定量包装净含量的检查

一、单个定量包装农药净含量的检查

先称原包装容器与内容物的总质量，再称相同的空包装容器的质量。单个包装容器及内容物的总质量与空包装容器平均质量之差为单个包装的净含量。如果没有相同空包装容器，应将容器的内容物全部小心地转移到另一容器，再称量此空包装容器的质量。

检查包装净含量时，应记录所检查包装的数量。至少称 3 个包装容器，将称得包装容器的质量进行平均。应记录每个包装的装量偏差和平均净含量等。单个包装的净含量与标明净含量之差为单个包装的偏差。单个包装负偏差应符合表 1-1 的要求。检查定量包装农药净含量所用的计量器具，其最大允许测量误差应小于或等于表 1-1 中规定的单个包装负偏差的 1/4。

表 1-1　单个包装负偏差

净含量 Q /g 或 ml	负　偏　差		净含量 Q /kg 或 L	负　偏　差	
	Q 的相对偏差/%	绝对偏差/g 或 ml		Q 的相对偏差/%	绝对偏差/g 或 ml
1～3	15.0		0.5～1		15
3～5		0.45	1～10	1.5	
5～50	9.0		10～15		150
50～100		4.50	15～20	1.0	
100～200	4.5		25～50		200
200～300		9.00	50～100	0.4	
300～500	3.0		100～200		400

二、批量定量包装农药净含量的检查

对未开封的整批农药产品，按随机取样原则抽样后，进行批量农药包装净含量的检查。检查时，需打开包装件的数量应符合表 1-2 的要求。检查方法为从每个包装件中取小包装（瓶、桶、袋等），先检查单个小包装农药的净含量，再计算所抽查包装的平均偏差。批量定量包装产品平均偏差应大于或者等于零（基本上是超量的），并且单个包装超出计量负偏差（装量不足）的件数应符合表 1-2 的要求。

表 1-2　净含量检查采样件数和超出负偏差件数

抽查产品包装总件数	采 样 件 数	单个包装超出负偏差件数
≤5	全部抽取	0
6～100	5	0
＞100	每增加 20 件,增抽 1 件,不到 20 件按 20 件计	≤1

习题与思考题

1. 易潮解的样品应如何采样?

2. 样品批次的划定依据是什么?

3. 农药原粉取样时决定开采件数的依据是什么? 如果该批产品共有 100 件,应开几件取样? 如果该批产品共有 3 件,应开几件取样? 液体制剂和固体制剂样品呢?

4. 液体制剂采样时需要打开的包装件数如何确定? 如果该批产品共有 280 件,应开几件取样? 若一批液体农药样品是一个大贮罐包装,应如何取样?

5. 固体制剂采样时,对打包装采样的要求是什么?

6. 农药样品采样时,若该包装净含量为 100g,允许偏差是多少? 若抽查产品包装总件数为 110 件,测定净含量时应抽取几件? 单个包装超出负偏差的件数可以是几件?

7. 农药分析的采样报告要求对所采样品进行记录的内容有哪些?

第二章　有效成分分析——经典方法

常用农药有效成分分析方法包括化学法、光谱法和色谱法等。由于化学分析方法和光谱法选择性较差，杂质的存在对分析结果影响很大，为了得到较为准确的测定结果，在进行含量分析之前往往需要先进行适当的前处理，将农药有效成分与杂质分离。色谱分析法本身具有一定的分离能力，一般不需要进行前处理（特殊样品例外）。因此本教材将农药分析中涉及前处理的方法归为经典方法，与前处理方法一起在本章进行介绍。

第一节　薄层色谱法

前处理的目的是使杂质不至于影响分析结果。在进行前处理前，首先有必要了解样品的杂质类型及特点。农药原药中存在的杂质主要是有效成分的异构体、原料和中间产物，可以通过对合成路线的了解判断这些化合物的类型和性质，因此比较容易拟订较为合理的处理方案。由于原料和中间产物与产物在结构上差异较大，一般薄层色谱法可以满足分离的需要。制剂中的杂质大多是一些助剂，含量较大，与有效成分性质差异也大，分离相对容易。但原药中异构体的分离相对较难，如果是对映异构体，必须采用拆分方法处理。

常用农药分析的前处理方法有挥发、液液分配和薄层色谱法三种，其中以薄层色谱法为主。经典方法如薄层-定胺法、薄层-溴酸钾法、薄层-紫外分析法等都使用薄层色谱法进行前处理。

一、薄层色谱法原理

薄层色谱法的原理按作用方式分为吸附、分配、离子交换及凝胶色谱法等。农药分析中主要使用吸附薄层色谱。吸附色谱法是利用样本中各组分的理化性质不同，它们在吸附剂（或固定相）上被吸附或解吸的作用力大小不同，在随展开剂由原点向预定的前沿移动时，各组分在两相间反复进行吸附和解吸附过程，吸附强的成分难于被展开剂解吸下来，移动速度较小，吸附弱的成分较易被展开剂解吸附，移动速度较大。移动速度的差别，使各成分达到分离。

二、操作技术

薄层色谱法的操作程序为制板、活化、点样、展开、显色、定性和溶出。

1. 薄层板的制备

纯化农药样品用的薄层板一般由玻璃板作为支撑材料，有 5cm×20cm、10cm×20cm、20cm×20cm 等规格。将吸附剂均匀地铺在玻璃板上成为厚度一致的薄层，薄层质量的优劣是分离测定成败的关键。

常用的吸附剂是硅胶和氧化铝。硅胶略带酸性，适用于酸性和中性物质的分离；碱性物质则能与硅胶作用，不易展开，或发生拖尾的斑点，不好分离。氧化铝本身略带碱性，适用碱性和中性物质的分离而不适于分离酸性物质。不过，可在铺层时用稀碱液代替水制备硅胶薄层，用稀酸液代替水制备氧化铝薄层以改变它们原来的酸碱性。市售氧化铝有些已经过处理，因此可以根据需要选择酸性、中性或碱性氧化铝使用。

碱性氧化铝用作吸附剂时，有时能对被吸附的物质产生不良反应，例如，引起醛、酮的缩合，酯和内酯的水解，醇羟基的脱水，乙酰糖的脱乙酰化，维生素 A 和 K 的破坏等。因此有时需要把碱性氧化铝先转变成中性或酸性氧化铝后应用。硅胶对于样品的副反应较少，但也发现萜类中的烃、甘油酯在硅胶薄层上发生异构化，邻羟基黄酮类的氧化，甾醇在含卤素的溶剂存在下硅胶板上异构化等副反应。大多农药对硅胶稳定，因此硅胶在农药分析中应用最广。

常用硅胶型号主要为硅胶 H（silica gel H）、硅胶 G（含 13％的石膏黏合剂）[G-Gypsum（石膏 $CaSO_4 \cdot 1/2\ H_2O$）] 和硅胶 GF$_{254}$（含 13％的石膏黏合剂和在 254nm 波长下发荧光的物质，锰激活的硅酸锌，$ZnSiO_3$：Mn）等。

常用的黏合剂有煅石膏、羧甲基纤维素钠（CMC）和淀粉。通常煅石膏的用量为吸附剂的 10％～20％，CMC 为 0.5％～1％，淀粉为 5％。用煅石膏为黏合剂时，可与吸附剂混合，加一定量的水调成均匀的糊状物铺层。用 CMC 时，需要把 0.5～1g CMC 溶于 100ml 水中，先制成水溶液，再用该溶液将适量的吸附剂调成稠度适中的均匀糊状物铺层。用淀粉时，把吸附剂和淀粉加水调匀后在 85℃水浴或用直接火加热数分钟，使淀粉变得有黏性后再铺层。石膏为黏合剂制成的薄层，能耐受腐蚀性显色剂的作用，但仍不够牢固，易剥落。用 CMC 或淀粉为黏合剂制成的薄层较牢固，可用铅笔在上面写字，但在显色时不宜用腐蚀性很强的显色剂。

吸附剂匀浆的调制、加液量和活化条件见表 2-1。

表 2-1　吸附剂的调制及薄层活化条件

吸附剂	调浆剂	吸附剂与溶剂之比	活化温度和时间
硅胶 G	蒸馏水＋黏合剂	1：2	110℃，0.5h；105℃，1h

以涂 CMC 硅胶板为例，称取 10～15g 硅胶 G，放入小研钵内，加 CMC 水溶液 20～30ml，迅速搅拌，把吸附剂糊状物直接倒在玻璃板上，轻轻敲打，使糊状物均匀分布在玻璃板上，其厚度约在 0.5～0.8mm。将涂好的薄板自然风干后进行活化处理。活化的目的是去除薄层上所吸着的水分，以提高其对样品组分的吸附能力。含水量为 0、活性度 1 级时，吸附力最强，但 R_f 值偏低，分离效果差。当硅胶含水量大于 17％时，吸附作用弱，分离效果亦不好。硅胶板一般在 105～110℃活化，含水量在 5％～15％，达到 2～3 级活性度最常用。活化温度太高，硅胶中的"结构水"失去，形成硅氧环结构，丧失了表面的硅醇基，失去吸附能力；温度太低，"自由水"失去不完全，活度低。因此控制活化温度十分重要。经活化的硅胶板放在干燥器中存放备用。

2．展开剂选择

展开剂也被称为溶剂系统、流动相或洗脱剂，是薄层色谱法中用作流动相的液体。展开剂的选择必须根据被分离物质与所选用的吸附剂性质这两者结合起来加以考虑。在用极性吸附剂进行色谱分离时，若被分离物质为弱极性物质，一般选用弱极性溶剂为展开剂；若被分离物质为强极性成分，则需选用极性溶剂为展开剂。如果对某一极性物质使用吸附性较弱的吸附剂（如以硅藻土或滑石粉代替硅胶），则展开剂的极性亦必须相应降低。在薄层色谱中，当吸附剂活度为一定值时，对多组分的样品能否获得满意的分离，决定于展开剂的选择，而展开剂的选择原则主要还是根据被分离物质的极性选择相应极性的展开剂。配制展开剂应注意以下问题：

① 配制多元展开剂时各溶剂的体积必须准确，可以用有刻度的带塞试管配制，当加入少量酸、碱或其他溶剂时，需要用移液管或微量注射器吸取。

② 如果多元展开剂中各种溶剂的沸点相差甚远时，应该临时配制，而且不能重复使用，以免展开剂比例改变而影响最后的分离效果。

③ 配制两种不相混合溶剂的展开剂时，应注意分层后再使用，但应注意在某些需要展开剂有一定含水量时，在用水饱和展开剂后，应立即分出浑浊的有机溶剂层。

④ 溶剂中不应含有影响分离或破坏被分离物质的微量杂质。

3．供试样品制备

对于乳油可直接用适当的有机溶剂稀释后点样，但对于颗粒剂等剂型需要提取后才能点样，常规的提取方法有加热回流、冷热溶剂浸泡、超声处理等。提取用的溶剂既可以用单一溶剂，也可以用混合溶剂将有效成分提取出来，将其他成分或杂质留在样品残渣中。对于水剂一般采用溶剂萃取法、分段萃取法、液液萃取法、固液萃取法，这几种方法亦可交替使用。目前应用最多的是液液萃取法。有时为满足特殊需要或避免乳化现象，还经常采用固液萃取的方法。

溶解样品，溶剂的选择十分重要。在大多数情况下，是把样品溶解在一种合适的低沸点（50～100℃）溶剂里制成溶液再点样。溶剂应是相对非极性的，尽量避免用水为溶剂，因为水溶液点样时斑点易扩散，且不易挥发。一般用甲醇、乙醇、丙酮、氯仿等挥发性有机溶剂，最好用与展开剂极性相似的溶剂。应尽量使点样后溶剂能迅速挥发，并减少空气中水分对薄层吸附剂活度的影响。若样品为水溶液，且遇热不易破坏，为加快点样速度，可以一边点样，一边加热干燥，例如用吹风机吹热风。若化合物遇热不稳定，则可用冷风吹干，这样可在较短的时间内完成点样工作。

在制备标准品溶液时，应注意所选择的溶剂、制备的方法以及溶液的浓度都应尽可能地与样品溶液一致，以保证薄层定性的准确性。

4. 点样

（1）点样量　点样量与薄层的性能、厚薄及显色剂的灵敏度有关。点样量对组分的分离结果有很大影响，点样量太少，可能斑点模糊或完全显不出斑点。但点样量太大时，展开后往往出现斑点过大或拖尾等情况，从而使 R_f 值相近的斑点连接起来，达不到分离效果。农药样品纯化中一般使用厚度较大的制备板，样品和标准品的点样量都需要通过预试确定。标准品只起定性作用，其点样量以显色定位的灵敏度为依据，可以显出斑点即可。通常点成圆点，常用量一般为几至几十微克。要进行含量测定的样品，其合适的点样量需要根据最后测定方法的灵敏度而定。一般点成带状，点样量可达到毫克级。

（2）点样方式　点样时要求小心准确操作，因为只有准确点样，才能得到准确的和重现的定量结果。点样工具的端口要平齐，点样时应保持垂直方向，不要划伤薄层板面，更不能刺穿薄层板上所铺的固定相，否则展开后斑点成不规则状。另外点样的位置以及展开剂平面在展开槽中是否水平，对 R_f 值都有影响。一般用微量注射器或校正过的移液管点样，点样位置距薄层板底端2cm，两端各留出1～1.5cm。点样斑点应尽量小，带尽量细直，以保证较好的分离效果。

5. 展开

展开为流动相沿薄层板从原点移向前沿的过程。在此过程中，样品中组分被流动相带动前移，并由于与固定相的亲和力不同而得以分离。一般展开采用直立型展开方式，薄层板在层析缸内放置角度可大于60°，或接近直角，采用上行法，展开剂浸入薄层板底边的深度约0.5～1.5cm，展开距离一般为10～15cm。薄层分析开始前，层析缸内需用新近配制好的展开剂蒸气进行饱和，展开时的温度可在10～30℃进行，最好控制在15～25℃。展开后，取出薄层色谱板，使展开剂挥散。

6. 显色定位

展开后需要对待测成分确认和检出。用薄层色谱分离农药，通常使用以下几种方法显出谱带或斑点。

（1）荧光硅胶板在紫外灯下显色　具有芳香环、杂环及共轭双键结构的组分可以用一般硅胶板在紫外灯下直接显色。纯化农药常用以硅胶 GF254 制成的薄板，展开后挥发溶剂，将薄板放在紫外灯下照射，由于化合物可使荧光淬灭而在荧光背景下形成紫色谱带或斑点。这样检出的化合物包括了没有紫外吸收特性的化合物。

（2）碘　元素碘是一种非破坏性显色剂，它能检出的化合物很多，而且价廉易得，显色迅速、灵敏。其最大特点是它与物质的反应往往是可逆的。展开后的薄层板在除去溶剂以后，放入盛有碘的容器内，由于碘蒸气与化合物发生物理吸附作用，致使斑点呈淡黄棕色，然后取出薄层板，划出斑点轮廓，在空气中放置一段时间，碘会自然挥发。

（3）氯化钯　取 0.1g 氯化钯，溶解于 5ml 0.1mol/L 硫酸中，加水 100ml 放置后，直接喷洒于薄层板上即可。含硫的农药都可用此法检出，谱带呈黄棕色。

7. 定性

薄层色谱法定性的依据是比移值（R_f 值）。比移值是试样移动的速度与展开剂移动速度之比。

$$\text{比移值}（R_f\text{值}）=\frac{\text{农药谱带中心至原点的距离（cm）}}{\text{展开剂前沿至原点的距离（cm）}}$$

原点即为薄层板上点加样品的位置，展开剂前沿是指展开剂移动的终止位置。同一农药在相同展开剂、吸附剂及相同环境条件下的比移值是不变的，因此作为农药定性的依据。

影响 R_f 值的因素有吸附剂的性质和质量、吸附剂的活度、展开槽的饱和程度以及边缘效应等。同一样品，点在薄层板中部和点在薄层两边缘处时，R_f 值不同，特别是用低沸点混合展开剂（如氯仿、甲醇混合物等）时更明显。这种现象叫做"边缘效应"。因为当混合展开剂在薄层上爬行时，沸点低的展开剂在薄层的两边较易挥发，因此在薄层两边的展开剂与中部的展开剂组成有差异，在中间极性较大（或沸点较高）的展开剂含量较多。若层析缸中展开剂蒸气饱和程度较高，则可避免边缘效应发生。薄层的厚度和薄厚不均、展开剂或样品中的杂质（如水分等）也会影响 R_f 值。因此最好是同时在同一块板上点标准品对照定性。

8. 洗脱

从薄层板上将农药有效成分的条带刮下来，选合适的有机溶剂将农药有效成分从硅胶上洗脱下来，准备用合适的方法进行定量分析。荧光物质和黏合剂不溶于有机溶剂，一般不影响农药有效成分的测定。

第二节　重量分析法

重量分析法是采用适当的方法，先使被测组分与试样中的其他组分分离，转化为一定的称量形式，然后用称量的方法测定该组分的含量。重量分析法不需要与标准样品或基准物质进行比较，只要操作细心、规范，称量误差一般很小。所以重量分析法通常能得到准确的分析结果，相对误差小于 0.1%。但重量分析法操作繁琐，耗时较长，不适于微量和痕量组分的测定，目前在农药分析中应用较少。

一、沉淀法

沉淀法是重量分析中的主要方法。沉淀法是将被测组分以微溶化合物的形式沉淀下来，再将沉淀过滤、洗涤、烘干或灼烧，最后称量，计算其含量。测定以烟碱为有效成分的农药中烟碱含量时，常采用硅钨酸与烟碱在酸性溶液中反应生成烟碱硅钨酸盐的重量分析法。

测定中先将样品适当处理并调为碱性溶液（使烟碱游离出来），利用水蒸气蒸馏法蒸馏出烟碱，收集于稀盐酸溶液中，在其中加入过量的硅钨酸，发生如下化学反应：

$$2C_{10}H_{14}N_2+SiO_2\cdot12WO_3\cdot26H_2O\longrightarrow SiO_2\cdot12WO_3\cdot2H_2O\cdot2(C_{10}H_{14}N_2)\cdot5H_2O\downarrow+19H_2O$$

用无灰定量滤纸过滤出沉淀（烟碱硅钨酸盐），用酸性水溶液洗涤沉淀，然后将沉淀和滤纸一起放入坩埚，在 800～850℃ 的高温下灼烧至恒重。由于烟碱硅钨酸盐是复合盐，在高温下烟碱分子和水分子挥发移出，剩余的是不能氧化的无水硅钨酸残渣，即 $SiO_2\cdot12WO_3$。称其质量，根据硅钨酸在复合盐中的比例，即可计算出样品中烟碱的含量。

$$\text{烟碱含量}=\frac{\text{硅钨酸残渣质量}\times\text{分取倍数}\times0.114}{\text{样品质量}\times（1-\text{含水率}）}\times100\%$$

0.114 是 1g 沉淀相当于烟碱的质量（g），其理论值可用以下反应式计算：

烟碱/硅钨酸沉淀残渣＝2(C_{10}H_{14}N_2)/SiO_2 · 12WO_3＝324.46/2903.22＝0.1118

考虑到实验误差等因素，根据大量实验结果验证，采用 0.114 比 0.1118 更接近实际。

二、手性农药的经典拆分定量法

利用外消旋酸［式(2-1) 中 dLA］可以与某一光学活性碱［式(2-1) 中 dB］作用，生成两种溶解度不同的非对映异构体盐进行分离，在一定条件下分别沉淀，最后再脱去拆分剂，便可以分别得到一对对映异构体。根据沉淀的质量可以分析手性农药有效成分含量。

$$dLA+dB \longrightarrow dA \cdot dB+LA \cdot dB \tag{2-1}$$

根据非对映异构体之间溶解度差异进行的拆分方法，必须具备两个条件：①所形成的非对映异构体盐中至少有一个能够结晶；②两个非对映异构体盐的溶解度差别必须显著。

这种拆分方法适用于具有一定酸、碱性农药对映体的分离，但这种方法目前应用很少。

三、影响沉淀的主要因素

影响沉淀的主要因素是沉淀的溶解度。溶解度可用 100ml 溶剂中能溶解溶质的最大质量（g）表示，也可用每升溶液中所含溶质的物质的量表示（物质的量浓度，mol/L）。利用沉淀反应进行重量分析时，希望沉淀反应进行得越完全越好。通常要求被测组分在溶液中的残留不超过 0.0001g（或浓度＜10^{-5} mol/L），即小于分析天平的允许称量误差。但是很多反应不能满足这个要求，例如在 1000ml 水中 AgCl 的溶解度为 0.0019g，即在 1000ml 水中沉淀时，AgCl 要损失 0.0019g，但若用 500ml 水沉淀，则损失量可减半。因此实验中必须了解各种影响沉淀溶解度的因素，设法使沉淀完全。一般利用沉淀反应进行重量分析的化合物是微溶化合物，所以利用不同化合物的溶度积数值即可判断其溶解度的大小。

影响沉淀溶解度的因素有如下四个方面。

1. 同离子效应

组成沉淀的离子称为构晶粒子，当沉淀反应达到平衡后，如果向溶液中加入含有某一构晶离子的试剂或溶液，则沉淀的溶解度减小，这就是同离子效应。一般加入适当过量（50%～100%）的沉淀剂离子即可。如果测定剂不易挥发，则以过量 20%～30% 为宜。过量太多，可能引起盐效应、酸效应及配位效应等。

2. 盐效应

实验结果表明，在 KNO_3、NaNO_3 等强电解质存在的情况下，AgCl 的溶解度比在纯水中大，而且溶解度随这些强电解质的浓度增大而增大。这种由于加入了强电解质而增大沉淀溶解度的现象，称为盐效应。因此当沉淀剂离子加入太多时，反而会增加沉淀的溶解度。

3. 酸效应

溶液的酸度往往影响沉淀的溶解度，这种影响称为酸效应。酸效应影响沉淀的溶解度，但对不同类型的沉淀其影响程度不同。对于弱酸盐沉淀，应在较低的酸度下进行沉淀。如果沉淀是强酸盐如 AgCl 等，在酸性溶液中进行沉淀时，溶液的酸度对沉淀的溶解度影响不大。

4. 配位效应

进行沉淀反应时，若溶液中存在有能与构晶离子生成可溶性配合物的配位剂，则反应向沉淀溶解的方向进行，影响沉淀的完全程度，甚至不产生沉淀，这种影响称为配位效应。

例如在含有 AgCl 沉淀的溶液中加入氨水，由于配离子 Ag(NH_3)_2^+ 的形成，使 AgCl 的溶解度增大。

进行沉淀反应时，有些沉淀剂本身就是配位剂，反应中就有两种效应（同离子效应和配位效应）同时存在。只有当过量 NaCl 的浓度为 $4×10^{-3}$ mol/L 时，AgCl 的溶解度最小；而当过量 NaCl 浓度为 0.5mol/L 时，AgCl 溶解度比纯水中还大。此时过量 Cl^- 与 AgCl 生成可溶性 AgCl_2^-。对这种情况，必须避免加入过量太多的沉淀剂。

第三节　滴定分析法

滴定分析法以滴定剂与农药有效成分中某元素或官能团的化学反应为计算有效成分含量的依据。滴定分析法适用于测定纯度较高的农药。根据化学反应类型不同，可将农药滴定分析法分为酸碱滴定法、氧化还原滴定法、沉淀滴定法和非水滴定法。

除使用指示剂确定终点外，也可用其他方法确定终点，如电位滴定法等。

一、酸碱滴定法

酸碱滴定法是以酸碱反应为基础的滴定分析法，该法操作简单，应用面宽。但由于在酸碱滴定过程中，酸碱溶液通常不发生外观变化，故需用指示剂来确定滴定终点。酸碱指示剂是一类能够利用本身的颜色改变指示溶液 pH 变化的物质，农药分析中常用的酸碱指示剂及其配置方法如表 2-2。

表 2-2　常用的酸碱指示剂

指示剂名称	变色范围(pH)	酸　色	碱　色	配　制　方　法
溴酚蓝	3.0~4.6	黄	蓝	0.1%的20%乙醇溶液或其0.1%钠盐水溶液
甲基橙	3.1~4.4	红	黄	0.05%的水溶液
甲基红	4.4~6.2	红	黄	60ml乙醇溶解0.02g+水40ml
溴百里酚蓝	6.0~7.6	黄	蓝	0.1%的20%乙醇溶液或其钠盐水溶液
中性红	6.8~8.0	红	橙	50ml乙醇溶解0.01g+水50ml
酚酞	8.0~9.6	无	红	0.1%的70%乙醇溶液
百里酚蓝	8.0~9.6	黄	蓝	0.1%的70%乙醇溶液

1. 农药酸度的测定

很多农药（如磷酸酯类、拟除虫菊酯类、氨基甲酸酯类农药等）在碱性条件下会分解，因此酸度是农药质量的一个重要指标。在 20 世纪 90 年代初期，我国农药制剂的酸度通常用 pH 表示，原药以酸含量表示，即以样品中所含硫酸或盐酸的质量分数来表示。现在制剂也要求用酸含量表示，测定方法可参见农药理化性状分析。

2. 农药有效成分含量的测定

有的农药有效成分本身具酸（碱）性，或在一定条件下可水解、酯化、皂化等，故可利用酸碱滴定进行含量分析。

（1）敌敌畏含量测定　敌敌畏经薄层色谱分离杂质后，在 0~1℃用 1mol/L NaOH 标准溶液反应 20min，可定量地水解成二甲氧基磷酸钠和二氯乙醛，用酸标准溶液滴定反应后剩余的碱，根据消耗的碱量计算其含量。

值得注意的是，测定时必须严格控制时间和温度，因为水解时间过长，二氯乙醛在碱性介质中可继续分解而消耗碱液。

$$Cl_2CHCHO+3NaOH \longrightarrow HCOONa+HCHO+2NaCl+H_2O$$

（2）异丙威等氨基甲酸酯类农药的有效成分分析（薄层-定胺法）　氨基甲酸酯类农药如异丙威、速灭威等，经薄层分离后，可通过碱解反应，定量地放出挥发性甲胺，用硼酸吸收，再用盐酸标准溶液滴定，从而计算出有效成分含量，这种方法已列入国家农药分析的标准方法。由于先用薄层分离，再测定胺含量，故该法又称为薄层-定胺法。

$$CH_3NH_2 + H_3BO_3 \longrightarrow CH_3NH_2 \cdot H_3BO_3 \xrightarrow{HCl} H_3BO_3 + CH_3NH_3Cl$$

滴定时指示剂不能用酚酞,只能使用甲基红或溴甲酚绿。

(3)苯基脲类除草剂有效成分分析(蒸馏-定胺法) 苯基脲类除草剂如除草隆,在碱性溶液中水解出二甲胺,可使用蒸馏-定胺法。水解产物二甲胺被蒸出,用硼酸溶液吸收,用盐酸标准溶液滴定二甲胺,计算敌草隆含量。

二、氧化还原滴定法

氧化还原滴定法是以氧化还原反应为基础的滴定分析法,用以测定具有氧化性或还原性物质的含量。氧化还原滴定法还可以测定不具有氧化还原性物质的含量,如 Ca^{2+} 的含量测定(先将 Ca^{2+} 转变为 CaC_2O_4 沉淀,过滤后将沉淀用酸溶解,再用高锰酸钾滴定由沉淀转入溶液中 $C_2O_4^{2-}$ 的含量)。

在农药分析中,由于许多反应的历程不够清楚,速度慢且副反应较多,不能满足滴定分析的要求。所以,能够用于氧化还原滴定的化学反应必须具备三点要求:①反应能够定量进行,一般认为滴定剂和被滴定物质相应电对的电极电位要相差 $0.4V$ 以上。②有足够快的反应速率。③有适当的方法或指示剂指示滴定终点。

用于分析农药的氧化还原滴定法有碘量法、溴酸钾法(溴化法)、高锰酸钾法等。这些方法的特点是反应时间短,操作简单,终点明显,空白值小。但在溴化法与薄层色谱法联用时,展开剂甲醇、乙醇、丙酮、石油醚等都可能消耗溴而产生干扰,必须尽量除去展开剂或选用干扰小的展开剂。在进行氧化还原反应时,农药本身的官能团有时也会干扰,测定时必须严格控制温度、反应时间和氧化剂的用量。

在处理氧化还原滴定结果时,按照转移一个电子的特定组合确定基本单元。

1. 碘量法

碘量法是利用 I_2 的氧化性和 I^- 的还原性进行滴定分析的方法。其半反应式为:

$$I_2 + 2e^- \Longrightarrow 2I^-$$

固体碘在水中的溶解度很小,因此滴定分析时所用碘液是 I_3^- 溶液。该溶液是将固体碘溶于碘化钾溶液制得的,其反应式为:

$$I_2 + I^- \Longrightarrow I_3^-$$

半反应为: $\qquad I_3^- + 2e^- \Longrightarrow 3I^- \qquad E^\ominus = 0.54V$

为简便起见,一般仍将 I_3^- 简写为 I_2。

由 I_2/I^- 电对的 $E^\ominus$ 值可知,I_2 的氧化能力较弱。它只能与一些较强的还原剂作用。I^- 是一中等强度的还原剂,它能被许多氧化剂氧化为 I_2。因此,碘量法又可分为直接碘量法和间接碘量法两种。

(1)直接碘量法 利用碘标准溶液直接滴定还原性物质的方法称为直接碘量法(碘滴定法),适用于分子中含有不饱和烃或水解后生成—SH基(具有还原性)的农药有效成分。如早期(1983年)分析甲胺磷的国家标准是采用薄层-碘量法,先用薄层法将甲胺磷与杂质分开,经甲醇-氢氧化钠碱解后,用标准碘溶液滴定。

【例1】 有机氮农药杀螟丹的测定,是在碱性溶液中将杀螟丹分解为二氢沙蚕毒,再在酸性介质中用碘氧化为沙蚕毒,加入淀粉指示剂用碘滴定至微蓝色。

$$(CH_3)_2N-CH \begin{matrix} CH_2SCONH_2 \\ CH_2SCONH_2 \end{matrix} + HCl \xrightarrow{KOH} (CH_3)_2N-CH \begin{matrix} CH_2SK \\ CH_2SK \end{matrix} \xrightarrow{H^+}$$

$$(CH_3)_2N-CH \begin{matrix} CH_2SH \\ CH_2SH \end{matrix} \xrightarrow{I_2} (CH_3)_2N-CH \begin{matrix} CH_2S \\ | \\ CH_2S \end{matrix} + HI$$

【例2】 二硫代氨基甲酸酯类农药如代森锌、代森铵等的测定。这类农药遇酸能分解释放二硫化碳,用甲醇-氢氧化钾吸收后生成黄原酸钾,然后用标准碘液滴定至淀粉指示剂变蓝,为了避免受氧气的影响而产生误差,必须立即滴定。

$$\begin{matrix} CH_2-NH-C-S \\ | \qquad\qquad\quad \\ CH_2-NH-C-S \end{matrix} Zn + H_2SO_4 \xrightarrow{100℃} CS_2 + H_2NCH_2CH_2NH_2 + ZnSO_4$$

$$\downarrow \begin{matrix} KOH \\ CH_3OH \end{matrix}$$

$$CH_3OCSSK + H_2O$$

$$\downarrow I_2, H^+$$

$$CH_3OC-S-S-C-OCH_3$$

【例3】 福美锌(二甲基二硫代氨基甲酸锌)的测定。试样于煮沸的氢碘酸-冰醋酸溶液中分解,生成二硫化碳、乙胺盐及干扰分析的硫化氢气体。先用乙酸铅溶液吸收硫化氢气体,继之以氢氧化钾-乙醇溶液吸收二硫化碳,并生成乙基黄原酸钾。二硫化碳吸收液用乙酸中和后立即以碘标准溶液滴定。相关反应式为:

$$C_6H_{12}N_2S_4Zn + 2HI \longrightarrow 2C_2H_7N + 2CS_2 + ZnI_2$$

$$CS_2 + C_2H_5OK \longrightarrow C_2H_5OCSSK$$

$$2C_2H_5OCSSK + I_2 \longrightarrow C_2H_5OC(S)SSC(S)OC_2H_5 + 2KI$$

此外,测定样品水分的卡尔·费休法,也是一种碘量法(具体方法在农药理化性状分析中介绍)。

(2)间接碘量法 间接碘量法是先将氧化性试样与 I^- 作用,再将反应析出的 I_2 用硫代硫酸钠标准溶液进行滴定(滴定碘法)。间接碘量法可以测定具有氧化性的试样。农药中的砷酸药剂就是利用间接碘量法测定的。在样品中加入盐酸和碘化钾溶液,碘化钾将五价砷还原为三价砷,生成的碘用硫代硫酸钠回滴。

$$As_2O_5 + 4H^+ + 4I^- \longrightarrow As_2O_3 + 2I_2 + 2H_2O$$

农业上硫酸铜类杀菌剂的测定也利用间接碘量法(GB 437—93)。试样用水溶解,在酸性条件下加入过量的碘化钾。二价铜与碘化钾反应析出等物质的量(按照转移一个电子的特定组合确定基本单元)的碘,生成的碘用硫代硫酸钠回滴。反应式如下:

$$2Cu^{2+} + 4I^- = 2CuI + I_2$$

$$2S_2O_3^{2-} + I_2 = S_4O_6^{2-} + 2I^-$$

又如三乙膦酸铝的测定,样品用丙酮做萃取处理,以除去主要杂质,然后用氢氧化钠溶液将三乙膦酸铝碱解成亚磷酸盐。在中性介质中生成的亚磷酸盐与过量的碘反应,多余的碘以硫代硫酸钠标准溶液滴定。反应方程式如下:

$$\left[C_2H_5O-\overset{O}{\underset{H}{P}}-O- \right]_3 Al + 6NaOH \xrightarrow[\triangle]{回流} 3NaO-\overset{O}{\underset{H}{P}}-ONa + 3C_2H_5OH + Al(OH)_3$$

$$NaO-\overset{O}{\underset{H}{P}}-ONa + HCl \longrightarrow HO-\overset{O}{\underset{H}{P}}-ONa + NaCl$$

$$NaH_2PO_3 + H_2O + I_2 \Longleftrightarrow NaH_2PO_4 + 2HI$$

$$3HI + (NH_4)_3BO_3 \longrightarrow 3NH_4I + H_3BO_3$$

$$I_2(过量) + 2Na_2S_2O_3 \longrightarrow Na_2S_4O_6 + 2NaI$$

本方法适用于三乙膦酸铝原药、可湿性粉剂、可溶性粉剂等单制剂的分析。对不同的复配制剂，可视具体情况适当改变条件来达到最佳效果。

进行间接碘量法时，由于碘易升华，在酸性溶液中 I^- 易被空气氧化，反应应在碘量瓶中进行，同时加入过量的 KI 与 I_2 生成 I_3^- 以减少挥发，在室温下进行反应，温度不能太高，不要过度摇动，以避免与空气接触。

（3）溴酸钾法　溴酸钾法是农药分析中应用最广的氧化还原滴定法。用溴酸钾和过量的溴化钾作标准溶液，在酸性条件下析出溴，溴与被测农药反应，剩余的溴与碘化钾反应析出碘，再用硫代硫酸钠滴定反应析出的碘，可算出被测农药有效成分的含量。相关反应式如下：

$$BrO_3^- + 5Br^- + 6H^+ \longrightarrow 3Br_2 + 3H_2O$$
$$Br_2（过量）+农药 \longrightarrow 反应产物随农药分子不同$$
$$Br_2（剩余量）+ 2I^- \longrightarrow 2Br^- + I_2$$
$$I_2 + 2S_2O_3^{2-} =\!=\!= 2I^- + S_4O_6^{2-}$$

农药中除了硫代磷酸酯如氧乐果、久效磷、磷胺、对硫磷、杀螟硫磷等以外，目前在用的有机磷农药如乐果等，取代硫脲、沙蚕毒素类等农药，在一定条件下能定量地被溴氧化，一些水解后生成酚或苯胺的农药也能定量地被溴取代。有些农药分子中的基团与溴不定量反应，如稻瘟净，则不能使用此法。伏杀硫磷不易被氧化断链，不能用溴酸钾法，可用高锰酸钾法。

溴化反应机理比较复杂，各种农药亦不相同，当反应温度、时间及氧化剂数量改变时，反应的结果亦不相同，因此必须严格遵守方法的测定条件。

目前，应用溴化反应以测定有效成分的农药主要有以下 3 类。

① 硫代磷酸酯类农药：

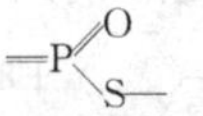

硫代磷酸酯基团的结构

含有硫代磷酸酯结构的农药（如乐果等）可以被溴氧化为硫酸，且反应比较迅速，在室温下，氧化剂过量 20% 以上，超过 5min，反应即可完成。乐果的溴化反应式为：

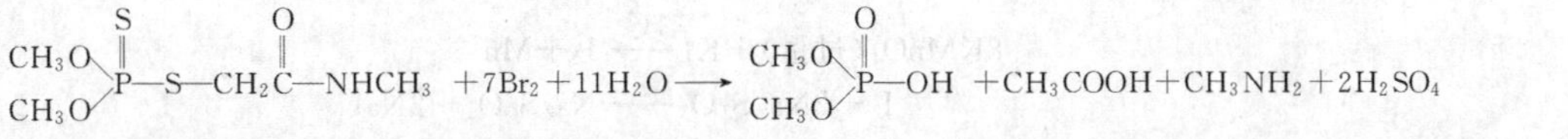

乐果（硫代式）（氧化数为 14）

乐果的反应氧化数为 14，薄层-溴化法曾作为乐果原油和乳油标准中有效成分的标准分析方法（GB 9558—2001）。

② 分子中含双键和苯环的农药。分子中含双键和苯环的农药也能间接与溴反应，如氨基甲酸酯类农药速灭威水解后的间甲酚，可被溴定量取代，反应氧化数为 6。

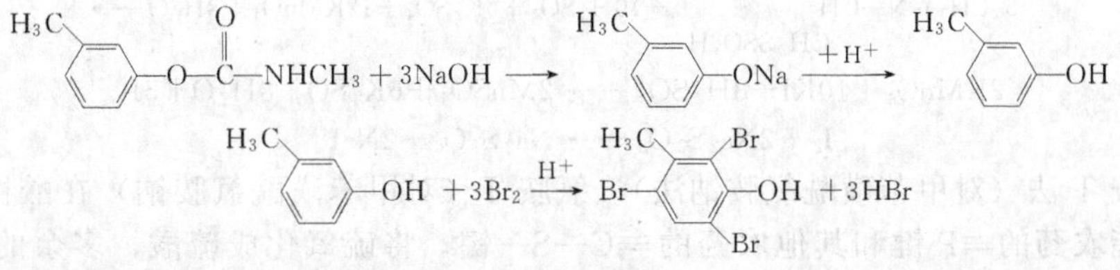

③ 其他含硫农药。有些分子中含硫的农药如杀虫双、福美双、甲基硫菌灵、福美锌、杀螟丹等也能发生溴化反应。

杀虫双的反应氧化数为 12，福美双的反应氧化数为 30，甲基硫菌灵的反应氧化数为 16。

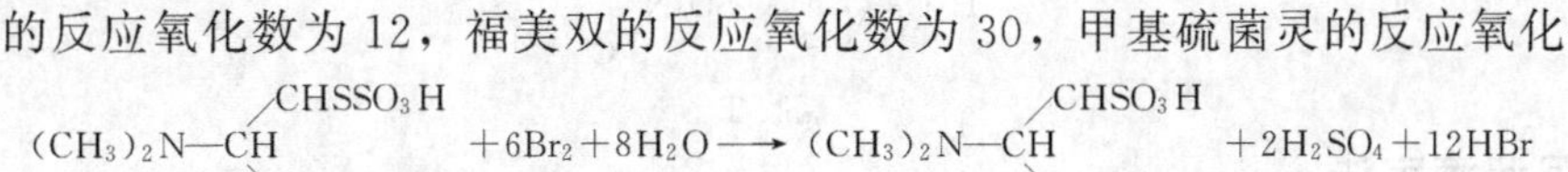

杀虫双（氧化数为 12）

$$(CH_3)_2N-\overset{\underset{\displaystyle S}{\|}}{C}-S-\overset{\underset{\displaystyle S}{\|}}{C}-N(CH_3)_2+15Br_2+20H_2O \longrightarrow 2(CH_3)_2NCOOH+4H_2SO_4+30HBr$$

福美双(氧化数为30)

溴酸钾法也是一种间接碘量法，由于 $KBrO_3$-KBr 溶液比较稳定，实验误差主要来源于滴定碘的过程中。在碘量法中已讨论过，如果是薄层溴化法，板上的溶剂一定要完全挥发掉，因为醇、酮等溶剂与溴发生反应，会影响测定结果。

（4）高锰酸钾法　高锰酸钾法曾用于多种无机农药的测定，如 GB 5452—2001 规定用高锰酸钾法对磷化铝（磷化锌亦可）的测定。把磷化铝与稀硫酸作用，产生的磷化氢气体通过系列吸收瓶，被过量的高锰酸钾标准溶液（吸收）氧化成磷酸。然后加入过量的草酸标准溶液以还原剩余的高锰酸钾，最后再用高锰酸钾标准溶液回滴多余的草酸，根据高锰酸钾消耗量可计算出磷化铝含量。反应式如下：

$$2AlP+3H_2SO_4 \longrightarrow Al_2(SO_4)_3+2PH_3\uparrow$$
$$5PH_3+8KMnO_4+12H_2SO_4 \longrightarrow 4K_2SO_4+8MnSO_4+5H_3PO_4+12H_2O$$
$$2KMnO_4+5H_2C_2O_4+3H_2SO_4 \longrightarrow 2MnSO_4+K_2SO_4+8H_2O+10CO_2$$

高锰酸钾自身为指示剂，反应中通常使用硫酸调节酸度。硝酸是氧化性酸，可与农药反应；盐酸中的 Cl^- 有还原性，能与高锰酸钾反应；乙酸是弱酸，不能满足反应所需的强酸性条件。

有的有机磷农药中的硫较难溴化，而且分子中含有能和溴发生副反应的部位，则不能使用溴酸钾法。例如，稻瘟净分子中的硫很难溴化，若溴化时间长，则苯环上会起无法定量的副反应。稻瘟净的测定改用高锰酸钾法后，则硫易被氧化，且苯环上不起副反应。反应后在过量高锰酸钾中加入碘化钾，生成的碘再用硫代硫酸钠回滴至淀粉指示剂的蓝色消失。

$$5(RO)_2\overset{\underset{\displaystyle O}{\|}}{P}-S-CH_2-\langle\text{苯环}\rangle+8KMnO_4(过量)+24H^+$$
$$\downarrow$$
$$5(RO)_2\overset{\underset{\displaystyle O}{\|}}{P}-OH+8K^++8Mn^{2+}+2H_2O+2H_2SO_4$$

$$8KMnO_4(过量)+KI \xrightarrow{H^+} I_2+Mn^{2+}$$
$$I_2+2Na_2S_2O_3 \longrightarrow Na_2S_4O_6+2NaI$$

杀虫双经薄层分离后，亦可用高锰酸钾氧化，分子中两个硫原子被氧化成硫酸，根据高锰酸钾消耗量，求出杀虫双含量。

$$5(CH_3)_2N-CH\begin{matrix}CH_2SSO_3H\\CH_2SSO_3H\end{matrix}+12KMnO_4+18H_2SO_4 \longrightarrow$$
$$5(CH_3)_2N-CH\begin{matrix}CH_2SO_3H\\CH_2SSO_3H\end{matrix}+10H_2SO_4+6K_2SO_4+12KMnO_4+8H_2O$$
$$2KMnO_4+10KI+8H_2SO_4 \longrightarrow 2MnSO_4+6K_2SO+8H_2O+5I_2$$
$$I_2+2Na_2S_2O_3 \longrightarrow Na_2S_4O_6+2NaI$$

（5）氯胺 T 法（对甲苯磺酰氯胺钠法）　氯胺 T（对甲苯磺酰氯胺钠）在酸性介质中能氧化硫代磷酸酯农药的 ≡P 键和其他农药的 ≡C—S—键，将硫氧化成硫酸，多余的氯胺 T 则与碘化钾作用析出碘，可用碘量法定量。如已限用农药治螟磷（苏化203）的测定可用该法。

$$H_3C-\langle\text{苯环}\rangle-SO_2N\begin{matrix}Na\\Cl\end{matrix}$$

氯胺 T

三、沉淀滴定法

沉淀滴定法是以沉淀反应生成难溶物为基础的滴定分析法。沉淀滴定法对沉淀反应的要求是：①反应速率快；②生成沉淀的溶解度小；③反应须定量进行；④反应有准确确定等当点的方法。

由于以上条件限制，能用于沉淀滴定的反应较少。微溶性卤化银盐类的沉淀反应是最常用的沉淀滴定法，以这类反应为基础的沉淀滴定法称为银量法。含有氯、溴、碘的农药可以采用沉淀滴定法，但不同分子结构的农药脱卤素的方法亦不同。

1. 脱卤素的方法

原则上，从农药分子中脱去卤素均在碱性溶液中进行，但随着卤素所在分子的结构不同，溶剂中的含水量差别较大。

① 脂肪链上的卤素，如敌百虫、敌敌畏、矮壮素等在水解脱氯时，使用氢氧化钾或氢氧化钠水溶液。国家标准中矮壮素的分析方法是在碱水解后，滴定总氯量，然后与水解前滴定游离氯之差来计算有效成分含量。

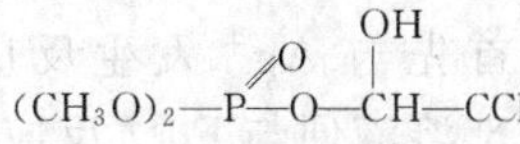

$$(CH_3O)_2-P\overset{O}{\underset{}{\Vert}}-CH-CCl_3 \quad \overset{OH}{|}$$

敌百虫

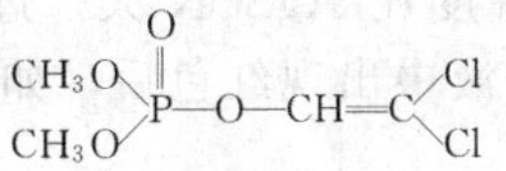

$$\overset{CH_3O}{\underset{CH_3O}{>}}P\overset{O}{\underset{}{\Vert}}-O-CH=C\overset{Cl}{\underset{Cl}{<}}$$

敌敌畏

$$[CH_2-CH-N^{\oplus}(CH_3)_3]Cl \quad \overset{Cl}{|}$$

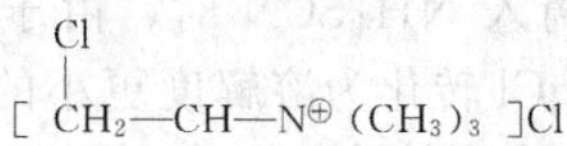

矮壮素

② 有苯基取代的农药如三氯杀螨醇、甲草胺等使用 NaOH（或 KOH）的乙醇溶液脱氯：

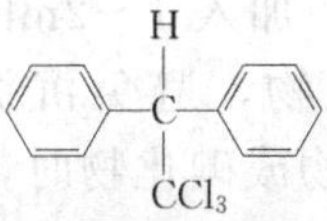

三氯杀螨醇

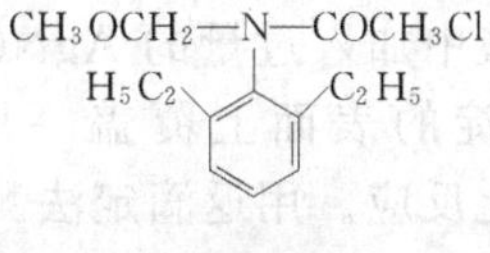

$$\overset{CH_3OCH_2-N-COCH_3Cl}{\underset{H_5C_2 \quad C_2H_5}{}}$$

甲草胺

③ 稳定直链上的卤素，如溴氰菊酯、氯氰菊酯、氯菊酯等使用氢氧化钾-乙二醇溶液脱氯：

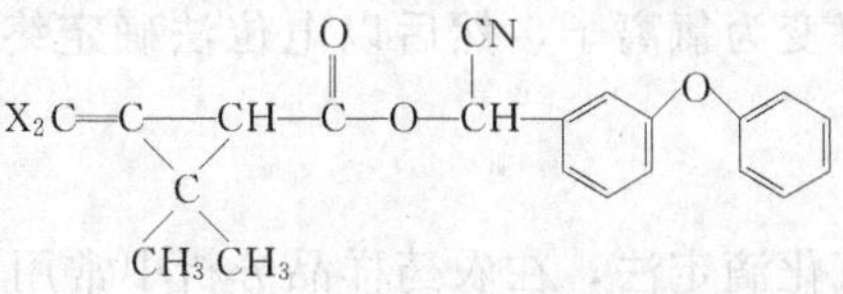

X＝Cl 氯氰菊酯
X＝Br 溴氰菊酯
X＝F₃C,Cl,去 CN 基氟氯菊酯

④ 苯或杂环上的卤素，如氰戊菊酯、百菌清、敌草隆、杀虫脒、除草醚等农药，则需要金属钠在无水乙醇中回流脱氯。

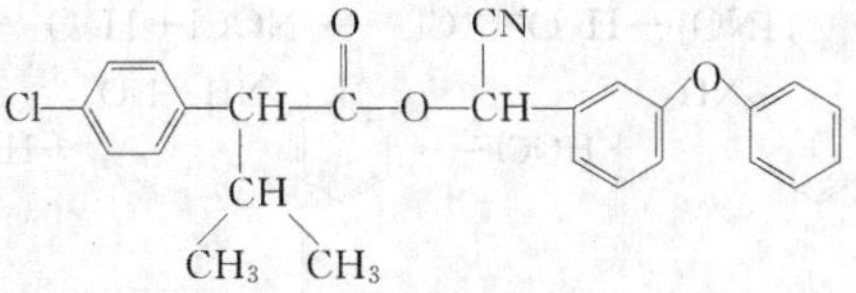

氰戊菊酯

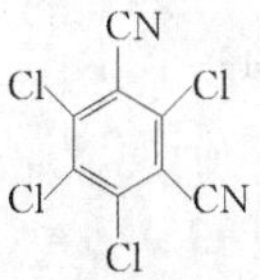

百菌清

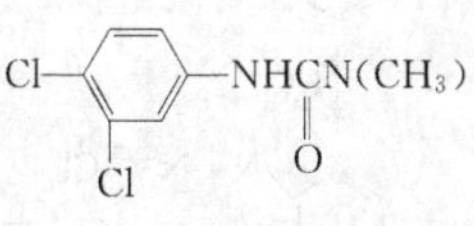

敌草隆

值得注意的是，在③、④ 两类含氮农药测定前需加入甲醛溶液，以去除脱下的—CN 基的干扰。

2. 沉淀滴定法举例

以敌百虫为例，脱氯反应式为：

$$CH_3O \underset{CH_3O}{\overset{O}{\underset{|}{P}}}-O-CH-CCl_3 \xrightarrow{Na_2CO_3} (CH_3O)_2-P-O-CH=CCl_2 + NaCl + H_2O + CO_2$$

敌百虫

脱下的卤素以铬酸钾为指示剂，用硝酸银标准溶液滴定的沉淀滴定法称为莫尔（Mohr）法。使用铁铵矾〔$NH_4Fe(SO_4)_2$〕作指示剂的银量法称为佛尔哈德（Volhard）法。也可以采用电位法确定滴定终点。

在农药样品分析中常用佛尔哈德法测定卤素离子。以测定 Cl^- 为例，加入已知过量的硝酸银，使 Cl^- 全部形成 $AgCl$ 沉淀，再以铁铵矾为指示剂，用硫氰酸铵（NH_4SCN）标准溶液返滴过量的硝酸银。滴入的 NH_4SCN 首先与 Ag^+ 发生反应，生成 $AgSCN$ 沉淀。在 Ag^+ 与 SCN^- 反应完后，过量一滴 NH_4SCN 溶液便与 Fe^{3+} 反应，生成红色的 $FeSCN^{2+}$，指示终点已到。这时若再滴入 NH_4SCN 时，由于 $AgCl$ 的溶解度比 $AgSCN$ 大，过量的 SCN^- 将与 $AgCl$ 反应，使 $AgCl$ 转化为溶解度更小的 $AgSCN$。溶液中出现红色后，如仍不断摇动溶液，红色又逐渐消失，会误认为终点未到而造成误差。

$$Ag^+ + Cl^- \longrightarrow AgCl\downarrow (白色,溶度积常数=1.8\times10^{-10})$$
$$Ag^+ + SCN^- \longrightarrow AgSCN\downarrow (白色,溶度积常数=1.0\times10^{-12})$$
$$AgCl\downarrow + SCN^- \longrightarrow AgSCN\downarrow + Cl^-$$

为了避免误差，在试液中加入过量的 $AgNO_3$ 后，加入 $1\sim2ml$ 邻苯二甲酸二丁酯或硝基苯，用力摇动使 $AgCl$ 沉淀的表面上覆盖一层有机物，避免沉淀与外部溶液接触，阻止 NH_4SCN 与 $AgCl$ 发生转化反应。用返滴定法测溴化物或碘化物时，由于 $AgBr$ 及 AgI 的溶解度均比 $AgSCN$ 小，不会发生上述转化反应。

利谷隆〔1-甲氧基-1-甲基-3-(3,4-二氯苯基）脲〕的测定，是在采用薄层分离得到利谷隆后，通过加热碱解，使有机氯变为氯离子，然后以电位法确定终点，用硝酸银标准溶液滴定。此法也叫薄层-定氯法。

四、亚硝酸钠滴定法

亚硝酸钠滴定法又称重氮化滴定法，在农药样品分析中常用于测定含氨基和硝基的芳香化合物。其原理是利用芳香伯胺类农药在盐酸存在时能与亚硝酸作用生成芳香族伯胺的重氮盐。

有的农药如对氨基苯磺酸钠，可用亚硝酸钠标准溶液直接滴定测定其含量。

$$NaSO_3-\!\!\!\!\bigcirc\!\!\!\!-NH_2 \cdot 2H_2O$$

对氨基苯磺酸钠

$$HNO_2 + H_3O^{\oplus\ominus}Cl \longrightarrow NOCl + H_2O$$

若是芳香族硝基取代时，如对硫磷、除草醚等，分子中的硝基可被冰醋酸-锌粉或乙酸-盐

· 24 ·

酸锌粉等还原成氨基后，再用亚硝酸钠标准溶液滴定。

在滴定中必须注意如下几个问题。

（1）酸度　从反应式可看出，1mol 芳香胺需要 2mol 盐酸，实际测定时酸用量要超过理论量，有时达 3～4mol，因为在强酸介质中能加速反应，还能增加重氮盐的稳定性，当酸度不足时，生成的重氮化物与未被重氮化的芳香伯胺偶合，而是生成重氮氨基化合物，造成测定结果偏低。

酸量过多时会阻碍芳香伯胺的解离，减慢重氮化速度，重氮化反应多使用盐酸，因为在盐酸中比在硝酸、硫酸中反应快。

（2）温度　在 15～25℃进行重氮化滴定比较合适。

（3）搅拌　滴定过程中应不断搅拌，因接近终点时溶液中伯胺量很少，要逐滴加入并充分搅拌。

（4）加入溴化钾可以使反应加速　在测定对硫磷、除草醚时，芳香胺的对位取代基对重氮化反应速率有影响，在滴定前加入溴化钾，可发生下列反应：

$$HNO_2 + H_3O^+ + Br^- \Longrightarrow NOBr + 2H_2O$$

NOBr 的解离常数较 NOCl 小，能加快重氮化反应。

（5）终点的判定　常用外指示剂法，以碘化钾-淀粉为指示剂，滴定至终点时，由过量亚硝酸钠产生的亚硝酸将碘化钾氧化成碘，遇淀粉变蓝色。

$$2NO_2^- + 2I^- + 4H^+ \longrightarrow I_2 + 2NO + 2H_2O$$

将糊状淀粉指示剂倒在白瓷板上，铺成约 1mm 均匀薄层，在近终点时，用玻璃棒尖端蘸取溶液少许，划过涂有碘化钾淀粉的白瓷板，即时出现蓝色条痕，再搅拌后，蘸取溶液划过白瓷板仍显蓝色即已达终点。

五、非水滴定法

在水以外的溶剂中进行滴定分析称为非水滴定法。弱酸性、弱碱性、在水中溶解度很小的农药难以在水溶液中进行酸碱滴定，采用各种非水溶剂作为滴定介质，从而扩大酸碱滴定范围。

农药中含氮的杂环化合物很多，它们带有微弱的碱性或酸性，有的在水中溶解度小，有的在水溶液中滴定没有明显的突跃，难以掌握终点，采用有机溶剂或无水的无机溶剂作为滴定介质，不仅能增加农药的溶解度，且可改变它们的酸碱性或其强度，使滴定反应能顺利进行。

对于弱碱性化合物，用乙酸、丙酮、苯、三氯甲烷等溶解，以高氯酸标准溶液滴定。对于弱酸性化合物，用二乙胺、乙二胺和二甲基酰胺、苯、乙腈等溶解，以氢氧化四丁基铵标准溶液滴定。

GB 8200—2001 中，杀虫双的含量分析采用非水滴定法。用石油醚萃取除去样品中的沙蚕毒、游离胺氯化物等杂质，在盐酸介质中加热水解，使杀虫双转变为二氢沙蚕毒，加碱中和至碱性，二氢沙蚕毒被氧化为沙蚕毒，用四氯化碳、石油醚混合溶剂萃取。在非水介质中，沙蚕毒能与盐酸发生反应，生成沙蚕毒盐酸盐，根据盐酸标准溶液的用量计算杀虫双的含量。反应方程式如下：

$$CH_3-N(CH_3)-CH(CH_2S)(CH_2S) + HCl \longrightarrow CH_3-N(CH_3)\cdot HCl-CH(CH_2S)(CH_2S)$$

第四节 紫外-可见分光光度法

一、定量依据

用分光光度法进行定量分析是以朗伯-比尔定律（Lambert-Beer's Law）为依据的，它是描述各种类型的电磁辐射被介质吸收规律的基本定律，简称比尔定律。

比尔定律的具体内容是：当一束平行的单色光照射吸光介质（溶液）时，介质对光的吸收程度与介质厚度（光程）和溶液的浓度成正比，即

$$A = KcL$$

式中　K——样品溶液的吸光系数；

　　　L——样品溶液的厚度，cm；

　　　c——样品溶液的浓度，mol/L。

当样品溶液的浓度用 mol/L 来表示时，L 为 1cm 比色池，相应的吸光系数称为摩尔吸光系数（molar absorptivity），用符号 ε 表示。

当样品溶液的浓度用 g/100ml 来表示时，L 为 1cm 比色池，相应的吸光系数称为百分吸光系数，用符号 $E_{1cm}^{1\%}$ 表示。

$E_{1cm}^{1\%}$ 与 ε 的关系如下：

$$E_{1cm}^{1\%} = \frac{10\varepsilon}{m}$$

式中　m——物质的相对分子质量。

$$\varepsilon = E_{1cm}^{1\%} \times 0.1m$$

二、定量方法

紫外分光光度法的定量方法为外标法。即先在选定的测定条件下，分别测定一系列已知浓度的标准溶液，用得到的吸光度值与相应的物质浓度作图，得到标准曲线，然后进行样品测定，在曲线上找出与样品吸光度值相应的物质含量，计算出农药有效成分含量。

【例1】　现有50%多菌灵可湿性粉剂，存放一定时间后发现包装已破损，为了确定该产品是否可以使用，对其进行了有效成分分析。称取一定量50%多菌灵可湿性粉剂样品，用一定体积的溶剂提取有效成分，取一定体积的提取液在 GF254 硅胶薄层板上点样，展开，紫外灯下显色，刮下多菌灵斑点或条带，用乙醇溶出。根据样液中多菌灵的含量情况，选定与样液含量相近的标准工作溶液。在 286nm 波长下对标准工作溶液和样液分别进行测定。标准工作溶液和样液中多菌灵吸光值均在 0.2~0.8 范围内。得到标准曲线。

试样中多菌灵含量：

$$X(\%) = \frac{\text{从曲线上查到的多菌灵含量} \times \text{分取倍数} \times \text{系数（或前处理回收率的倒数）}}{\text{制剂取样量}} \times 100$$

注：计算结果需扣除空白值。

【例2】　已知纯三环唑的百分吸光系数 $E_{1cm}^{1\%} = 130$，在相同条件下，测定某一含三环唑制剂 0.004%（g/100ml）的溶液，测得吸光度 $A = 0.49$（假设该制剂中无其他干扰测定的物质）。

(1) 求三环唑的摩尔吸光系数 ε。（注：三环唑的相对分子质量为 189.24）

(2) 求该制剂中三环唑的含量（质量分数，%）。

解: (1) 因为 $E_{1cm}^{1\%}=\dfrac{10\varepsilon}{m}$

所以 $\varepsilon=\dfrac{E_{1cm}^{1\%}m}{10}=130\times189.24/10=2.46\times10^3$

(2) 因为 $A=E_{1cm}^{1\%}c$

已知 $E_{1cm}^{1\%}=130$，$A=0.49$

所以 $c=A/E_{1cm}^{1\%}=0.49/130$

又因为 c 是 100ml 中吸光物质的质量（g），而 0.004g/100ml 是 100ml 溶液中制剂的质量（g），所以三环唑在制剂中的含量（质量分数，%）$=(c/0.004)=[0.49/(130\times0.004)]=94.3\%$。

三、影响定量的因素

根据比尔定律，当吸收池厚度不变时，吸光度和物质浓度应该是直线关系，但在实际工作中，吸光度与浓度之间的线性关系常常发生偏离，使曲线弯曲，产生正偏差或负偏差。因此根据比尔定律定量的结果就会出现偏差。引起偏差的主要原因如下：

(1) 样品浓度过大　比尔定律只适用于测定稀溶液，在浓度高时由于产生吸收的组分中粒子密度变大，以致每个粒子都可以影响邻近粒子的电荷分布，这种粒子间的相互作用，使吸收辐射的能力发生了改变，以致出现偏差。

(2) 试样含有悬浮物　试样中含有悬浮物或胶粒，这些粒子会产生光的散射或折射，使透射光强度减少。因此经过 TLC 处理的农药样品要防止硅胶颗粒和荧光物质的影响。

(3) 化学作用　由于吸收组分在溶液中的化学作用如缔合、光解离等，或与溶剂的相互作用，使吸收峰的形状、位置、强度等发生变化，导致偏差。

(4) 选择的仪器读数范围不当　可见及紫外分光光度计产生误差的主要来源，在于吸光的测量误差。

表 2-3 为物质浓度的百分误差 $\Delta c/c$ 与吸光度值 A 的函数关系数据。通常市售的分光光度计吸光度值在 $0.000\sim\pm3.000$ 之间。从表 2-3 可以看出，当所测吸光度值在 $0.15\sim1.0$ 范围内时，产生的浓度相对误差为 $1\%\sim2\%$。当吸光度值小于 0.1 时，误差则大于 2%。A 介于 $0.2\sim0.7$ 的范围内，测定的相对误差较小。当 $A=0.434$ 时，相对误差最小，因此为了获得较准确的测定数据，应调节被测溶液的浓度和吸收池的厚度，使测定时吸光度的读数范围介于 $0.2\sim0.7$ 之间，此范围测定的精密度约为 0.5%。

表 2-3　浓度百分误差与吸光度 A 的函数关系（假定 ΔT 为 ±0.005）

吸光度 A	浓度误差 $\Delta c/c\times100\%$	吸光度 A	浓度误差 $\Delta c/c\times100\%$
0.022	±10.2	0.399	±1.36
0.046	±4.74	0.523	±1.38
0.097	±2.80	0.699	±1.55
0.155	±2.00	1.000	±2.17
0.222	±1.63	1.523	±4.75
0.301	±1.44	1.699	±6.38

注：引自钱传范《农药分析》，1992。

四、仪器操作技术

1. 分光光度计的校正

分光光度计的波长位置是否准确，可以用一些标准溶液进行核验校正。常用标准样品是溶在 0.005mol/L 硫酸中的重铬酸钾溶液，它的吸收峰波长和吸收强度见表 2-4。

此外也可用蒽醌 λ_{max} 323nm（乙醇）或水杨醛 λ_{max} 326nm（乙醇）进行校正。

2. 溶剂的选择

表 2-4　常用标准样品的吸收峰波长和吸收强度

波长/nm	$E_{1cm}^{1\%}$	波长/nm	$E_{1cm}^{1\%}$
235	124.6	313	48.8
257	144.8	350	107.3

注：引自钱传范《农药分析》，1992。

所用溶剂必须在测量波段是透明的。表 2-5 中列举的是常用溶剂的使用波长极限。在极限以上溶剂是透明的，在极限以下则有吸收而发生干扰。

表 2-5　各种常用溶剂的使用最低波长极限

溶　剂	最低波长极限/nm	溶　剂	最低波长极限/nm	溶　剂	最低波长极限/nm
	200～250	乙醚	210	N,N-二甲基甲酰胺	270
乙腈	210	庚烷	210	甲酸甲酯	260
正丁醇	210	己烷	210	四氯乙烯	290
氯仿	245	甲醇	215	二甲苯	295
环己烷	210	甲基环己烷	210		300～350
十氢化萘	200	异辛烷	210	丙酮	330
1,1-二氯乙烷	235	异丙醇	215	苯甲腈	300
二氯甲烷	235	水	210	溴仿	335
1,4-二氧六环	225		250～300	吡啶	305
十二烷	200	苯	280		350～400
乙醇	210	四氯化碳	265	硝基甲烷	380

3. 光源和比色皿的选择

可见光的连续光谱由钨丝灯（即普通灯泡）发射出来，其光谱范围为 350～800nm。紫外区的连续光谱由氘灯供给，其光谱范围约为 185～390nm。故紫外区的分析用氘灯，可见区的分析用钨灯。比色皿紫外区的分析用石英皿，可见区的分析用玻璃皿。

五、常见农药的紫外-可见分析

在紫外和可见区有最大吸收峰的农药有效成分，经过薄层色谱净化后可以直接用紫外-可见分光光度计进行定量分析。如三氯杀螨醇在 265nm 有最大吸收峰；敌克松原药为黄棕色，在波长 435nm 处有最大吸收峰，都可直接进行测定。常见农药的最大吸收波长见表 2-6。

表 2-6　一些常见农药的最大吸收波长

名　称	λ_{max}/nm	名　称	λ_{max}/nm	名　称	λ_{max}/nm
杀螨特	275	二嗪磷	247.5	敌稗	248
2,4-D	284	苯胺灵	234	莠去通	220
2甲4氯丙酸	287	氯苯胺灵	237.5	西玛通	220
2甲4氯	287	敌克松	435nm	朴灭通	220
克百威	257	非草隆	237	西玛津	222
甲萘威	280	灭草隆	244	莠去津	222
三氯杀螨醇	265.5	敌草隆	246	朴灭津	223
残杀威	270	利谷隆	246	草达津	228
对硫磷	274	3,4-二氯苯胺	247		

注：摘自钱传范《农药分析》，1992。

对于不能直接分析的农药，需要进行衍生化。如草甘膦溶于水后，在酸性介质中与亚硝酸钠作用，生成草甘膦亚硝基衍生物，该化合物在 243nm 处有最大吸收峰，通过测定其吸光度可以对草甘膦进行定量（GB 12686—90）。

有些农药可以经衍生化反应，引入或生成一个显色基团而变成有颜色的化合物，然后在可见区进行比色测定。

【例1】 含氯芳香族农药，经硝化后加甲醇钠，形成四硝基衍生物，经分子重排变为醌式，呈蓝色。三氯杀螨醇形成的蓝色衍生物在 598nm 有最大吸收。

【例2】 含磷农药用高氯酸及硫酸混合液消化分解成无机磷，在酸性条件下与钼酸铵及偏钒酸铵反应形成磷钼杂多酸，显黄色，在 420nm 处测定。

$$PO_4^{-3}+12MoO_4^{-2}+3NH_4^++24H^+ \longrightarrow PO_4[(NH_4)_3 \cdot 12MoO_3]+12H_2O$$

如在钼酸铵中加入 1-氨基-2-萘酚-4-磺酸试剂或 $SnCl_2$ 则显黄色，在 735nm 处测定，所有有机磷农药均可用此法测定全磷含量。

【例3】 有机磷农药在乙醇中与 4-（对硝基苄基）吡啶在 100℃ 加热 12～17min，冷却后加入四亚乙基戊胺丙酮液（或吗啉丙酮液）30min 呈蓝色，在 580nm 处测定。此法可测定乐果等有机磷农药。反应式如下：

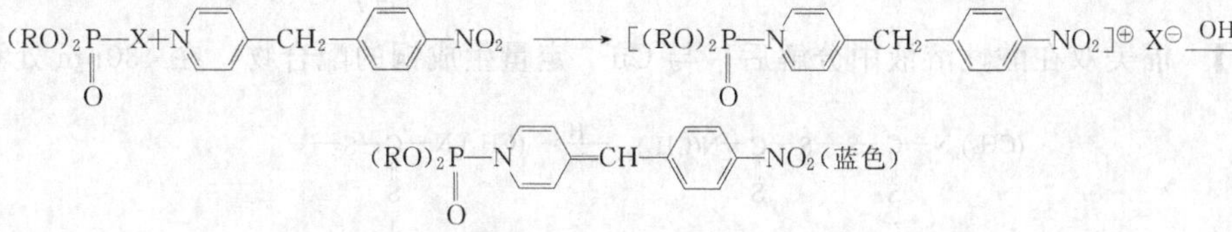

【例4】 含硝基有机磷化合物碱解后，产生对硝基苯酚化合物，呈黄色，可在 420～480nm 波长范围内测定。如杀螟松可用此法测定。

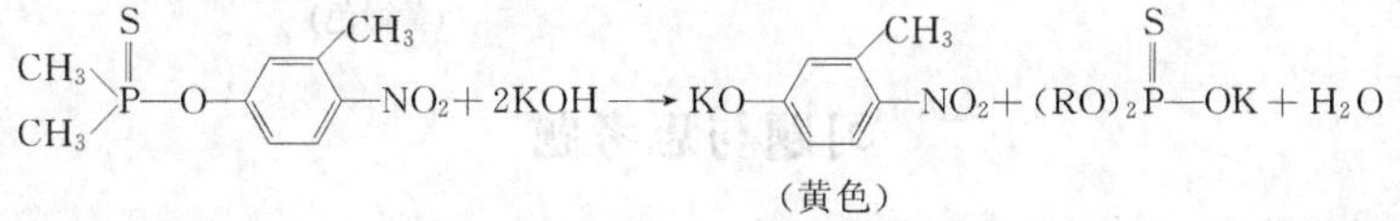

【例5】 二硫代磷酸酯类，在碱性条件下，水解成二烷基二硫代磷酸，与铜离子在四氯化碳溶液中反应，呈黄绿色，在 420nm 下测定。亚胺硫磷等有此反应，但乐果无此反应（因乐果碱解后生成硫代磷酸和硫醇）。

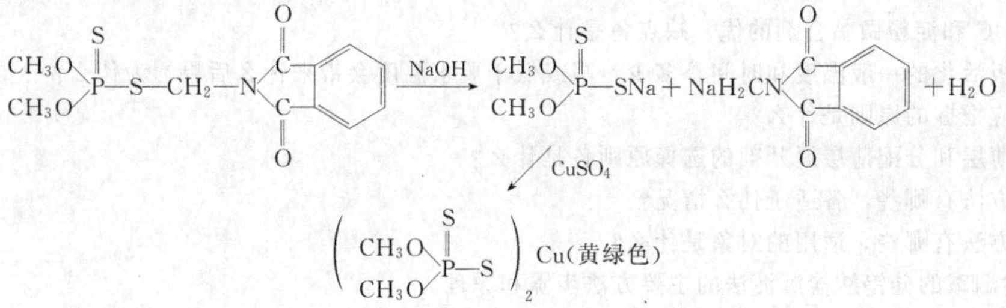

【例6】 氨基甲酸酯类农药经碱解后形成的酚类化合物，可以与偶氮试剂反应形成重氮盐而显色。如甲萘威、克百威等经碱解后生成 α-萘酚，与对硝基氯化重氮苯在酸性条件下呈黄褐色。反应如下：

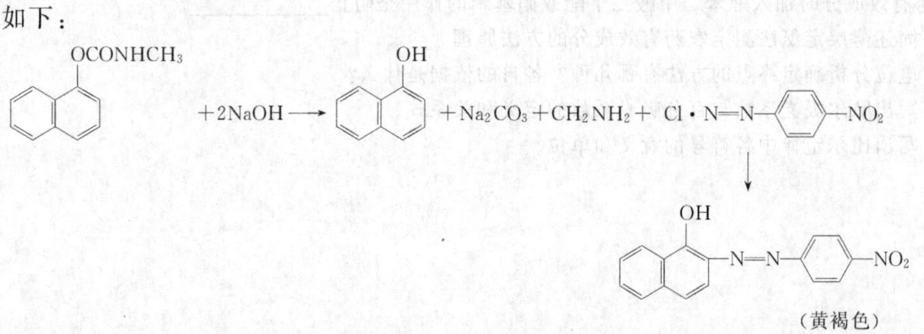

速灭威等经碱解后生成苯酚类，在弱酸下与对硝基氯化重氮苯反应呈黄色。如在碱性条件下，则形成亮红色染料，可在 490nm 处测定。

（黄色）　　　　　　　　　（亮红色）

【例7】 酚类化合物在微碱性溶液中，在 4-氨替比林及氧化剂的作用下，形成红色，在 510～520nm 处测定。由卤素、羧基、甲氧基等取代的酚类均有此反应。

（红色）

【例8】 福美双在酸性溶液中分解后，与 Cu^{2+} 定量生成铜的配合物，在 430nm 处测定。

$$(CH_3)_2N-C-S-S-C-N(CH_3)_2 \xrightarrow{H^+} (CH_3)_2N-C-S-$$

福美双

$$(CH_3)_2N-C-S \rangle 1/2Cu$$

（黄绿色）

习题与思考题

1. 写出纯化农药常用 TLC 的硅胶种类及代号。

2. 各种硅胶的代号意义是什么？

3. 硅胶 GF_{254} 是一种含_____的吸附剂，适用于_____性农药的分离。氧化铝适用于_____性农药的分离。

4. 以 CMC 和淀粉做黏合剂的优、缺点各是什么？

5. 硅胶板活化的一般温度和时间是多少？高或低于要求温度会带来什么后果？为什么？

6. 点样应把握的原则是什么？

7. 吸附薄层和分配薄层展开剂的选择原则各是什么？

8. 展开方法有哪些，各适于什么情况？

9. 显色方法有哪些，适用的对象是什么？

10. 简述烟碱的硅钨酸盐沉淀法的主要方法步骤和原理。

11. 碘量法适合于_____的农药的分析。氯胺 T 法适合于分子中含_____键的农药的分析。

12. 银量法测定有机氯农药时，一般在_____性介质中脱卤，然后滴定。佛尔哈德法（银量法）测定有机氯农药有效成分时加入邻苯二甲酸二丁酯或硝基苯的作用是防止_____。

13. 简述薄层定氮法测定农药有效成分的方法原理。

14. 电位分析确定终点的方法有哪几种？各自的依据是什么？

15. 写出摩尔吸光系数与百分吸光系数的定义和关系式。

16. 写出比尔定律中各符号的意义和单位。

第三章 有效成分分析——气相色谱法

第一节 气相色谱法在农药分析中的应用和特点

一、应用范围

20世纪70年代以前，我国多数农药标准所采用的农药分析方法为化学法，80年代中、后期，随着气相色谱仪的普及，气相色谱分析法逐步占据了农药标准分析方法的主导地位。90年代至今，气相色谱仪成为农药分析实验室的必备仪器。目前国际上约70％的农药制剂采用气相色谱法进行分析。在农药残留分析中，气相色谱法应用更多。

二、优点

(1) 应用范围广 一般农药的沸点都在500℃以下，相对分子质量小于400，在气相色谱的操作温度范围内可以"气化"，而且不发生分解，因此大多数农药的分析采用气相色谱法。

(2) 分离效能高 农药分析的检测对象中，有的含合成过程中使用的原料、中间产物等杂质，有的为混合制剂，有的杂质和测定对象互为立体异构体甚至对映异构体，其他方法难以分离。气相色谱的一根1～2m色谱柱，理论塔板数可达几千块，毛细管气相色谱柱（内径0.1～0.25μm）30～50m，其理论塔板数可以到7万～12万，能使大多数农药产品中的有效成分与异构体及杂质得到有效分离。

(3) 分析速度快 气相色谱的分析速度较快，适于农药生产中的流程控制分析和大量样本分析。通常完成一个农药样品的分析仅需几分钟或几十分钟，近来的小内径（0.1mm）、薄液膜（0.2μm）、短毛细管柱（1～10m）比原来的方法提高速度5～10倍，而且用的样品量很少。

(4) 灵敏度高 农药残留分析中，要求分离和测定出极少量的物质。气相色谱高灵敏检测器的检测极限可达10^{-9}～10^{-12}g数量级，更适合农药残留量分析。

(5) 准确度、精密度高 农药分析要求有一定的准确度和精密度，尤其是制剂分析对此要求更高，用气相色谱内标法测定，其准确度和精密度均较经典方法和光学分析法等高。

(6) 分离和测定一次完成 气相色谱法采用高效柱和高灵敏度检测器，能同时完成对杂质的分离和对有效成分的定量分析。与紫外、红外、质谱、核磁共振法等联合使用，可以完成对复杂样品的组分定性，成为农药与残留分析的必备工具。

(7) 选择性高 电子捕获检测器对有机氯农药有较高的响应信号，火焰光度检测器对有机磷和含硫农药响应信号较高，氮磷检测器对有机氮和有机磷农药有较高的响应信号。

(8) 易于自动化 可在工业流程中使用。

三、局限性

气相色谱法以气体作为流动相，在检测农药时，被分离农药在色谱柱内运行时必须处于"气化"状态，而"气化"与农药的性质和其所处的工作温度（主要指色谱柱所处的温度）有关。所以，在气相色谱仪的工作温度下不能气化或易发生热分解的农药就不能使用气相色谱分析。此外对于要进行的每一项农药分析任务，往往都需要先建立特定的分析方法。再者，色谱峰的定性可信度较差，而且定量分析必须要由标准品进行标定。

第二节 基本原理

气相色谱法亦称气体色谱法或气相层析法，是以气体为流动相的柱色谱分离技术。它分离的主要依据是利用样品中各组分在色谱柱中的吸附力或溶解度不同，也就是利用各组分在色谱柱中气相和固定相中的分配系数不同来达到各组分的分离。对于气固色谱（也叫吸附色谱），它的分配系数确切地讲，应称吸附平衡常数，主要用于永久性气体或气态烃等的分离分析。本章仅介绍常用于农药分析的气-液色谱。

一、气-液色谱分离过程

在气-液色谱柱中装入一种惰性的多孔性固体物质（称为担体或载体），在它的表面涂敷一层很薄的不易挥发的高沸点有机化合物（即固定液），形成一层液膜。当载气把气化的样品组分带入色谱柱后，由于各组分在载气和固定液膜的气、液两相中分配系数不同，当载气向前流动时，样品各组分从固定液中的脱溶能力也就不同。

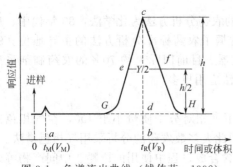

图 3-1 色谱流出曲线（钱传范，1992）

当脱溶出来的组分随着载气在柱中往前移动时，再次溶解在前面的固定液中，这样反复地溶解→脱溶→再溶解→再脱溶，多次地进行分配，有时可达上千次甚至上万次。最后，各组分由于分配系数的差异，在色谱柱中经过反复多次分配后，移动速度便有了显著差别。在固定液中，溶解度小的组分移动速度快，溶解度大的则移动速度慢，这样不同组分经过色谱柱出口的时间就不同，可以分别对它们进行测定。当组分 A 离开色谱柱的出口进入检测器时，记录仪就记录出组分 A 的色谱峰。由于色谱柱中存在着涡流扩散、纵向扩散和传质阻力等原因，使得所记录的色谱峰并不是以一条矩形的谱带出现，而是一条接近高斯分布曲线的色谱图（图 3-1）。

例如，在某一色谱柱中欲分离的两组分为 A 和 B，而且它们的分配系数 K_A 比 K_B 大一倍。显然经过第一次分配后，A 和 B 两物质的分离因数（a）为：

$$a = \frac{K_A}{K_B} = \frac{2}{1} \tag{3-1}$$

若连续分配 n 次后，则：

$$a = \left(\frac{K_A}{K_B}\right)^n = \left(\frac{2}{1}\right)^n = 2^n \tag{3-2}$$

可见，当 $n=1$ 时，$a=2$，$n \approx 100$ 时，$a = 2^{100} \approx 10^{30}$，此时分离效率已很大，这表明 A、B 两物质已较好地分离，也就是说分配次数愈多，分离效率愈高。而在一般气相色谱法中，分配次数远不只 100 次，往往是上千次、上万次，因此，即便 K_A 与 K_B 相差很微小，经过反复若干次分配，最终也可使两物质分离。例如六六六各异构体的化学性质极其相似，用一般化学方法很难将它们分离，但是利用 OV-17 和 QF-1 为混合固定液的气-液色谱法可将其很好地一一分离。

二、色谱流出曲线及术语

样品中的组分经色谱柱分离后，随着载气逐步流出色谱柱。在不同的时间，流出物中组分的成分和浓度是不同的。一般采用记录仪将流出物中各组分及其浓度的变化依次记录下来，即可得到色谱图。这种以组分的浓度变化（或某种信号）作为纵坐标，以流出时间（或相应流出物的体积）作为横坐标，所绘出的曲线称为色谱流出曲线。有关术语见表 3-1。

在一定的实验条件下，峰面积或峰高为某一组分浓度含量的特征，因此，色谱流出曲线是色谱分析的主要依据。利用它可以解决以下问题：

① 色谱峰的位置（即保留时间或保留体积）决定于物质的性质，是色谱定性的依据。

表 3-1 色谱图有关术语

序 号	术 语	符 号	定 义
1	色谱图		色谱分析中检测器响应信号随时间的变化曲线
2	色谱峰		待测物通过检测器时所产生的响应信号
3	基线		载气通过检测器时所产生的信号
4	峰高	h	从峰最大值到峰底的距离
5	峰(底)宽	W	在峰两侧拐点处所作切线与峰底相交两点间的距离
6	半峰宽	$W_{1/2}$	在峰高的中点作平行于峰底的直线,此直线与峰两侧相交点之间的距离
7	峰面积	A	峰与峰底之间的面积
8	基线漂移		基线随时间的缓慢变化
9	基线噪声		由于各种因素引起的基线波动
10	保留时间	t_R	样品组分从进样到出现峰最大值所需的时间,即组分被保留在色谱柱中的时间
11	死时间	t_M	不被固定相保留的组分的保留时间
12	调整保留时间	t_R'	$t_R' = t_R - t_M$,即扣除死时间后的保留时间
13	死体积	V_m	$V_m = t_M F_0$,即对应于死时间的保留体积,F_0 为色谱柱内载气平均流量

② 色谱峰的高度或面积是组分浓度或含量的量度,是色谱定量的依据。

③ 利用色谱峰的位置与其宽度,可以对色谱柱分离的情况进行评价。

三、分离度

色谱柱的选择性 a 只表明两种难分离的组分通过色谱柱后能否被分离、两峰之间的距离远近,但无法说明柱效率的高低。而柱效率 $N_{有效}$、$H_{有效}$ 表明柱效率的高低,即色谱峰扩展程度,却反映不出两种组分直接分离的效果。为判断两种难分离组分在色谱柱中真实的分离效果,常用分离度 R 作为色谱柱的总分离效率(能)指标,其定义为:相邻两组分的保留值之差与两个组分峰宽总和一半的比值。

$$R = \frac{t_{R_2} - t_{R_1}}{\frac{1}{2}(Y_1 + Y_2)} \qquad (3-3)$$

式中 t_{R_2}、t_{R_1}——组分 2 及组分 1 的保留时间;

Y_2、Y_1——组分 2 及组分 1 的峰宽。

$t_{R_2} - t_{R_1}$ 的大小表明柱子的选择性,它反映组分在流动相和固定相中的分配情况,差值越大,两峰之间距离就越大。这主要决定于固定液的热力学性质。

式(3-3)中 $\frac{1}{2}(Y_1 + Y_2)$ 的大小表明柱效率的高低,即反映组分在柱内运动的情况,$\frac{1}{2}(Y_1 + Y_2)$ 越大,两峰的扩展越严重。它取决于所选择的操作条件,是色谱过程的动力学问题。

分离度 R 综合考虑了色谱柱的选择性和柱效率两方面因素。R 值越大,表示相邻两组分分离得越好。对于两个等

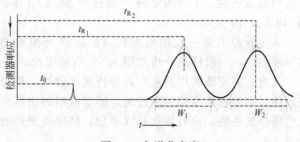

图 3-2 色谱分离度

面积峰,当 $R=1$ 时,分离程度可达 98%;$R=1.5$ 时,分离程度可达 99.7%,如图 3-2 所示。用 $R=1.5$ 作为相邻两色谱峰已完全分开的标志,$R=2$ 时,分离效果虽好,但分离时间必然加长。

第三节 操作技术

一、仪器流程

目前，国内外气相色谱仪的型号虽有多种多样，但基本流程一致（见图3-3）。

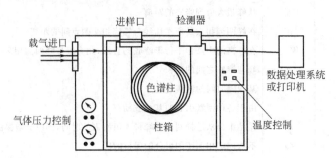

图3-3 气相色谱仪示意图（摘自分析网）

二、分析方法的建立

1. 色谱柱的选择

色谱柱是气相色谱仪起分离作用的关键部件。为了使农药有效成分和杂质达到有效分离，首先必须选择一根高效的色谱柱。气液色谱柱有填充柱和毛细管柱2类。

（1）填充柱 在柱内装有固体填料的色谱柱称为填充柱。常见规格有2～4mm内径，1m或2m等长度的U形柱。固体填料也叫固定相，由担体和固定液组成。担体是承载固定液的载体，一般为多孔型吸附剂。固定液是涂渍在载体表面上使混合物获得分离且在使用温度下呈液态的物质。农药分析常用担体为白色担体，并经过硅烷化和（或）酸洗处理。处理的目的是排除吸附剂表面的吸附活性，保证涂渍固定液后的填料对化合物的分离作用完全是分配色谱作用。

固定液的选择多采用"相似相溶"原理和"实验方法"。"相似相溶"原理是指被分离组分与固定液具有相似的化学性质，如官能团、极性等。即分离非极性化合物选择极性小的固定液。因为化学性质相似，则组分在固定液中的溶解度大，分配系数就大，选择性就好；反之，溶解度小，分配系数小，选择性就差。

实验方法是先选用4种极性不同的固定液制得4根色谱柱。试样分别在这4根色谱柱上，以适当的操作条件进行初步分离。根据试样分离情况，进一步选用与其极性相近的固定液进行适当调整或更换。4种固定液一般选择 SE-30（非极性）、OV-17（中等极性）、PEG-20M 和 DEGS（极性）。

固定液的用量一般用液担比（固定液与担体的质量比）表示。低沸点样品分离一般用10%液担比，一般样品分析常用5%左右液担比，高沸点样品则采用3%以下液担比。

注意：固定液的用量愈少，分析速度愈快，但分离效率相对愈低。另外，在气液色谱中，柱温超过固定液最高使用温度时，固定液即加快挥发，随载气流出柱外。固定液的流失不仅改变色谱柱的性能，而且导致基线不稳，降低检测灵敏度。常见固定液的极性、限用温度和溶剂见表3-2。

（2）毛细管柱 系指柱径在1mm以下，固定液直接涂布在柱管内壁上而中间为空心的色谱柱。常见规格有0.2mm内径和0.53mm内径，长度为10～50m不等。

毛细管柱的优点是分离效能高和分析速度快。其缺点是样品负荷量小，有时需要采用分流进样技术，分流可能影响定量的准确性。另外柱的制备过程较复杂，一般操作者无法自己制备。而填充柱的制备和使用方法都比较容易掌握，而且具有多种填料可供选择，能满足一般样品的分析要求，因此，填充柱是农药分析应用最普遍的一种色谱柱。填充柱的缺点是渗透性较差，传质阻力较大，柱子不能过长（一般小于 4m），故其分离效能不如毛细管柱好。

表 3-2　农药测定常用固定液及其特性（钱传范，1992）

国外商品名称或缩写	化 学 名 称	极性①	最高使用温度/℃	常 用 溶 剂
Apiezon L	饱和烃润滑脂	非	250～300	三氯甲烷、二氯甲烷、苯
Carbowax 20M	聚乙二醇-20M	极	225～250	三氯甲烷、二氯甲烷
DEGA	己二酸二乙二醇聚酯	中	190～200	三氯甲烷、二氯甲烷、丙酮
DEGS	丁二酸二乙二醇聚酯	极	190～200	丙酮、二氯甲烷、乙酸乙酯
DC-11	甲基聚硅氧烷	非	300	苯、乙酸乙酯
DC-200	甲基聚硅氧烷	非	250	甲苯、三氯甲烷、二氯甲烷
DC-710	苯基甲基聚硅氧烷	中	250～300	丙酮、三氯甲烷、二氯甲烷
Epon 1001	环氧树脂	极	225	热三氯甲烷、热二氯甲烷
QF-1	三氟丙基甲基聚硅氧烷	中	250	三氯甲烷、二氯甲烷、丙酮
NPGA	己二酸戊二醇聚酯	中	225～240	丙酮、三氯甲烷、二氯甲烷
NPGS	丁二酸戊二醇聚酯	中	225～240	三氯甲烷、二氯甲烷
Reoplex 400	己二酸丙二醇聚酯	中	190～200	丙酮、三氯甲烷、二氯甲烷
OV-1	甲基聚硅氧烷	非	350	三氯甲烷、甲苯
OV-17	苯基甲基聚硅氧烷	中	300～375	三氯甲烷、甲苯
OV-101	甲基聚硅氧烷	非	300～350	三氯甲烷
OV-210	三氟丙基甲基聚硅氧烷	中	275	三氯甲烷
OV-225	氰丙基苯基甲基聚硅氧烷	中	275	三氯甲烷
SF-96	甲基聚硅氧烷	非	250～300	三氯甲烷、二氯甲烷
SE-30	甲基聚硅氧烷	非	300～375	甲苯、热三氯甲烷、热二氯甲烷
SE-52	苯基甲基聚硅氧烷	非	300	甲苯、热三氯甲烷、热二氯甲烷
XE-60	氰乙基甲基聚硅氧烷	中	250～275	三氯甲烷、二氯甲烷、丙酮
Tween 80	聚氧亚乙基山梨糖醇单油酸酯	极	150	苯、三氯甲烷、二氯甲烷
Versamid 900	聚胺树脂	极	250～275	热三氯甲烷-丁醇(1∶1)丁醇-苯酚(1∶1)或三氯甲烷-甲醇(87∶13)

① 非—非极性，极—强极性，中—中等极性。

在双气路色谱仪中，使用两根相同的色谱柱，一根为分离柱，另一根则称为参比柱。采用参比柱的目的是自动补偿由于温度波动、流速变化以及固定液流失等引起的噪声，从而获得稳定的基线。这在程序升温色谱法中尤为重要。

2. 填充柱的制备

要制备一根分离效能较高的填充柱，必须将固定液均匀地涂布（或通过化学键结合）在担体表面形成一层液膜，再把涂好的固定相均匀而紧密地装填到色谱柱管内。固定液的涂渍（或键合）和色谱柱的装填是色谱分析的重要操作技术之一。通过化学键结合方式将固定液结合到载体表面的官能团上所形成的固定相称为键合相。键合相比较牢固但操作较复杂。这里介绍涂布固定相色谱柱的制备方法。

(1) 色谱柱管的清洗　现常用玻璃管柱的清洗方法为注入洗液浸泡两次（必要时使用温热的清洗液，效果更好），然后用自来水冲洗至中性，再用蒸馏水清洗。清洁的玻璃管内壁不应挂有水珠，烘干后备用。

(2) 固定液的涂渍　按欲配制的浓度称量固定液和载体，将固定液溶解于体积略大于载体体积的溶剂中，再转移到蒸发皿中，然后把载体倾入其中混匀，固定液在溶剂的作用下涂敷在载体表面上。再把涂渍上固定液的载体放在红外灯下轻轻搅拌，蒸发溶剂，再于接近溶剂沸点的温度下干燥（可用旋转蒸发仪使溶剂蒸发至干）。一般要求烘干后的固定相基本上没有溶剂气味。

(3) 色谱柱的填充　固定相填充的好坏，直接影响柱效，通常采用泵抽填充法，把色谱柱的尾端（即接检测器的那一端）塞上硅烷化的玻璃棉，再接真空泵，色谱柱的前端（即接气化室的那一端）接上一个漏斗。在真空泵的抽吸下，不间断地从漏斗中倒入要装的固定相，并不断轻轻敲打色谱柱管，直到固定相不再进入柱管为止。去掉漏斗，在装好的色谱柱前端堵塞上硅烷化的玻璃棉。

(4) 色谱柱的老化　装填好的色谱柱要进行老化处理后，才能接至检测器使用。老化的目的是：①为了彻底除去固定相中的残余溶剂和某些挥发性杂质，确保检测器不受污染。②进一步促使固定液均匀地、牢固地分布在载体表面上，可以提高柱效能。老化的方法是：把色谱柱接入载气气路系统，一般采用氮气作为载气，色谱柱的前端接在气化室上，尾端放空（不要接检测器，以免污染），在与操作时相近的载气流速下，采用程序升温使柱箱温度升至固定液的最高使用温度附近（但不高于固定液最高使用温度）老化，或在略高于操作温度 10~20℃ 的条件下老化，老化时间一般为 12~36h。基本老化后，再接上检测器检查。当记录仪基线平直以后，老化过程才算结束。

(5) 色谱柱的保养　柱寿命系指色谱柱在保证分离效果前提下的使用时间。色谱操作条件过于激烈可能引起固定液流失或变质、柱填料破碎、液膜脱落等；流动相及样品中的杂质可能污染固定相或与其发生化学反应；空气中的水分进入色谱柱和柱管材料的锈蚀等都会缩短柱寿命，因此操作中应保证不超过固定液的最高使用温度。分析高沸点样品时，为防止残留物在柱子和检测器中冷凝，停机前应继续升温至高于操作温度 20℃，通载气 1~2h。另外填充柱的进出口不能互换使用，否则将严重影响柱效。制备好的色谱柱停用时，应用小塑料帽或用乳胶管将两头连接起来，使之密封好，放干燥器中，以防潮气进入。装卸色谱柱时，必须事先将气路关闭。否则由于压力突然释放，不仅使柱内载体冲出，而且会破坏载体表面的固定液薄膜，严重时可使柱子崩裂，以致污染检测器。样品应经过较好的净化处理。

柱子使用一段时间后，分离度会降低，在柱头可见黄色残留杂质，这时应将黄色残留物除去，换上新的载体和玻璃棉，经过 1~2h 的"老化"处理仍可以继续使用。

3. 柱温的选择

柱温选择的主要依据是样品的性质。对于沸点在 300℃ 的物质，柱温往往在 150℃ 以下；沸点大于 300℃ 的物质，柱温最好能控制在 200℃ 以下，若被分析样品的沸程太宽，则可采用程序升温分析。此外，柱温还与固定相性质、固定相用量、载气流速等因素有关。通过选择适宜的固定相、适当减少固定相用量、加大载气流速等措施，可达到降低柱温的目的。柱温的选择直接影响分析时间，多数情况下柱温升高，分析时间缩短，但也会引起柱分离能力降低，所以实际操作中应兼顾两方面。另外过高温度下固定液易流失，温度过低，固定液相态发生变化。

4. 气化和检测温度的选择

气化温度与样品的性质和进样量有关，一般控制气化温度比柱温高 10~50℃ 即可使样品瞬间气化。检测温度一般也与气化温度接近即可，若采用程序升温，则把检测器温度控制在最高柱温以上。

5. 载气及其流量的选择

常用的载气有氮气、氢气和氦气。氮气主要适于 FID、FPD 和 ECD 检测器；氢气和氦气适于 TCD 检测器。载气的纯度一般要求为 99.999%。辅助气体包括尾吹气（与载气相同）和助燃气。助燃气包括氢气（由高压气瓶或氢气发生器提供）、氧气或空气（由高压气瓶或空气压缩机提供）。常见气瓶标识为：氮气——黑瓶黄字；氢气——绿瓶红字；空气——黑瓶白字。

载气流量过高、过低都会降低柱效。使用填充柱时一般将载气流量控制在 20~50ml/min，即可达到分离效果好、分析速度快的目的。

6. 载气净化器选择

净化器的作用主要是去除气体中的水分、烃类化合物和氧等杂质。存在于气源管路及气瓶中水分、烃和氧会在色谱图上产生基线噪声、基线飘移和鬼峰等，对特殊检测器（例如ECD等）影响更为显著。另外氧会使固定液（如 PEG-20M、Carbowax、FFAP 等）氧化，从而破坏柱性能，缩短柱寿命；载气中的水分会取代极性固定液液膜，所以固定液极性越强，越需要采用干燥的载气。载气中的灰尘或其他颗粒状物体也可能造成色谱柱堵塞。因此，为了保护色谱柱及保证检测信号稳定正常，必须对载气及辅助气进行严格的脱水、脱氧和脱烃处理。

净化通常采用硅胶初步脱水、分子筛进一步脱水、用活性炭脱除烃类化合物、用紫铜脱除微量氧气的方法。一般气体净化后纯度要达到 99.99% 以上方可使用。

净化剂使用一段时间后要进行再生处理。再生方法是：活性炭应在 160℃ 烘烤 2h，然后冷至室温，装净化器；硅胶在 120℃ 烘烤至全部变蓝色，冷至室温，装净化器；分子筛在 550℃ 烘烤 3h，冷却至 200℃ 左右，放入干燥容器内，冷至室温后快速装净化器，或在 350℃ 通无水氮气 2h，冷却至室温快速装入净化器；紫铜的处理方法是将氧化铜还原。

7. 进样量的确定

进样量不允许超过最大柱容量（一般填充柱最大容量为液体 $10\mu l$，气体 10ml），同时要保证样品能瞬间气化，而且达到规定分离要求和线性响应的允许范围之内，一般为 $0.5\sim2\mu l$。毛细管柱则很容易超过最大柱容量，因此毛细管柱多采用分流技术将样品的小部分引入色谱柱。

8. 检测器选择

检测器是测量载气中各分离组分及其浓度变化的一种装置。检测器的种类很多，常用的主要有 4 种，这 4 种检测器的主要性能列于表 3-3 中。

表 3-3　常用气相色谱检测器性能一览表（钱传范，1992）

检测器	热导（TCD）	氢焰离子化（FID）	电子捕获（ECD）	火焰光度（FPD）
用途	所有化合物	有机化合物	卤化物及含氧化合物	硫、磷化合物
响应性质	浓度型	质量型	浓度型(非离解型)，质量型(离解型)	质量型
载气	He、H_2、N_2	N_2、H_2	N_2、Ar+5%CH_4	N_2、He
检测度	2×10^{-6}mg/ml	$10^{-11}\sim10^{-12}$g/s	$10^{-12}\sim10^{-13}$g/ml	10^{-11}g/s(S)10~13g/s(P)
稳定性	良	优	可	可
线性范围	10^4	$10^6\sim10^7$	$10^2\sim10^3$	10^3
温度极限/℃	400	400	225~350	270
响应时间	100~250ms	1ms	1~5s	1ms
设备要求	流速、温度要恒定，测量电桥用高精度供电电源	气源要严格净化，放大器能测 10^{-14}A 无干扰	载气要除 O_2，采用脉冲式 ECD	质量好的滤光片和光电倍增管、合适的 O/H 比

农药分析尤其是农药生产厂质量控制常用的检测器大多是氢火焰离子化检测器（flame ionization detector，FID）。早期购买的一些气相色谱仪也带热导检测器（thermal conductivity detector，TCD）。氢火焰离子化检测器是基于有机化合物在火焰中燃烧产生离子流进行检测的，因此对有机农药都能检测；热导检测器是基于各种物质有不同的热导率而设计的，它对无机农药和有机农药都能检测。近年来由于无机农药毒性大，对环境污染严重，生产和销售量都在减少，因此农药分析中，热导检测器的应用愈来愈少，氢火焰离子化检测器成为农药分析的主要检测器。

（1）热导检测器（TCD）的结构和原理　热导检测器（thermal conductivity detector，TCD）的线路示意图见图 3-4。热导池是基于发热体热量损失的速率取决于其周围气体组成的

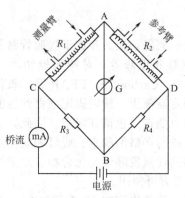

图 3-4 双臂热导池测量线路 (杜斌，2002)

原理设计而成的，因此热量损失的速率可作为气体组成的量度。一臂连接在色谱柱之前，只通载气，称为参考臂；另一臂连接在色谱柱之后，称为测量臂。两臂的电阻分别为 R_1 与 R_2。将 R_1、R_2 与 2 个阻值相等的固定电阻 R_3、R_4 组成桥式电路。当载气以恒定的速度通入热导池，并以恒定的电压给热导池的热丝加热时，热丝温度升高。所产生的热量，主要经载气，由热传导方式传给温度低于热丝的池体；其余部分由载气的"强制"对流所带走，热辐射散失的热量很少，可忽略不计。当热量的产生与散失建立热动平衡后，热丝的温度恒定。若测量臂无样气通过，只通载气时，2 个热导池钨丝的温度相等，$R_1＝R_2$。根据惠斯登电桥原理，当 $R_1/R_2＝R_3/R_4$ 时，A、B 两点间的电位差 $V_{AB}＝0$，此时检流计 G 中无电流通过。当样品由进样器注入并经色谱柱分离后，某组分被载气带入测量臂时，若组分与载气的热导率不等，则测量臂的热动平衡被破坏，钨丝的温度将改变，因 R_2 未变，则 $R_1＞R_2$；$R_1/R_2≠R_3/R_4$，$V_{AB}≠0$，此时检流计 G 中有电流通过，指针发生偏转。在记录纸上即可记录出各组分的色谱峰，即色谱流出曲线。

（2）氢火焰离子化检测器　FID 是典型的破坏性、质量型检测器。其主要特点是对几乎所有挥发性有机化合物均有响应。而且具有灵敏度高（$10^{-13}\sim10^{-10}$ g/s），基流小（$10^{-14}\sim10^{-13}$ A），线性范围宽（$10^6\sim10^7$），死体积小（$\leqslant1\mu$l），响应快（约 1ms），可以和毛细管柱直接联用，对气体流速、压力和温度变化不敏感等优点。

氢火焰离子化检测器（FID）由电离室和放大电路组成，如图 3-5 所示。FID 的电离室由金属圆筒作外罩，底座中心有喷嘴，喷嘴附近有环状金属圈（极化极，又称发射极），上端有一个金属圆筒（收集极）。两者间加 90～300V 的直流电压，形成电离电场。燃烧气、辅助气和色谱柱由底座引入，燃烧气及水蒸气由外罩上方小孔逸出。

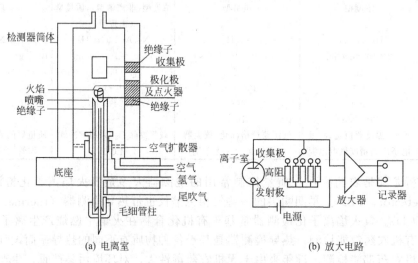

(a) 电离室　　　　　　　　　(b) 放大电路

图 3-5　FID 结构示意图
（许国旺，2004）

FID 的工作原理是以氢气在空气中燃烧为能源，载气（N_2）携带被分析组分和可燃气（H_2）从喷嘴进入检测器，被测组分在火焰中被解离成正负离子，在极化电压形成的电场中，正负离子向各自相反的电极移动。形成的离子流被收集极收集，输出，微弱的离子流（$10^{-12} \sim 10^{-9}$ A）经过高阻（$10^6 \sim 10^{11} \Omega$）转化，放大器放大（放大 $10^7 \sim 10^{10}$ 倍），成为与进入火焰的有机化合物量成正比的电信号，因此可以根据信号的大小对有机物进行定量分析。

氢火焰离子化检测器的火焰温度，离子化程度和收集效率都与载气、氢气、空气的流量和相对比值有关，因此这些因素都不同程度地影响着响应信号。

① 氢气流速的影响 氢气作为燃烧气与氮气（载气）预混合后进入喷嘴，当氮气流速固定时，随着氢气流速的增加，输出信号也随之增加，并达到一个最大值后迅速下降，如图 3-6 所示。由图可见，通常氢气的最佳流速为 40～60ml/min。

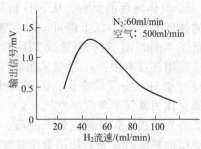

图 3-6 H_2 流速对 FID 响应的影响

② 载气流速的影响 在我国多用 N_2 作载气，H_2 作为柱后吹扫气进入检测器，对不同 k 值的化合物，氮气流速在一定范围增加时，其响应值也增加，在 30ml/min 左右达到一个最大值而后迅速下降，如图 3-7 所示。这是由于氮气流量小时，减少了火焰中的热传导作用，导致火焰温度降低，从而减少电离效率，使响应降低。氮气流量太大时，火焰因受高线速气流的干扰而燃烧不稳定，不仅使电离效率和收集效率降低，导致响应降低，同时噪声也会因火焰不稳定而相应增加。所以氮气流量一般在 30ml/min 左右，检测器可以得到较好的灵敏度。此外氮气和氢气的体积比改变时，火焰燃烧的效果也不相同，因而直接影响 FID 的响应。由图 3-8 可知，N_2/H_2 的最佳流量比为 1～1.5。

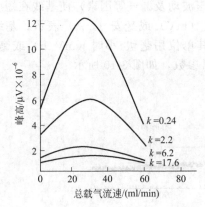

图 3-7 载气流速对 FID 响应值的影响
（许国旺，2004）

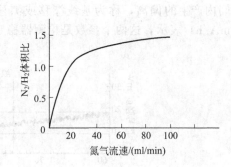

图 3-8 N_2/H_2 比对 FID 响应值的影响
（许国旺，2004）

③ 空气流速的影响 空气是助燃气，为生成 CHO^+ 提供 O_2，同时还是燃烧生成的 H_2O 和 CO_2 的清扫气。空气流量往往比保证完全燃烧所需要的量大许多，这是由于大流量的空气在喷嘴周围形成快速均匀流场，可减少峰的拖尾和记忆效应。其影响如图 3-9 所示。

由图 3-9 可知，空气最佳流速需大于 300ml/min，一般采用空气与氢气流量比为 1:10 左右。

④ 检测器温度的影响 增加 FID 的温度会同时增大响应和噪声；相对其他检测器而言，FID 的温度不是主要的影响因素，一般将检测器的温度设定比柱温稍高一些，以保证样品在 FID 内不冷凝；此外 FID 温

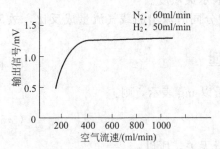

图 3-9 空气流速对 FID 响应值的影响
（许国旺，2004）

度不可低于100℃，以免水蒸气在离子室冷凝，导致离子室内电绝缘下降，引起噪声骤增加，所以FID停机时必须在100℃以上灭火（通常是先停H_2，后停FID检测器的加热电流），这是FID检测器使用时必须严格遵守的操作。

⑤ 气体纯度的影响　从FID检测器本身性能来讲，在常量分析时，要求氢气、氮气、空气的纯度为99.9%以上即可，但在痕量分析时，则要求纯度高于99.999%，尤其空气的总烃要低于0.1μl/L，否则会造成FID的噪声和基线漂移，影响定量分析。

使用注意事项：a. 尽量采用高纯的气源（例如采用纯度为99.99%的N_2或H_2），空气必须经过0.5nm分子筛净化。b. 在最佳的N_2/H_2比以及最佳空气流速的条件下操作。一般参考流量比为氮气：氢气：空气=1：1：10。c. 色谱柱必须经过严格的老化处理。d. 离子室要注意外界干扰，保证使它处于屏蔽、干燥和清洁的环境中。e. 使用硅烷化或硅醚化的载体以及类似的样品时，长期使用会使喷嘴堵塞，因而造成火焰不稳、基线不佳、校正因子不重复等故障，应及时注意维修。f. 为了实测通过离子室的载气流速，除了有的仪器可在离子室出口测量外，目前大多将色谱柱接至热导池检测器，通过热导池出口用皂膜流量计测量。采用这种操作时，一定要将离子室的氢气源切断。否则，色谱柱一旦脱离氢火焰离子室，氢气迅速地流进炉膛，一有火花就会形成爆鸣事故。

9. 检测器的性能指标

农药分析要求检测器的通用性强、响应线性范围宽、稳定性好、响应时间快。一般用以下几个参数进行评价。

(1) 基线噪声与漂移　在没有组分进入检测器的情况下，仅因为检测器本身及色谱条件波动（如固定相流失，橡皮隔垫流失，载气、温度、电压波动及漏气等因素）使基线在短时间内发生的信号称为基线噪声或噪声（N），其单位用毫伏（mV）或毫安（mA）表示。基线在一段时间内产生的偏离，称为基线漂移或漂移（M），其单位用毫伏/小时（mV/h）或毫安/小时（mA/h）表示，这两个参数是检测器稳定性的衡量参数，如图3-10所示。

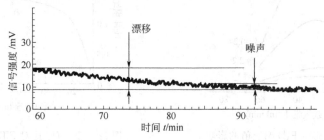

图3-10　基线漂移与基线噪声

（许国旺，2004）

(2) 灵敏度　用相当于单位量的被测成分的峰面积表示灵敏度。

TCD属于浓度型检测器，由于其得到的峰面积和组分同时流出的载气流量成反比，故灵敏度S可用下式表示：

$$S = \frac{峰面积 \times 载气流量}{成分量} \tag{3-4}$$

若峰面积以mV×min，载气流量以ml/min，成分量以mg表示，则：

$$S = \frac{mV \cdot ml}{mg} \tag{3-5}$$

FID属于质量型检测器，所得到的峰面积与载气流量无关，所以：

$$S = \frac{峰面积}{成分量} \tag{3-6}$$

（3）检测限（亦称检测度或敏感度）　噪声水平是噪声连续存在时的平均值，而检测限 D 则是能区别这个噪声水平 N 的最小检测量，通常它相当于噪声水平的 2 倍，见图 3-11。其数值等于 2 倍的噪声水平与灵敏度的比值。

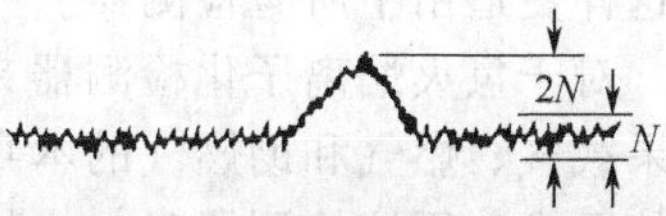

$$D = \frac{2N}{S} \tag{3-7}$$

图 3-11　检测器检测限示意图

（4）检测器的最小检测量与最小检测浓度　最小检测量（MDA）或最小检测浓度（MDC）是表示产生 2 倍噪声的信号时，进入检测器的物质质量（g）或浓度（mg/ml），可用下述公式进行计算。

① 浓度型检测器　在检测极限情况时，峰高等于噪声 2 倍（即 $h = 2N$），通过推导可得：

$$m_{\min} = \frac{1.065}{60} F_d D_i W_{1/2} \tag{3-8}$$

式中　$m_{\min}$——最小检测量，单位为 ml 或 mg，依 D_i 单位而定；

　　　F_d——在检测器温度和大气压下载气的流量，ml/min；

　　　$W_{1/2}$——峰半高处的峰宽（即半峰宽），s。

② 质量型检测器　通过推导可求得：

$$m_{\min} = 1.065 W_{1/2} D_i \tag{3-9}$$

式中，$m_{\min}$ 单位为 g，其余同式(3-8)。

当 $W_{1/2}$ 单位为 mm 时，应进行下列的换算：

$$W_h = \frac{60 W_{1/2}}{u_1} \tag{3-10}$$

式中　W_h——以 mm 为单位的半峰宽；

　　　$W_{1/2}$——以 s 为单位的半峰宽；

　　　u_1——记录器的纸速，cm/min。

从最小检测量可以求出在一定进样量时组分能检测出的最低浓度，即最小检测浓度 $c_{\min}$。

$$c_{\min} = \frac{m_{\min}}{V} \tag{3-11}$$

$$c_{\min} = \frac{m_{\min}}{m} \tag{3-12}$$

式中　$m_{\min}$——最小检测量；

　　　V——进样体积；

　　　m——进样质量。

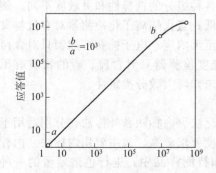

图 3-12　检测器的线性范围
（钱传范，1992）
a—低浓度；b—高浓度

（5）选择性　各种检测器由于其工作原理不同，因而也就有不同的选择性。如热导检测器和氢火焰离子化检测器是通用型检测器。而电子捕获检测器只对捕获电子能力强的物质有很高的敏感度，为选择性检测器。

（6）线性范围　检测器的线性范围是指样品浓度和应答值呈线性关系范围内最大与最小浓度之比，如图 3-12 所示。

（7）响应时间　检测器的响应时间是指进入检测器的一个组分输出达到其真值的 63% 所需的时间。一般讲检测器的响应时间是可以满足要求的，而记录仪的响应时间却是一个限制性因素。

（8）基流（亦称"本底电流"或"零电流"）　基流

应理解为没有任何样品加到载气中时，检测器所产生的信号。这里倾向于称为"零电流"，因为这样更适用于所有检测器。

对于氢火焰离子化检测器来说，它的零电流越小越好，其正常值为 $3 \times 10^{-11} \sim 10^{-12}$ A。如果载气、燃气和助燃气的本身含有杂质，气路不清洁，色谱柱流失等都会引起零电流增加，这就要求使用该检测器时，应特别注意上述几个因素。

对于电子捕获检测器的零电流通称基流 I_0。它的正常值大约为 $10^{-8} \sim 10^{-9}$ A。操作参数（温度、压力和流速）对它有影响，但不会超出上述数量级的范围。一旦发生较大幅度的变化，多数是由于含有卤族元素的有机污染物和空气中 O_2 及水分的干扰造成。因此，检测器零电流的大小，是衡量检测器是否正常的重要数据之一。

（9）稳定性　稳定性系指检测器的噪声和基线漂移，以及检测器对操作条件（气体流速、压力、温度）的波动，对敏感度和响应值的重现性。检测器的稳定性和仪器的稳定性不同，检测器的稳定性是检测器固有的性质，它仅与检测器的设计、结构和操作条件有关，而仪器的稳定性是仪器的综合性能。

10. 定性分析方法选择

（1）根据色谱保留值进行定性　各种物质在一定的色谱条件（固定相、操作条件）下均有固定不变的保留值，因此保留值作为一种定性指标，是最常用的定性方法。这种方法应用简便，但由于不同化合物在相同的色谱条件下，往往具有近似甚至完全相同的保留值，因此这种方法的应用有很大的局限性。这种方法的可靠性与色谱柱的分离效率有密切关系。只有在高的柱效下，其鉴定结果才被认为有较充分的根据。

在农药的定性分析中，常将已知标准品与待测样品对照，比较两者的保留时间是否相同。如果两者（待测样品与标准品）的保留时间相同，但峰形不同，仍然不能认为是同一物质。进一步的检验方法是将两者混合起来进行色谱实验。如果发现有新峰或在未知峰上有不规则的形状（例如峰略有分叉等）出现，则表示两者并非同一物质；如果混合后峰增高而半峰宽并不相应增加，则表示两者很可能是同一物质。

应注意，在一根色谱柱上用保留值鉴定组分有时不一定可靠，因为不同物质有可能在同一色谱柱上具有相同的保留值。所以应采用双柱或多柱法进行定性分析。即采用两根或多根极性不同的色谱柱进行分离，观察未知物和标准农药样品的保留时间是否始终一致。

（2）与其他方法结合定性　与质谱、红外光谱等仪器联用。较复杂的混合物，经色谱柱分离为单组分，再利用质谱、红外光谱或核磁共振等仪器进行定性鉴定。其中特别是气相色谱和质谱的联用，是目前解决复杂未知物定性问题的最有效工具之一。对于新开发的新农药成分的定性，一般要用这种方法。

（3）利用检测器的选择性定性　不同类型的检测器对各种组分的选择性和灵敏度不同。例如热导池检测器对无机物和有机物都有响应，但灵敏度较低；氢火焰离子化检测器对有机物灵敏度高，而对无机气体、水分、二硫化碳等响应很小，甚至无响应；电子捕获检测器只对含卤素、氧、氮等电负性强的组分有高的灵敏度。又如火焰光度检测器只对含硫、磷的物质有讯号。利用不同检测器具有不同的选择性和灵敏度，可以对未知峰大致分类定性。

11. 定量分析方法

根据气相色谱图进行定量分析时，主要的方法有归一化法、内标法和外标法，分别适用于不同的情况。在农药分析中，因制剂分析对准确度、精密度要求较高，故主要用内标法。内标法是将一种纯物质即内标物作为标准物加入到标准样品和待测样品中，进行色谱定量的一种方法。

内标法的操作步骤如下。

（1）农药标准品的准备　一般农药分析实验室都具备一定纯度的标准品。也可以自己用原药或含量较高的农药工业品纯化标准品，但对纯化得到的标准品，一定要经过准确的含量定值。在分析中使用标准品的量尽可能愈少愈好，但要满足分析化学上误差最小的称样量。标准品在标准溶液中的含量尽量与待测农药产品中的含量相同。这样信号测量中的误差会比较小。

（2）内标物的选择　作为气相色谱定量分析的内标物，必须具备四个条件：一是能完全溶解于标准样品和待测样品溶液中；二是在选定的色谱条件下能与被测组分达到完全分离，但保留时间接近；三是内标物应该是色谱纯试剂，如果所用的内标物中含有杂质，杂质峰不得干扰被测组分峰；四是内标物应与被测组分不发生化学作用。

（3）内标物用量确定　为了减少测定误差，内标物的峰高或峰面积应与被测组分相近，因此配制溶液时需要先查内标物和农药有效成分在将要使用的检测器上的质量校正因子，判断内标物与被测组分的峰高或峰面积相近时，需要称取内标物与被测组分的质量。如果查不到相应的质量校正因子，可以采用试验方法确定。试验方法是选择一种既能溶解内标物，又能溶解农药有效成分的溶剂，配制已知浓度（或相同浓度）的内标溶液和农药有效成分标准品溶液，等量分别进样，算出相等信号时需要的量。

（4）溶液的配制　配制内标母液，取 2 个相同体积的容量瓶分别配制标准溶液和待测样本溶液。标准溶液是含有农药有效成分标准品和内标物的溶液；待测样本溶液是含有农药产品和内标物的溶液。在标准溶液和待测样本溶液中分别加入相同含量的内标溶液。

（5）仪器平衡　将配好的标准溶液重复进样，直至相邻两针的信号值之差小于 2% 时，方可进样分析。

（6）内标标准曲线的制作　取一定量配制好的标准溶液分别稀释成 5 个不同级差浓度的溶液，分别做色谱分析，测量峰面积，做标准品质量与峰面积或峰高信号（标准品峰与内标峰的比值）的关系曲线，即标准曲线。

（7）进样分析　考虑到消除仪器稳定性变化对分析的影响，最好在样品溶液的分析过程中，插入标准溶液检查仪器稳定性。即按照标准溶液、样品溶液、样品溶液、标准溶液的顺序进样分析。如果插入的标准样品的进样量与信号值一直落在标准曲线上，可以用单点校正法计算分析结果。如果不在，需检查仪器的稳定性后操作。

（8）计算方法

$$含量 X(\%) = \frac{S_2 m_1 P}{S_1 m_2} \times 100 \quad\quad\quad (3-13)$$

式中　m_1——标准样品质量；

　　　m_2——样品质量；

　　　P——标准品纯度；

　　　S_1——相邻两针标准溶液中标样与内标物峰面积或峰高比值的平均值；

　　　S_2——相邻两针样品溶液中有效成分与内标物峰面积或峰高比值的平均值。

三、样品制备

农药品种多，剂型多，成分复杂。在气相色谱分析中，样品制备除应按一般化合物考虑外，还需注意以下特殊要求。

（1）溶剂的化学性质与规格　溶剂的化学性质要稳定，不应与制剂中的成分反应而影响测定结果。在试剂规格上，应使用分析纯试剂，以减少干扰，若出现杂质峰时，该峰必须与农药及内标物的峰分离。

（2）稀释溶剂选择　选用乳剂、超低量油剂等稀释所用溶剂时，必须注意其要与有效成分充分溶解，并且在气谱上出峰快，返回基线快。例如：乳剂常用二氯甲烷，油剂常用正己烷。

（3）提取溶剂　选用的提取溶剂，必须保证能把农药有效成分从检测对象中提取完全。在农药制剂中，粉剂、可湿性粉剂、颗粒剂等的填料或辅助剂都有很强的吸附性，选用合适的提取溶剂非常重要。一般选用乙酸乙酯、石油醚或丙酮作为提取溶剂，若使用氢火焰检测器可以使用二氯甲烷、三氯甲烷为溶剂，若使用电子捕获检测器则不能选二氯甲烷、三氯甲烷做溶剂，以防污染检测器。

（4）提取方法　检测粉剂、可湿性粉剂、颗粒剂、烟剂样品时，为了提取充分，一般用超声波洗涤器超声5min，但一般不用加热提取，以免农药分解。

四、影响定量准确度的因素

影响气相色谱定量分析准确度的因素很多，样品、仪器或操作等都会造成系统误差和随机误差。一般而言，经常有以下几种。

（1）样品的代表性和稳定性　分析样品确定后，首先要把其中不能直接用气相色谱分析的欲测组分转化成能用气相色谱分析的实验用样品，称之为样品制备。常涉及的操作有：溶解（或提取）、浓缩、萃取、预分离、衍生化等。在样品制备过程中，要求欲分析组分不能（或尽量少）发生任何损失，或损失小于允许的误差。

在样品贮存过程中，欲测组分的分解、氧化、其他化学反应以及外界环境的污染都会使欲测组分的浓度发生变化，直接影响定量的结果，所以必须极力避免。

（2）进样的重复性　进样的重复性不仅包括进样量是否准确，也包括样品在气化室是否瞬间完全气化，在气化和色谱分离过程中有无分解和吸附现象，及分流时是否有歧视效应，这些都会影响定量的结果。内标法本身消除了进样量不一致产生的影响，但这些因素应尽力避免。

（3）柱内及色谱系统内的吸附和分解现象　样品在柱内或色谱系统内若有吸附和分解现象必定影响定量的结果，这在选择色谱柱和色谱条件时必须考虑；若没有合适的选择，样品就必须经过预处理，转化成稳定的化合物。样品在气化室内被吸附和分解同样也会影响定量的结果，通常采用石英衬管或衬管进一步硅烷化处理以减少吸附，气化室的温度选择也必须合理，不宜过高，以防止样品分解或发生化学反应引起定量误差。

（4）峰面积、峰高判断和测量的准确性　色谱定量的基础是色谱峰面积（或峰高），所以色谱峰面积（或峰高）判断和测量的准确性直接影响定量的结果。为了获得准确的定量，首先必须准确判断基线，其次要求有很好的色谱分离，其分离度的要求随难分离对峰高比的增加而提高。相对而言，用峰高定量对分离度的要求比用峰面积定量低。所以，在分离度低的情况下，宜用峰高定量；保留时间短、半峰宽窄的峰，其半峰宽测定误差相对较大，所以也宜用峰高定量。但是，用归一化法和程序升温时宜用峰面积定量；在峰形不正常时也必须用峰面积定量。在计算机自动定量时，要根据积分的峰形判断定量误差。

（5）检测器及色谱条件的稳定性　色谱分析中柱温、载气流速、辅助气流速、检测器温度都会影响色谱峰面积和峰高的检测，从而影响定量，所以色谱条件的稳定是很重要的，尤其是用外标法和追加内标法定量时，对色谱条件稳定性的要求更高。检测器的线性范围和色谱柱的柱容量都是定量分析时必须考虑的因素，否则峰面积和峰高不与组分的含量成正比。

不同类型的检测器影响其工作稳定性的因素不同，一般情况下热导检测器要求池温控制精度必须在±0.05℃以上；氢火焰离子化检测器定量精度要求为1％时，空气和氢气的流速应控制在1.5％的精度，载气流速应控制在2％的精度。载气和辅助气的纯度还与分析检测限的要求有关，并直接影响定量的准确度，欲检测组分的浓度愈低，对气体的纯度要求就愈高。对于特殊的检测器，气体纯度的要求比通用的检测器更高。总之，可以通过选择合适的检测器工作参数和色谱分析条件，使色谱分析引起的误差降到最低。

五、气体钢瓶减压阀操作注意事项

气体钢瓶上的氧气减压阀示意图见图3-13。其工作原理示意图见图3-14。打开钢瓶开关2（图3-13），当顺时针方向转动螺杆14（图3-14）时，弹簧垫块1就会加压于压缩弹簧7上，推动活门10打开，气体从高压瓶中经高压气室流经低压气室，进而进入用气单元。手杆14旋进的多少决定活门开启的大小。关闭时，以开启相反方向转动至手杆 14 全松。

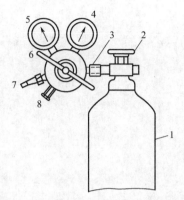

图 3-13　气体钢瓶上的氧气减压阀示意图

1—钢瓶；2—钢瓶开关；3—钢瓶与减压表连接螺母；
4—高压表；5—低压表；6—低压表压力调节螺杆；
7—出口；8—安全阀

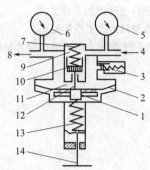

图 3-14　氧气减压阀工作原理示意图

1—弹簧垫块；2—传动薄膜；3—安全阀；4—进口（接气体
钢瓶）；5—高压表；6—低压表；7—压缩弹簧；8—出口
（接使用系统）；9—高压气室；10—活门；11—低压气室；
12—顶杆；13—主弹簧；14—低压表压力调节螺杆

需要注意的是，通常高压表比低压表量程大 10 倍（前者 25MPa，后者 2.5MPa）。当减压阀内压力超过 2.5MPa 时，安全阀 3 被顶开，气体放空。因此在结束分析时，必须先关钢瓶开关，后关气相色谱仪。如果相反，钢瓶的气会从安全阀放空于大气中，同时低压表可能损坏。

第四节　农药的气相色谱分析实例

常用农药的气相色谱操作条件见附录 4。

以农药产品中氯氰菊酯含量的分析为例，方法如下。

采用含量为 98.5% 的氯氰菊酯晶体为标准品，邻苯二甲酸二壬酯为内标物。待仪器稳定后，以标准溶液、样品溶液、样品溶液、标准溶液……的顺序进样。称取纯度 98.5% 的氯氰菊酯纯品 0.0010g，用含内标物 0.0012g 的内标溶液定容至 10ml 做标准溶液；另取待测农药制剂 0.01g，用含内标物 0.0012g 的内标溶液定容至 10ml 做样品溶液。在相同的色谱条件下测定。

测得：标准溶液中 $\overline{A}_1$ 氯氰菊酯＝30cm^2，$\overline{A}_1$ 内标＝60cm^2；样品溶液中 $\overline{A}_2$ 氯氰菊酯＝20cm^2，$\overline{A}_2$ 内标＝60cm^2。

因为样品溶液和标准溶液中内标量相等，可用简式计算。

有效成分含量＝$S_2 m_1 \rho / S_1 m_2 \times 100\%$

已知　$S_2 = \overline{A}_2$ 氯氰菊酯$/\overline{A}_2$ 内标＝20/60＝1/3

$\qquad S_1 = \overline{A}_1$ 氯氰菊酯$/\overline{A}_1$ 内标＝30/60＝1/2

$\qquad m_1 =$ 标准物质量＝0.0010g

$\qquad m_2 =$ 样品质量＝0.01g

$\qquad \rho = 98.5\% = 0.985$

代入上式得：

有效成分含量＝6.23%

习题与思考题

1. 简述气相色谱填充柱的制备方法。

2. 举出三种常用的不同极性的固定液，并指出它们分别适于哪类农药的分离。

3. 简述柱温箱温度和载气流速对农药组分分离的影响。

4. 简述气体钢瓶减压阀的操作原理和注意事项。

5. 简述 FID 检测器的工作原理。

6. 简述检测器的主要性能指标。

7. 简述内标法测定农药有效成分含量的操作步骤。

第四章 有效成分分析——高效液相色谱法

第一节 高效液相色谱法的特点

液相色谱指传统的柱色谱、薄层色谱和纸色谱。20 世纪 50 年代后，气相色谱法在色谱理论研究和实验技术上迅速崛起，而液相色谱技术仍停留在经典操作方式，其操作繁琐，分析时间冗长，因而未受到重视。20 世纪 60 年代以后，气相色谱法对高沸点、强极性、热不稳定、大分子复杂混合物分离分析的局限性逐渐显现，而生命科学领域又迫切需要进行这些有机物的分析，人们又重新认识到液相色谱法可弥补气相色谱法的不足之处。同时微粒固定相、高压输液泵和高灵敏度检测器的研制成功，使液相色谱法发展为高效液相色谱法。

高效液相色谱（high performance liquid chromatography，HPLC）还可称为高压液相色谱（high pressure liquid chromatography）、高速液相色谱（high speed liquid chromatography）、高分离度液相色谱（high resolution liquid chromatography）或现代液相色谱（modern liquid chromatography）。高效液相色谱法和气相色谱法都是重要的分离分析方法，它们在许多方面是相同和相似的，但也存在着差异。

一、优点

（1）应用领域广 气相色谱法局限于易挥发和热稳定化合物的分离和分析，只有 20% 的有机物可用气相色谱测定；高效液相色谱可分离和分析不挥发的、热稳定性差的以及离子型的化合物，可检测的对象占有机物总数的 80% 左右。

（2）流动相对分离的贡献大 气相色谱法使用的流动相是惰性气体，其作用只是运载样本组分通过色谱柱后进入检测器，而对色谱分离的影响一般很小，因此气相色谱主要是通过改变固定相和柱温来改善分离效果。而液相色谱的流动相是液体，它对样本具有一定的溶解性能，除了运载样本组分通过色谱柱和进入检测器外，还参与色谱分离过程（如离子对色谱、手性试剂添加色谱等）。因此在液相色谱分离中，除通过改变固定相改善分离效果外，更多的是用改变流动相组成来改善分离效果。

（3）制备色谱 液相色谱的柱温受流动相沸点的限制，通常在室温或略高于室温的条件下进行分析，温度较低是它的特点，能保留农药的原来分子。根据这一原理制备的色谱，可用于制备农药标准品。而气相色谱仪一般不能用于制备样品。

（4）柱效高 由于高效微粒固定相填料的使用，液相色谱填充柱的柱效可达 $5 \times 10^3 \sim 3 \times 10^4$ 块/m 理论塔板数，远远高于气相色谱填充柱 10^3 块/m 理论塔板数的柱效。

二、缺点

① 液相色谱仪缺乏通用型检测器，常用的是紫外检测器，检测灵敏度较低，而气相色谱仪有很灵敏的检测器，如 ECD 和较灵敏的通用检测器（FID 和 TCD）。

② 液相色谱仪使用的流动相有毒，分析费用较高，而气相色谱仪的流动相为气体，无毒，易于处理，运行成本低。

第二节 基 本 原 理

高效液相色谱是利用样品中的溶质在固定相和流动相之间分配系数的不同，进行连续的、趋于无数次的交换和分配而达到分离的过程。它的分离度公式与 GC 法不同。

$$R=\frac{1}{4}\times\frac{a-1}{a}\times\frac{K}{1+K}\times\sqrt{n}$$

式中　a——分离系数（或分离因子，或选择性因子），$a=K_2/K_1$，当 $a>1$ 时，a 值愈大，分
　　　　　　离度愈高；

　　　K——容量因子（柱内固定相对待测组分的保留强度），$K=(t_1-t_0)/t_0$，K 值愈大，分
　　　　　　离度愈高；

　　　n——柱理论塔板数，n 值愈大，分离度愈高。

所以 a 和 k 由固定相和流动相共同决定，n 由固定相决定。因此高效液相色谱的流动相在改善分离度方面起着相当大的作用（与 GC 法不同）。

农药分析中常用的高效液相色谱分离机理主要有液固吸附色谱法、液液分配色谱法、手性色谱和离子对色谱等。因此，本章主要介绍这几种分离机理。

一、吸附色谱

吸附色谱是以多孔性的极性微粒物质（如硅胶等）为固定相，以正己烷作为流动相主体，二氯甲烷、氯仿、乙醚作为改性剂的正相色谱。吸附色谱法适用于相对分子质量在 200～1000 之间、可溶于有机溶剂的非离子型化合物，水溶性样品有时也可得到满意的结果。虽然大多数农药分子都满足此条件，但由于正相色谱使用的流动相成本高，而反相色谱应用范围也很广，所以一般农药分析多采用反相分配色谱。

二、分配色谱

分配色谱是用载于固相载体上的固定液作固定相，以不同极性溶剂作流动相，依据样品中各组分在固定液上分配性能的差别来实现分离。根据固定相和液体流动相相对极性的差别，分配色谱又可分为正相分配色谱和反相分配色谱。

正相分配色谱或简称正相色谱（normal phase chromatography）指以亲水性的填料作固定相（如在硅胶上键合羟基、氨基或氰基的极性固定相），以疏水性溶剂（如己烷）或混合物作流动相的液相色谱。正相色谱固定相的极性大于流动相的极性。

反相分配色谱或简称反相色谱（reversed phase chromatography）指以强疏水性的填料作固定相，以可以和水混溶的有机溶剂作流动相的液相色谱，如在硅胶上键合 C18 或 C8 烷基的非极性固定相，以极性强的水、甲醇、乙腈等作流动相的高效液相色谱。反相色谱固定相的极性小于流动相的极性。

(1) 正相色谱的流动相　正相色谱的固定相是具有一定极性的填料，其流动相主要选用烷烃类溶剂，如正戊烷、正己烷、正庚烷、环己烷等作基础溶剂。为了洗脱极性较强的溶质，加入适当的极性溶剂如二氯甲烷、短链醇、四氢呋喃等作调节剂来改变样品在系统中的 K 值，从而得到满意的分离效果。乙醇是一种很强的调节剂，只需很低的浓度，异丙醇和四氢呋喃比乙醇略弱一些，三氯甲烷是中等强度的调节剂。

(2) 反相色谱的流动相　反相色谱的流动相一般用极性溶剂或它们的混合物，例如水、甲醇和乙腈。为了提高检测的灵敏度，要求溶剂纯度高，这就要求对溶剂进行重新蒸馏和纯化。许多反相高效液相色谱的分离要求用一定 pH 的缓冲溶液作流动相，选择合适的 pH 缓冲溶液对分离不同极性离子型化合物有十分重要的意义。缓冲溶液中盐的浓度要适当高一些，这样可避免出现不对称峰和分叉峰。通常不使用乙酸盐缓冲溶液，因为它和阳离子的溶质会形成非极性配合物，也不用卤化物，以免腐蚀液相色谱仪。

反相色谱使用最多的有机溶剂是甲醇和乙腈，它们具有黏度小、易提纯、紫外吸收截止波长短、洗脱能力和强度高的特点。甲醇或乙腈与水或水缓冲溶液配成混合液，是中等强度的流动相，改变水-甲醇或水-乙腈的配比，可以改变样品组分的 K' 值，从而获得理想的分离度 (R)。反相色谱常用溶剂及其性质见表 4-1。

表 4-1　反相色谱常用溶剂

名　称	密度/(g/m³)	黏度/mPa·s	强度ε	紫外截止波长/mm	名　称	密度/(g/m³)	黏度/mPa·s	强度ε	紫外截止波长/mm
四氢呋喃	0.889	0.51	0.45	210	甲醇	0.789	1.19	0.88	205
丙酮	0.791	0.322	0.56	330	乙醇	0.792	0.584	0.95	205
乙腈	0.787	0.358	0.65	190	水	0.998	1.00	很大	170
异丙醇	0.785	2.39	0.82	205					

注：引自钱传范《农药分析》，1992。

三、离子对色谱

离子对色谱是在流动相中加入与样品离子具有相反电荷的离子，使它与样品离子缔合成中性离子对化合物，再利用反相色谱法进行分离的方法。

离子对色谱是对反相液液分配色谱方法的扩展，因为反相液液分配色谱的色谱柱 pH 只能在 2～7.5 范围内选择。强酸强碱都影响色谱柱寿命，而农药 2,4-滴丁酸和一些联吡啶类离子化合物本身具有酸性或碱性，无法用反相液液分配色谱法直接分析。

四、手性色谱

手性色谱的理论依据是三点作用原理和手性包容理论。三点作用原理 1952 年由英国科学家提出，它要求固定相有手性中心，并且此手性中心与外消旋体之间至少同时存在三个作用力，不同对映体的这 3 个作用力不同，使对映体在色谱过程中达到分离。手性包容理论要求色谱固定相或流动相具有手性空腔，可以将一定体积和构型的化合物可逆包容在其空腔中，使其与不能被包容的其他对映体在层析过程中得以分离。对于欲分离化合物来说，分子大小和形态决定它们是否能被包容，而官能团不起决定性作用。

手性色谱分为利用手性固定相（CSP）分离和利用手性流动相（CMP）分离两种方法。前者需要手性色谱柱，后者只要在流动相中加入手性试剂，色谱柱用一般反相柱即可。在流动相加入的手性添加剂主要是环糊精和手性冠醚等。检测器仍然用 UV 检测器。

第三节　高效液相色谱仪流程及操作技术

高效液相色谱仪主要由输液系统（贮液瓶、高压泵、梯度洗脱装置）、进样系统、分离系统、检测系统、记录与数据处理系统和柱温控制系统六部分组成（图 4-1）。

一、贮液瓶及流动相脱气

贮液瓶是盛放液相色谱流动相的容器，一般由不锈钢、玻璃或氟塑料制成。在高效液相色谱分析中，正相色谱一般以己烷作为流动相主体，用二氯甲烷、氯仿、乙醚等调节其洗脱强度；反相色谱以水作为流动相主体，以甲醇、乙腈、四氢呋喃等调节其洗脱强度。通常高效液相色谱要求使用分析纯、优级纯试剂。

正相色谱中使用的己烷、二氯甲烷、氯仿、乙醚中经常含微量的水分，其会改变液固色谱柱的分离性能，使用前应过分子筛柱脱去微量水分，反相色谱中使用的甲醇、乙腈、四氢呋喃不必脱除微量水；反相色谱中作为流动相的水，应使用高纯水或二次蒸馏水；甲醇、乙腈、四氢呋喃使用前可以经硅胶柱净化，除去具有紫外吸收的杂质，以降低基线信号；四氢呋喃中含抗氧剂，且长期放置会产生易爆的过氧化物，使用前应用 10% KI 溶液检验是否有过氧化物（若有会生成黄色 I_2），最好使用新蒸馏出的四氢呋喃。

流动相在进泵前必须进行过滤和脱气。过滤是用液相色谱专用过滤器经过 0.45μm 滤膜过滤（水膜和油膜不能混用），目的是除去溶剂中的机械杂质，防止管路阻塞。脱气的目的是防止气泡影响色谱柱的分离效率和检测基线的稳定性。另外，防止溶解在流动相中的氧与流动

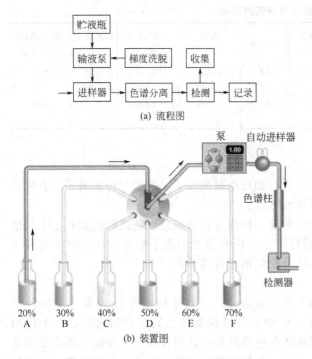

(a) 流程图

(b) 装置图

图 4-1 高效液相色谱仪

相、固定相或样品发生化学反应。

常用的脱气方法有加热法、抽真空法、吹氦脱气法和超声波脱气法，以超声波脱气法最为方便。以上几种方法均为离线（off-line）脱气法，随流动相存放时间的延长又会有空气重新溶解到流动相中。还有一种在线真空脱气法（online degasser），即把真空脱气装置接到贮液系统中，并结合膜过滤器，实现流动相在进入输液泵前的连续真空脱气。在线真空脱气法的脱气效果明显优于离线脱气法，并适用于多溶剂体系。

在使用过程中，贮液瓶一定要盖严，防止溶剂蒸发以及由于蒸发而引起的混合溶剂组成的变化，同时防止二氧化碳和氧气等气体重新溶于已脱气的溶剂中。

二、高压输液泵及梯度洗脱

高压输液泵的功能是将贮液瓶中的流动相以高压、恒流形式连续不断地送入色谱柱，使样品在色谱柱中快速地完成分离过程。

梯度洗脱是使用两种或两种以上不同极性的溶剂作流动相，在洗脱过程中连续或间断改变流动相的组成，使每个流出的组分都有合适的容量因子 K'，并使样品中的所有组分可在最短的分析时间内，以合适的分离度获得分离。

梯度洗脱技术可以改善分离效果，缩短分析时间，并可改善检测器的灵敏度，适用于组成复杂的样品分离。当样品中第一个组分的 K' 值和最后一个组分的 K' 值相差几十倍至上百倍时，使用梯度洗脱的效果特别好。梯度洗脱类似于气相色谱中使用的程序升温技术，现已在高效液相色谱法中获得广泛的应用。梯度洗脱分为低压梯度和高压梯度两种操作方式。低压梯度是在泵前将两种溶剂混合成不同比例的流动相，在不同时间将其泵入色谱柱进行组分分离；高压梯度是用多泵，每个泵分别将一种溶剂泵入混合器中，高压下混合后进入色谱柱进行组分分离。高压梯度自动化程度高，混合迅速，效果好，但需要多泵同时工作，费用高。

三、进样装置

高效液相色谱仪多采用定量阀进样，阀内装有环形定量管，样品溶液在常压下用注射器注入定量管，再靠转动阀门，在保持高压不停流状态下将样品送入流路系统（如图 4-2）。

当进样阀手柄置"取样（Load）"位置时，用特制的平头注射器吸取比定量管体积稍多的样品，从图 4-2（a）中"6"处注入定量管，多余的样品由"5"排出。再将进样阀手柄快速转到"进样（injection）"位置，流动相携带样品进入色谱柱。

进样方式有部分装液法和完全装液法两种。部分装液法进样量最多为定量管体积的 75%，并且要求每次进样体积准确、相同。完全装液法进样量最少为定量管体积的 3～5 倍，这样才能完全置换定量管

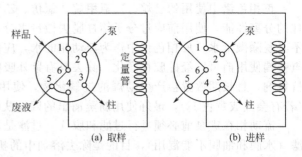

(a) 取样 　　　　(b) 进样

图 4-2 六通阀进样示意图

内残留的溶液，达到所要求的精密度及重现性。由于定量阀装样量准确，重复性好，且能耐20MPa高压，高效液相色谱法用外标法定量的准确度已能满足农药分析的要求。

四、色谱柱

色谱分离系统是高效液相色谱的重要组成部分，色谱柱由柱子、填料、密封环、过滤片、柱头等构成，对填料质量和装柱技术有严格的要求。

商品色谱柱有分析柱、分析制备柱、制备柱、细口径分析柱和毛细管分析柱等种类。由于柱内填料种类不同，其性能不同。高效液相色谱柱主要以硅胶作载体，根据在载体上结合的固定相以及对载体的处理方法不同分为不同的色谱柱。不同公司使用的代码不同，下面以 YMC 公司的色谱柱为例进行介绍。

1. C18 反相柱（ODS）

C18 反相柱分为 ODS-A、ODS-AM、ODS-AL、ODS-AQ、Pro C18、Pro C18 RS、Hydrosphere C18、Polymer C18 等。其中 ODS-A 类柱（包括 ODS-AM 和 ODS-AL）是适用于极性、中等极性、非极性药物分析的通用柱；ODS-AM 是对载体硅胶上的硅醇基进行钝化处理的 ODS-A 柱；ODS-AL 是没有封端的高碳含量单层 C18 相，载体表面有残存硅醇基，以分配和吸附以及氢键等混合方式分离，对极性化合物有独特的选择性，在特殊情况下使用。胺类或一些有碱性基团的化合物由于发生拖尾，不推荐使用此柱。

ODS-AQ 使用了亲水 C18 表面，对极性化合物保留能力强，在水流动相中性能稳定，适用于强极性化合物、药物分析。

Pro C18 RS 柱是高选择性、高碳含量聚合物型的 ODS 柱，具有优良的分离碱性化合物的能力。

Hydrosphere C18 柱的特点是利用一种高惰性超纯的 pH 中性的硅胶作为载体，同时使用了"亲水 C18"表面，提高了极性物质的选择性，适合通常的反相体系和高含量水的样品，在需要 LC-MS 联用时，使用该柱可不需要离子对试剂和缓冲液体系。此外，分离极性化合物时，在高水流动相下使用不会使保留时间改变，提高塔板数和改善峰型，可分析碱性化合物和异构体等。

Polymer C18 柱由亲水的甲基丙烯酸酯聚合物键合疏水的 18 硅烷 ODS 制备得到，没有硅醇基，并加强了对芳香化合物的选择性。Polymer C18 柱和所有的 ODS 柱所使用的标准反相溶剂都相容，但比硅胶基 ODS 柱有更广泛的 pH 范围（pH 为 1～13）。酚、苯胺、高 pH 肽、药物、季铵盐等都可以采用 Polymer C18 色谱柱分析。

2. 非 ODS 反相柱

非 ODS 反相柱分为 C8、C4、Ph（苯基柱）、CN、Basic（碱性柱）、TMS 等类型。在反相色谱分离中，由于使用疏水性的固定相，保留时间通常直接取决于固定相的碳数多少，其顺序为：ODS＞C8＞C4＞TMS。低疏水性的固定相可用于降低分析时间，尤其是在 ODS 柱上具有太长保留时间的样品，可以用小碳数反相柱进行分析。Ph（苯基柱）用于一般反相柱难分离的化合物；TMS 柱是最低疏水性的反相填料，用于水溶性维生素等的分离。

3. 正相柱

正相柱分为 SIL、CN、Diol、NH$_2$ 等类型。SIL 是正相硅胶柱，由高纯度硅胶制得。CN 柱正相和反相都可以用，但在采用不同的分离模式时，洗脱的次序不同，是极性最强的反相柱，在所有反相色谱柱中，极性最强、保留最低。在疏水性十分强的化合物用标准的 C18、C8 柱和典型的反相洗脱液不能洗脱时，可用氰基柱作色谱分析。此外氰基柱提供了与 C18、C8 和苯基等反相柱不同的选择性。在正相模式中，氰基键合相可以替代硅胶。键合正相柱有快速平衡和比非衍生硅胶表面活性更一致的特点。为延长柱的寿命，交替调换正相、反相的洗脱剂是应该避免的。

Diol 相对正相分离的硅胶具有丰富的选择。由于在二醇基上的亲水键不如纯硅上的硅醇基强，所以羟基提供了优越的选择性。

氨基柱是将丙氨基单体键合到高比表面积的球形硅胶载体上而制得的。胺官能团允许在正相条件下分析极性化合物。

为延长色谱柱的使用寿命，在分析柱前可连接一根 $3\sim5cm$ 长的保护柱，内装与分析柱性能相同或相近的填料和 $0.2\mu m$ 的过滤片。保护柱可防止来自流动相和样品中的微粒对色谱柱发生的堵塞现象，还可以避免分析柱内固定相被污染。保护柱使用一段时间后要更换。

农药分析中使用频率最高的反相色谱柱是 ODS 柱或 C18 柱，正相柱一般为硅胶柱。

4. 手性柱

在手性农药分析中有 5 种手性固定相（CSP）色谱柱，包括配体交换手性固定相、"刷型"（或称 Prikle 型）手性固定相、大环手性固定相、蛋白质手性固定相、聚合物手性固定相等。不同化学性质的异构体必须采用不同类型的手性柱，在农药分析中应用较广的主要是"刷型"手性固定相、大环手性固定相和聚合物手性固定相。

（1）刷型 CSP　刷型手性固定相分为 π 电子接受型和 π 电子供给型两类。最常见的 π 电子接受型固定相是由 (R)-N-3,5-二硝基苯甲酰苯基甘氨酸键合到 γ-氨丙基硅胶上制成的。此类刷型手性色谱柱可以分离许多芳香族化合物，或用氯化萘酚等对化合物进行衍生化后进行手性分离。常见的 π 电子供给型固定相是共价结合到硅胶上的萘基氨基酸衍生物。被分析物必须具有 π 电子接受基团，也可以在用氯化二硝基苯甲酰、异腈酸盐或二硝基苯胺等进行衍生化后，经 π 电子供给型固定相达到手性分离。几种刷型 CSP 见图 4-3。

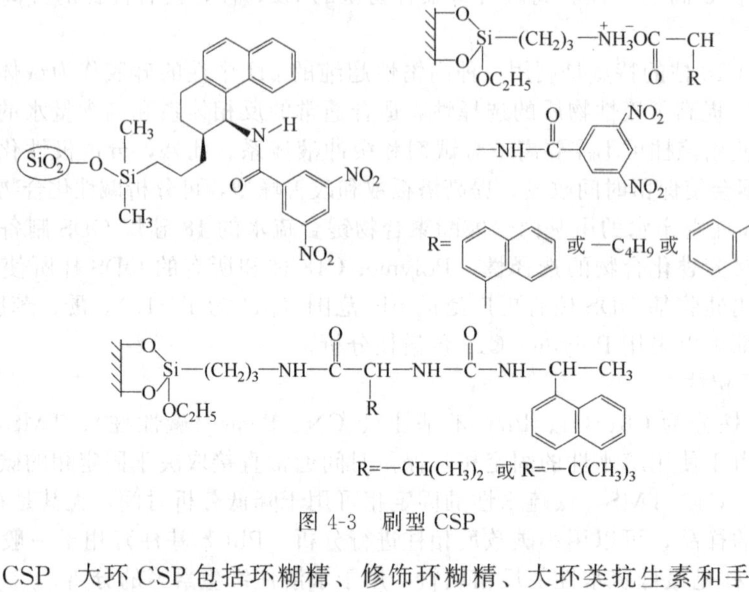

图 4-3　刷型 CSP

（2）大环 CSP　大环 CSP 包括环糊精、修饰环糊精、大环类抗生素和手性冠醚等。环糊精是一种水溶性的大环寡聚葡萄糖，分别含有 6 个、7 个和 8 个 D-（＋）-葡萄吡喃糖的结构单位，以 α-(1,4)-糖苷键首尾相连而形成，相应地被称为 α-环糊精、β-环糊精和 γ-环糊精。

γ-环糊精的分子结构和外形见图 4-4。由图 4-4 可见，环糊精分子的外形呈圆筒形状，其两端的开口呈一大一小的圆圈，内为一个空腔。筒体中的葡萄糖单元基本上保持单个吡喃葡萄糖的稳定椅式构象，其刚性的二级 C2—OH 和 C3—OH 均向外处于大圆圈上，并且一个葡萄糖单元的 C2—OH 可与另一个葡萄糖单元的 C3′—OH 就近形成氢键。C6—OH 的一级羟基通过 C6—C5 键连接于小圆圈上。由于 C6—C5 键可以旋转，导致 C6—OH 内倾而使小圆端口能被部分遮盖。

因为葡萄糖单元的羟基均处于圆筒的外部，所以环糊精表现出较强的亲水性而可溶于水。

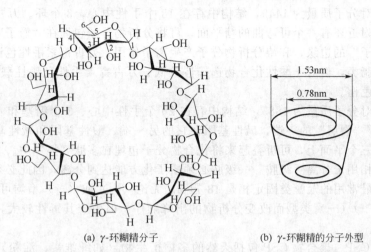

(a) γ-环糊精分子   (b) γ-环糊精的分子外型

图 4-4   γ-环糊精的分子结构和外形（引自申刚义硕士论文）

但是环糊精圆筒的内壁含有缩醛型的 C—O—C 键和 C—H 键，为疏水性。由于糖苷键对酸不稳定，所以环糊精在碱性介质中比在酸性介质中稳定。

不同环糊精分了形成的空腔大小不同，当遇到不同手性化合物分子时，手性化合物中的某些疏水性基团可被包合到环糊精疏水性空腔中，形成主客体为 1∶1 的非对映异构体包合物。由于环糊精存在手性，当它与外消旋化合物作用时，通过手性匹配和识别作用，达到分离的目的。在环糊精的结构中存在许多羟基，若能和被拆分底物形成稳定的氢键，可以增加其主体的选择性。环糊精空腔直径的大小和疏水性的特点正好与苯环的大小和特点相一致，因此含有苯环的亚砜类化合物和环糊精作用时，苯环正好插入到环糊精的空腔中，而亚砜基团的 S=O 基则与环糊精环外的羟基形成氢键，增加了立体选择性。

环糊精固定相的选择性取决于分析物的分子大小。α-环糊精只能允许单苯基或萘基进入；β-环糊精允许萘基及多取代的苯基进入；γ-环糊精仅用于大分子萜类。β-环糊精手性固定相应用范围最广。

对环糊精的修饰是将不同的基团键合到环糊精洞穴表面的羟基上。衍生化反应包括乙基化、S-羟基丙基化、生成 S 或 R-萘基乙基氨基甲酸盐、3,5-二甲基苯基氨基甲酸盐和环状对甲苯酰酯。这些新型的环糊精固定相可以分离更多化合物，更适用于制备色谱，并可用于气相手性色谱分离，价格上也有竞争力。

大环抗生素型手性色谱柱是将大环抗生素键合到硅胶上制成的手性色谱柱。此类色谱柱常用的大环抗生素主要有三种：利福霉素（Rifamycin）、万古霉素（Vancomycin）、替考拉宁（Ticoplanin）。其中万古霉素和替考拉宁分子结构中存在"杯"状结构区和糖"平面"结构区。此类色谱柱性质稳定，可用于多种分离模式。手性分离基于氢键、π-π 作用、形成包合物、离子作用等。

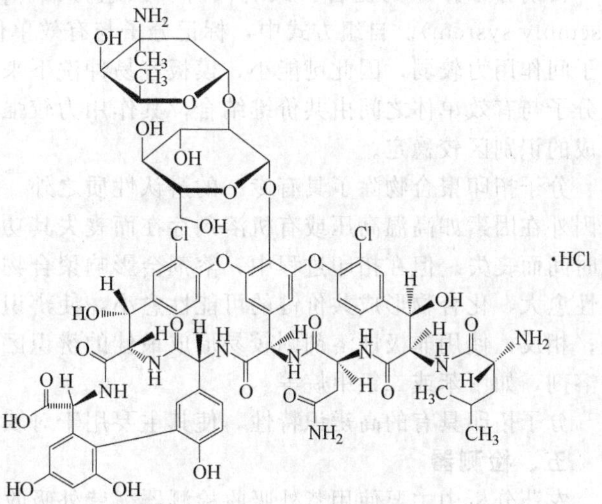

图 4-5 是万古霉素盐酸盐的结构

图 4-5   万古霉素盐酸盐结构式

式。万古霉素相对分子质量为 1449，结构中存在 18 个手性中心，3 个环。万古霉素具有"篮状"结构，它的附近还有一个可弯曲的糖平面，可将分析物分子包埋在"篮子"中。羧基和仲氨基分布在"篮子"的边缘，和待分析物分子产生离子作用。万古霉素手性色谱柱可以分离胺类、中性酰胺、脂类，但对于酸性化合物选择性较低。万古霉素手性色谱柱载样量可以很大，非常适用于制备色谱。

替考拉宁相对分子质量为 1885，结构中存在 20 个手性中心、3 个糖基和 4 个环。酸性基团在多肽"杯"/"裂层"的一端，碱性基团在它的另一端。酸性基团和碱性基团提供了离子作用点。糖基在三个平面上，可折叠起来将化合物分子包埋在多肽"杯"中。

冠醚类固定相用于分离一级胺。一级胺必须质子化方能达到分离，因此必须使用酸性流动相，如高氯酸。最常用的冠醚类固定相是 18-冠-6。无论（＋）或（－）型均可达到有效分离，并可通过变化（＋）（－）类型而改变分析物的出峰顺序。但由于其毒性较大，有致癌性，使其应用受到限制。

（3）聚合物 CSP　聚合物 CSP 包括天然的多糖衍生物（如纤维素、淀粉）及合成的手性聚合物等制备的 CSP。纤维素型手性色谱柱的分离基于相互吸引作用和形成包埋复合物，可以分离多种生物碱和药物。市售的手性色谱柱为微晶三醋酸基、三安息香酸基、三苯基氨基酸盐纤维素固定相。流动相使用低极性溶剂，典型的流动相为乙醇-己烷混合物。但特别要注意，由于氯可以使纤维素从硅胶上脱落，因此要确保流动相中无含氯溶剂。

纤维素固定相的每个单元都为螺旋型，而且这种螺旋结构还存在极性作用、π-π 作用及形成包埋复合物等手性分离因素。淀粉代替纤维素制成的此类手性柱显示了和纤维素柱不同的选择性，但是稳定性较差。因为淀粉是水溶性的，因此流动相中必须绝对无水，才能保证柱子寿命。目前此类柱子能分离 80% 左右的手性化合物。此类柱子通常用于正相系统，用正己烷-乙醇、正己烷-异丙醇混合溶剂为流动相。聚（苯基甲基丙烯酸酯）形成的手性色谱柱也属于此类。

（4）分子印模（或称分子拓印）CSP　分子拓印技术（molecularly imprinted technology）是近二十年来发展的新技术，其作用原理可形象理解为将钥匙分子和锁座物质混合后"铸造"，然后将分子钥匙从锁座中取出，锁座便具有识别原来分子钥匙的功能。

分子拓印的过程是先将一标记分子（模板或分子钥匙）与有效单体结合，再在交联剂作用下使单体发生聚合反应形成聚合物，经移除模板后则可在聚合物的结构中形成拓印分子的形状，最后此聚合物便产生了具有选择识别拓印分子的功能。移除模板的方法是用溶剂萃取。

目前分子拓印的键合方式有两种：预组方式（pre-organized system）和自组方式（self-assembly system）。自组方式中，标记分子与有效单体是由非共价键或金属配位键形成的，其分子间作用力较弱，因此键能小，模板容易冲洗下来，制备相对容易且快速。预组方式中，标记分子与有效单体之间由共价键结合，其作用力较强，模板较难冲洗下来，但聚合物分子中所形成的识别区较稳定。

分子拓印聚合物除了具有专一的辨认性质之外，其物理和化学性质亦极佳，拓印聚合物不会因外在因素如高温高压或有机溶剂存在而丧失其功能，其辨识性亦不会随着使用次数的多少或时间而丧失。但在拓印过程中，溶剂会影响聚合物的形态，也影响到非共价键的强度。溶剂极性愈大，化合物形成共价键的可能性愈小，使辨识效果愈弱，造成分子钥匙较难接近单体位点；相反，使用非极性溶剂则较易形成最佳的辨识区。因此较佳的拓印溶剂是具有低介电常数的溶剂，如甲苯或二氯甲烷等。

分子拓印具有的高辨识特性，使其主要用于对映异构体的分析。

五、检测器

农药分析中主要使用紫外吸收检测器。紫外吸收检测器分为固定波长、可变波长和二极管阵列检测器（photo-diode-array detector，PDAD）三种类型。固定波长紫外吸收检测器由低压

汞灯提供固定波长 λ＝254nm(或 λ＝280nm) 的紫外光。可变波长检测器采用氘灯作光源，波长在 190～600nm 范围内可连续调节。二极管阵列检测器是 20 世纪 80 年代发展起来的一种新型紫外吸收检测器，与普通紫外吸收检测器的区别在于进入流通池的不再是单色光，获得的检测信号不是在单一波长上的，而是在全部紫外光波长上的色谱信号，可以检测色谱流出物每个瞬间的吸收光谱图，即可以得到三维的时间-色谱信号-吸收光谱图。因此，二极管阵列检测器不仅可进行定量检测，还可提供组分的光谱定性的信息。

第四节　实验技术

高效液相色谱柱若使用不当，会出现柱理论塔板数下降、色谱峰形变坏、柱压力降增大、保留时间改变等不良现象，从而大大缩短色谱柱的使用寿命。因此，实验中要设法排除缩短柱寿命的因素。

一、色谱柱的平衡

商品反相色谱柱是保存在乙腈-水中的，在贮存或运输过程中固定相可能会因干化而引起键合相的空间结构发生变化。因此，新的色谱柱在用于分析样品之前，需要充分平衡色谱柱。平衡的方法是以纯乙腈或甲醇作流动相，首先用低流速（0.2ml/min）将色谱柱平衡过夜（请注意断开检测器！），然后将流速增加到 0.8ml/min 冲洗 30min。平衡过程中，应缓慢提高流速直到获得稳定的基线，这样可以保证色谱柱的使用寿命，并且保证在以后的使用中，获得分析结果的重现性。

分析时使用的流动相必须和乙腈-水互溶。如果使用的流动相中含有缓冲盐，应注意首先用 20 倍柱体积的 5% 的乙腈-水流动相"过渡"，然后使用分析样品的流动相直至得到稳定的基线。

正相色谱柱的硅胶柱或极性色谱柱需要更长的平衡时间。商品正相色谱柱是保存在正庚烷中的，如果极性色谱柱需要使用含水的流动相，必须在使用流动相之前用乙醇或异丙醇平衡。

二、色谱柱的保护

① 为了保护色谱柱，一般在分析柱前连接一个小体积的保护柱。保护柱内径 2～3mm，长不超过 3cm，与分析柱使用的固定相同样。当一些对色谱柱具有破坏性的化合物无意中带入色谱柱时，保护柱被破坏，而分析柱受到保护。

② 在色谱柱使用过程中，应避免突然变化的高压冲击。高压冲击往往来自于一些不当的操作，如使用进样阀进样时，手柄转动速度过于缓慢，流动相流速变化过猛等。

③ 对硅胶基体的键合固定相，流动相的 pH 值应保持在 2.5～7.0 之间。具有高 pH 值的流动相会溶解硅胶，而使键合相流失。

④ 使用水溶性流动相时，为防止微生物繁殖引起柱阻塞，每次要换新水。

三、梯度洗脱注意事项

使用梯度洗脱技术应注意如下几点：①选用混合溶剂作流动相时，不同溶剂间应有较好的互溶性；②样品应在每个梯度的溶剂中都能溶解；③每次分析结束后，要用梯度返回起始的流动相组成；④进行下次分析之前，色谱柱要用起始流动相进行平衡，然后再开始新的一次梯度洗脱。

第五节　农药高效液相色谱分析方法的建立

一、一般原则

(1) 分析时间要短　通常完成一个简单农药样品的分析时间控制在 10～30min 之内，若为多组分的复杂样品，分析时间应控制在 60min 以内。对分离组成复杂、由具有宽范围 K' 值组分构成的混合物时，需用梯度洗脱技术，才能使样品中每个组分都在最佳状态下洗脱出来。

(2) 分离度要高　在色谱分析中通常规定，当谱图中出现相邻组分的色谱峰重叠时，不能用这种方法对其中任何一种进行定量分析。色谱图中两个相邻色谱峰达到基线分离是进行定量分析的理想条件，这种情况下分离度 $R=1.5$。若分离度 $R=1.0$，表明两个相邻组分只分开 94%，可作为满足多组分优化分离的最低指标。当选定一种高效液相色谱方法时，通常很难将各组分间的分离度都调至最佳，只要能使少数几对难分离物质对的分离度达到 $R=1.0$ 以上即可。若 $R<1.0$，仅呈半峰处分离，则应通过改变流动相组成或流速来调节分离效果。

HPLC 手性拆分成功的关键是手性固定相（CSP），其中效果较好的是大环类 CSP，如改性环糊精等。

二、建立方法的步骤

(1) 查阅参考方法　常用农药的液相色谱测定条件见附录 5。

(2) 选择分离模式和检测器　任何一种分离方法都不是万能的，它们各适用于一定的分离对象，如相对分子质量小于 2000 的化合物都可以用液相色谱分离，但必须具有紫外吸收的化合物才能在紫外检测器上检测出来。因此要根据农药的相对分子质量、极性、溶解度、分子结构、解离情况等特性选择分离方法。

农药的相对分子质量一般小于 2000，符合高效液相色谱的分离条件。根据农药的溶解度，将它们分为溶于水和不溶于水而溶于有机溶剂两大类。不溶于水、可溶于有机溶剂的农药还有非极性农药和极性农药之分。非极性农药如菊酯类农药中溴氰菊酯、氯氰菊酯等的分离，尤其是对各异构体的分离，可选用液固吸附色谱或反相液液分配色谱法，而极性农药则只能使用反相液液分配色谱法。如果农药是溶于水的，还分为离子化合物和非离子化合物两类。离子化合物，如草甘膦、茅草枯（CH_3CCl_2COOH）、2,4-D 等，测定时可以使用离子对色谱法，选缓冲液为流动相。如茅草枯原药的分析采用 C_{18} 柱，流动相为 200ml 乙腈、1.6ml 正辛胺和 2.4g 磷酸氢二铵于 1L 水中，用稀磷酸将 pH 调至 7.0 的溶液。在 214nm 波长处用紫外检测器检测，使用固定进样环进样，以外标法定量。在此条件下，茅草枯与其他成分分开。其保留时间分别为：茅草枯 6.0min、氯乙酸 1.8min、2-氯丙酸 2.4min、二氯乙酸 3.5min、三氯乙酸 10.9min、2,2,3-三氯丙酸 11.9min。对于溶于水的非离子化合物，则选反相液液分配色谱法。

实验表明，许多农药都可以使用反相液液分配色谱法。近年 CIPAC 推荐的啶虫脒、吡虫啉、阿维菌素、灭多威、辛硫磷、氧乐果、丁硫克百威等农药的测定方法都是使用反相键合相色谱。我国多菌灵原药的国家标准（GB 10501—2000）也是采用反相键合相色谱，柱填充物为 Nova-PakC_{18}，以甲醇＋水＋氨水为流动相，样品用冰醋酸溶解，使用定量进样阀将样品溶液注入色谱系统，用紫外检测器在 282nm 检测，采用外标法定量。

对于农药对映异构体的分离，有利用手性固定相（CSP）分离和利用手性流动相（CMP）分离两种方法。王鹏、江树人等（2004）以纤维素-三(3,5-二甲基苯基氨基甲酸酯)涂敷于氨丙基硅胶上制成手性固定相，一定压力下装入色谱柱，制得手性色谱柱。选择添加异丙醇的正己烷为流动相，探讨了反式氯氰菊酯对映体的直接拆分。发现异丙醇体积分数为 1% 时，250mm×4.6mm 柱室温下对反式氯氰菊酯对映体的分离度可达 2.55。杨丽萍等（2004）采用纤维素-三（3,5-二甲基苯基氨基甲酸酯）手性固定相（Chiralcel OD）和纤维素-三(4-甲基苯基甲酸酯）手性固定相（Chiralcel OJ），在正相高效液相（N-HPLC）模式下，基线拆分了两个系列共 13 个结构类似的三唑类手性化合物。

(3) 选择流动相　反相色谱最常用的流动相及其冲洗强度为：$H_2O<$甲醇＜乙腈＜乙醇＜丙醇＜异丙醇＜四氢呋喃。最常用的流动相组成是"甲醇-H_2O"和"乙腈-H_2O"。由于乙腈剧毒，通常优先考虑"甲醇-H_2O"流动相。特殊样品选择缓冲液作流动相。可以采用正

交试验方法选择流动相组成和最佳配比。

（4）定量分析　由于高效液相色谱法使用定量环和完全装液法进样技术，重复进样带来的误差可以忽略，采用外标法定量可以满足农药分析要求。

外标定量法的操作方法是先在选定色谱条件下，在高效液相色谱仪中分别定量注入一系列浓度的标准溶液，用得到的信号值与相应的物质浓度作图，得到标准曲线，然后进样分析，在曲线上找出与样品信号相应的物质量，计算出农药有效成分含量。

习题与思考题

1. 简述常用的正相色谱、反相色谱、离子对色谱和手性色谱的分离原理。
2. 简述高效液相色谱柱的使用、保护以及梯度洗脱操作的注意事项。
3. 举例说明常用流动相的选择范围和用缓冲液作流动相的目的。
4. 液相色谱分析农药有效成分方法的建立应考虑哪些因素？为什么？

第五章 有效成分分析——毛细管电泳技术

毛细管电泳（capillary electrophoresis，CE）是近年来发展最快的分析方法之一。1981年，Jorgenson 和 Lukacs 首先提出在 $75\mu m$ 内径毛细管柱内用高电压进行分离，创立了现代毛细管电泳。1984年，Terabe 等建立了胶束毛细管电动力学色谱。1987年，Hjerten 建立了毛细管等电聚焦，Cohen 和 Karger 提出了毛细管凝胶电泳。1988～1989年出现了第一批毛细管电泳商品仪器。

CE 是经典电泳技术和现代微柱分离技术相结合的产物。CE 和高效液相色谱法（HPLC）相比，其相同处在于都是高效分离技术，仪器操作均可自动化，且二者均有多种不同分离模式。二者之间的差异在于：CE 用迁移时间取代 HPLC 中的保留时间，CE 的分析时间通常不超过 30min，比 HPLC 速度快；对 CE 而言，从理论上推得其理论塔板高度和溶质的扩散系数成正比，对扩散系数小的生物大分子而言，其柱效就要比 HPLC 高得多；CE 所需样品为 nl级，甚至更小，流动相用量也只需几毫升，而 HPLC 所需样品为 μl 级，流动相则需几百毫升乃至更多；但 CE 只能实现微量制备，而 HPLC 可作常量制备。与普通电泳相比，由于 CE 采用高电场，因此分离速度要快得多；检测器则除了未能和原子吸收及红外光谱连接以外，其他类型检测器均已和 CE 实现了连接检测；一般电泳定量精度差，而 CE 和 HPLC 相近；CE 操作自动化程度比普通电泳要高得多。总之，CE 的优点可概括为：高灵敏度，常用紫外检测器的检测限可达 $10^{-13}\sim10^{-15}$ mol，激光诱导荧光检测器则达 $10^{-19}\sim10^{-21}$ mol；高分辨率，其每米理论塔板数为几十万，高者可达几百万乃至千万，而 HPLC 一般为几千到几万；高速度，最快可在 60s 内完成，在 250s 内分离 10 种蛋白质，1.7min 分离 19 种阳离子，3min 内分离30 种阴离子；样品少，只需 nl(10^{-9}L) 级的进样量；成本低，只需少量（几毫升）流动相和价格低廉的毛细管。由于以上优点以及分离生物大分子的能力，使 CE 成为近年来发展最迅速的分离分析方法之一。当然 CE 还是一种正在发展中的技术，有些理论研究和实际应用正在进行与开发。

由于毛细管电泳在农药有效成分分析、杂质分析和手性农药拆分等多方面已经趋于广泛应用，本章对其进行简单介绍。

第一节 仪器组成及原理

一、仪器组成

毛细管电泳仪的结构见图 5-1，包括一个高压电源、一根毛细管、一个检测器及两个供毛细管两端插入而又可和电源相连的缓冲液贮瓶（或电极槽）和进样装置。

高压电源：一般为 0～30kV 可调的稳压稳流电源。

毛细管：内径小于 $100\mu m$，常用 $50\sim75\mu m$，长度一般为 30～100cm。

检测器：有紫外/可见分光检测器、激光诱导荧光检测器和电化学检测器，前者最为常用。

进样方法有电动法（电迁移）、压力法（正压力、负压力）和虹吸法。

成套仪器还配有自动冲洗、自动进样、温度控制、数据采集和处理等部件。

电极槽和毛细管内的溶液为缓冲液，可以加入有机溶剂作为改性剂，以及加入表面活性剂，称作运行缓冲液。运行缓冲液使用前应脱气。

电泳谱中各成分的出峰时间称迁移时间。胶束电动毛细管色谱中的胶束相当于液相色谱的固定相，但它在毛细管内随电渗流迁移，故容量因子为无穷大的成分最终也能随胶束流出。其

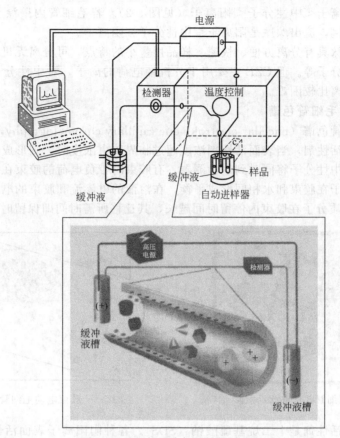

图 5-1　毛细管电泳仪的结构示意图

（引自 www. chem. xmu. edu. cn/teach/fxhx/yanjiuxuexi/huaxueshengwu/03081071. ppt）

他各种参数都与液相色谱所用的相同。

二、原理

"CE"指以高压电场为驱动力，以毛细管为支撑物，依据样品中各组分之间淌度和分配行为上的差异而实现分离的一类液相分离技术。在电解质溶液中，带电粒子在电场作用下，以不同的速度向其所带电荷相反方向迁移的现象叫电泳。CE 所用的石英毛细管柱，其内壁覆盖了一层硅氧基（Si—O）阴离子，在 pH>3 情况下，其内表面带负电，和溶液接触时，因吸附溶液中的阳离子形成一双电层（内负外正）。在高电压作用下，双电层中的外层阳离子引起流体整体向负极方向移动，这种现象叫电渗。待测化合物粒子在毛细管内电解质中的迁移速度（又叫离子淌度或表观淌度，用 μ_{app} 表示）等于自身电泳（μ_{ep}）和电渗流（μ_{eo}）两种速度的矢量和。即

$$\mu_{app} = \mu_{ep} + \mu_{eo}$$

正离子的电泳方向和电渗流方向一致，故最先流出；中性粒子的电泳流速度为"0"，故其迁移速度相当于电渗流速度；负离子的电泳方向和电渗流方向相反，但因电渗流速度一般都大于电泳流速度，故它将在中性粒子之后流出，从而因各种粒子迁移速度的不同而实现分离。

第二节　分离模式

一、毛细管区带电泳

毛细管区带电泳法（capillary zone elctrophoresis，CZE）主要用于分析带电溶质。为了降低电渗流和吸附现象，可在毛细管内壁涂上一层带负电荷的物质。电渗流从阳极移动至阴极，

物质流出顺序是阴离子＜中性分子＜阳离子（见图 5-2）。若毛细管内壁涂上一层阳离子表面吸附剂，则极性颠倒，流出顺序是阳离子＜中性分子＜阴离子。

毛细管区带电泳具有分离方便、快速、样品用量小的特点，可分离无机农药离子、有机农药离子和中性农药分子等。但 CZE 主要用于分析带电荷的离子，对中性分子的测试主要是依靠电渗的作用，分离比较困难。

二、胶束电动毛细管色谱

胶束电动毛细管色谱（micellar electrokinetic capillary chromatography，MECC）是在缓冲溶液中加入表面活性剂，当表面活性剂浓度超过临界胶束浓度时，则形成荷电胶束。而当无胶束存在时，所有中性分子将同时到达检测器，有胶束时带负电荷的胶束在电场作用下向相反方向泳动，溶质分子在胶束和水相间形成平衡，在溶液的电渗流和胶束的电泳流的共同作用下分离（图 5-3）。溶质分子在胶束内停留时间越长，其迁移所需时间即保留时间越长。

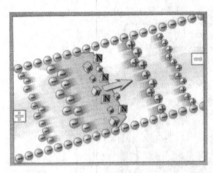

图 5-2　毛细管区带电泳示意图

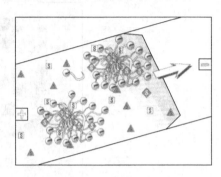

图 5-3　胶束电动毛细管色谱示意图

最常用的表面活性剂是十二烷基硫酸钠（SDS）。各种阴阳离子表面活性剂和环糊精等手性添加剂的使用，使得 MECC 有相当多的选择余地，可广泛用于各种类型的样品，在农药手性分离中应用较多。

三、毛细管凝胶电泳

毛细管凝胶电泳（capillary gel electrophoresis，CGE）是在毛细管中装入单体，引发聚合形成凝胶，主要用于测定蛋白质、DNA 等大分子化合物。另有将聚合物溶液等具有筛分作用的物质，如葡聚糖、聚环氧乙烷，装入毛细管中进行分析，称毛细管无胶筛分电泳。故有时将此种模式总称为毛细管筛分电泳。样品中各组分通过净电荷差异和分子大小差异得以分离。CGE 在蛋白质、多肽、DNA 序列分析中得到成功应用，已成为生命科学基础和应用研究中有力的分析工具。

四、亲和毛细管电泳

在毛细管内壁涂布或在凝胶中加入亲和配基，以亲和力的不同达到分离的目的。

五、毛细管电色谱

毛细管电色谱是将 HPLC 的固定相填充到毛细管中或在毛细管内壁涂布固定相，以电渗流为流动相驱动力的色谱过程，此模式兼具电泳和液相色谱的分离机制。

六、毛细管等电聚焦电泳

通过内壁涂层使电渗流减到最小，再将样品和两性电解质混合进样，两个电极槽中分别为酸和碱，加高电压后，在毛细管内建立了 pH 梯度，溶质在毛细管中迁移至各自的等电点，形成明显区带，聚焦后用压力或改变检测器末端电极槽贮液的 pH 使溶质通过检测器。

七、毛细管等速电泳

采用先导电解质和后继电解质，使溶质按其电泳淌度不同得以分离。

以上各模式以前 3 种应用较多。

第三节　在农药分析中的应用

一、农药制剂和原药中有效成分的测定

利用毛细管电泳进行有效成分含量分析的实例很多,用于农药产品百草枯、敌草快、抗蚜威、氯氟氰菊酯、抑霉唑、草甘膦、2,4-D、莠去津、敌草隆、敌稗、多菌灵、folicur 等中有效成分的含量分析都有报道。

H. G. Ralp 等分别用 GC(内标法)、GC(外标法)、HPLC(外标法)、HPCE(内标法) 对同一抑霉唑样品进行精密度测定的结果发现,四种方法的变异系数分别为 0.04%、0.28%、0.87%、0.33%,都小于 1%。

二、农药中杂质的分离和测定

农药登记管理要求原药中杂质含量≥0.1% 的都需提供其定性和定量的资料。用 HPCE 测定农药产品中杂质含量具有快速、准确等优点,与质谱(mass spectrometry)联用,定性准确可靠。T. Mike 等人用 HPCE 对百草枯、草甘膦、敌草快、抗蚜威等产品中的杂质进行了分离和测定,在百草枯产品中发现 6 个杂质峰,且分离度很高,分析时间仅 7min;在抗蚜威产品中测得 5 个杂质峰,分析时间为 25min。杂质含量的测定结果与 HPLC 的基本一致,但分离的效果要好,所需的分析时间短。

三、手性农药对映体的拆分

目前,商品化农药产品中,有 25% 是手性农药,主要在拟除虫菊酯和有机磷类农药中广泛存在。由于经济方面的原因,通常手性农药产品都是以外消旋体或混合物生产和销售的。因为药物作用和生物转化的许多过程都牵涉到与手性生物大分子的相互作用,所以,酶和受体系统总是显示出对映体选择性或立体选择性。手性农药的对映体进入生物体内的手性环境将作为不同的分子加以匹配,因此在生物活性、药物动力学和毒理学等方面均存在对映体的立体选择性作用。在环境科学方面,由于各种环境载体都具有手性特征,因此在手性农药进入不同环境体系后,对映体间的差异表现在吸收、转移、代谢、降解、消除等诸多方面,特定的对映体可在特定的生态系统中富集。通过非手性分析得到的农药毒理学数据与实际的生态毒理学效应并不相符。因此近年来一些国家在农药登记中对手性农药要求提供对映体的拆分方法以及对映体杂质的含量。

为了监控农药生产中的立体选择性合成过程,评价商品化手性农药的手性纯度,了解环境中农药不同对映体的降解状况,以及认识手性农药的环境手性识别的差异,研究手性拆分方法十分重要,因此开展 HPCE 对手性农药的拆分工作具有重要前景。

在毛细管电泳中,决定分离的主要因素是化合物的分子状态(离子化程度)和缓冲液的离子强度。

因为苯氧酸类农药是离子化合物,对苯氧酸类除草剂的分离大多利用毛细管区带电泳(CZE)技术。在乙酸盐缓冲溶液中,通过添加环糊精的毛细管区带电泳技术,可以分离一些手性和非手性的苯氧酸类除草剂及其位置异构体,并可以检测实际样品中农药的手性纯度。

对拟除虫菊酯类杀虫剂和其他类型的中性农药分子,毛细管胶束电动模式(MEKC)具有优势。方法是将拟除虫菊酯类杀虫剂水解后,用 7-氨基萘-1,3-二磺酸将其衍生化,在 10% 乙腈,pH 值 6.5 的 100mmol/L 磷酸盐溶液中加入 40mmol/L 新型表面活性剂 OG,进行分离。杀菌剂三唑醇的四个对映体的电解质溶液是 20mmol/L 磷酸+20mmol/L 磷酸三钠+50mmol/L SDS+20% 甲醇和 20mmol/L 二甲基-β-环糊精。四组拟除虫菊酯类杀虫剂对映体分离的电解质溶液为 pH 2.5 的 50mmol/L 磷酸盐+150mmol/L SDS+150mg/mL γ-CD。在此条件下,氯氰

菊酯的 8 个对映体被成功地分离成 7 个组分。游静等采用带电的磺丁基-β-CD 拆分了杀鼠灵和水胺硫磷对映体。

在农药残留分析方面，Schmitt 等采用毛细管胶束电动色谱模式成功测定了有机磷、滴滴涕（DDT）等。其中马拉硫磷、育畜灵和氯亚磷等的残留量测定，采用 β-CD、丙羟基-β-CD、γ-CD 作为添加剂；DDT、DDD、DDE 及其对映体组分的分离和定量采用 γ-CD 和少量乙腈改性剂进行。

由于紫外（UV）检测器在低波长区灵敏度低、重现性差，但毛细管电泳与质谱连用（CE-MS）灵敏度高，同时可以获知分子的结构信息。Nielen 在未加任何添加剂的 pH 4.8 的醋酸铵缓冲溶液中，以 CZE-ESI-MS 方式分离了苯氧酸类除草剂。然而作为常规方法，CE-MS 与 GC-MS 和 HPLC-MS 相比，灵敏度低，对缓冲液限制多，接口方法尚不成熟。

用毛细管区带电泳方法对 2,4-D 类除草剂等农药在土壤中的降解及选择性特征研究得到如下资料。

① 甲基-2,4-D 丙酸（RS-methyl-dichlorprop，MD）在土壤中脱甲基化的产物 2, 4-D 丙酸（dichlorprop），是一个手性化合物，用有机肥料处理土壤，可大大促进（-）-MD 的降解，使土壤中（+）-dichlorporp 量大大增加。因为（+）-dichlorporp 为活性体，因此施肥管理有可能造成植物药害发生。

② 重大的环境变化如全球变暖、热带森林的砍伐等使许多组相关的微生物基因序列发生变化，从而改变其对映体选择性，结果可能导致手性农药对映体在环境中相对残留的改变。

③ 手性农药在土壤中发生立体选择性行为的主要原因在于微生物降解过程中的手性选择性以及环境变化而引起的变化。

综上所述，在存在手性因素的环境下，任何手性异构体的代谢都是有立体选择性的，其作用原理可能千差万别，但是总会造成两对映异构体间代谢的速率不一致，从而产生的急、慢性毒力不同，导致危害大小不同。所以在宏观研究环境危害的同时，也要开展微观的单一物种的手性农药代谢研究，以确定其对人类及其他动植微生物的毒力和毒理，更好地指导大批手性农药的应用。

习题与思考题

1. 写出毛细管区带电泳法分离手性农药的原理。
2. 简述胶束电动毛细管色谱模式的分离机理。
3. 试述毛细管电泳在农药分析与残留分析中的优势及现状。

第六章　有效成分及杂质的定性分析——波谱法

农药登记资料要求，原药产品必须提供有效成分和相关杂质的定性谱图，因此定性分析也属农药分析范畴。本章主要对农药定性分析有关的波谱法做简单介绍。

第一节　波谱的一般知识

在光（电磁波）的照射下，物质分子内部会产生不同形式的运动，从而表现出吸收或散射某种波长光的特性。将作用于特定物质的入射光与透射光强度的变化或该物质散射光的信号记录下来，得到信号强度与光波长、波数（频率）或散射角度等的关系图，用于物质结构的分析，就叫波谱法。

一、分子能级与波谱

分子内部的运动有分子间的平动、转动，原子间的相对振动、电子跃迁、核的自旋跃迁等形式。每种运动都有一定的能级。除了平动以外，其他运动的能级都是量子化的，即某一种运动具有一个基态、一个或多个激发态，从基态跃迁到激发态，所吸收的能量是两个能级的差。即

$$\Delta E = E_激 - E_基$$

（1）平动能　平动是分子整体的平移运动。平动能是各种分子运动能中最小的。由于平动没有偶极矩变化，不会产生光谱。

（2）核的自旋跃迁　自旋量子数（I）为 1/2 的核，如 ^1H、^{13}C 等，在磁场中有两种自旋取向：一个能级高；一个能级低。低能级的核吸收电磁波跃迁到高能级时得到核磁共振谱。

（3）转动能　分子围绕它的重心做转动时的能量叫做转动能。分子的转动也受温度的影响。根据量子力学，转动能级的分布也是量子化的。转动能大于核自旋跃迁能而小于振动能。

（4）振动能　分子中原子离开其平衡位置做振动所需要的能量叫振动能。在处理分子中振动体系时，常借用机械振动模型。但机械振动的能级变化可以是连续的，而分子的某个振动，其能级变化是量子化的、不连续的。振动能级大于转动能级，所以振动光谱中涵盖了转动光谱。能满足分子振动能量需要的是红外光，因此振动光谱也叫红外光谱。

（5）电子能　电子具有动能与位能。动能为电子运动的结果，位能是由电子与核的作用造成的。电子的能级分布是量子化的、不连续的。分子吸收特定波长的电磁波可以从电子基态跃迁到激发态，产生电子光谱。电子跃迁所需能量 ΔE_e 是上述几种跃迁中最大的，即 $\Delta E_e > \Delta E_v > \Delta E_J$，见图 6-1。能满足电子跃迁能量需要的是紫外光，因此电子光谱也叫紫外光谱。

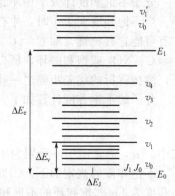

图 6-1　分子能级示意图

二、波谱实验样品的准备

样品准备主要有三个方面的工作：一是准备足够的量；二是在必要时做纯度检验；三是样品在上机前进行制样处理。

1. 样品量

波谱实验需要样品的量首先取决于波谱法的检测灵敏度，也就是说不同波谱法对样品要求的量不同。例如紫外光谱法中，样品分子有共轭体系，进行定性分析时若配制 100ml 溶液，

需要的量为：

$$m = M_r \times 10^{-6} \sim M_r \times 10^{-5} (\text{g})$$

式中　M_r——相对分子质量。

红外光谱做结构分析需要 1～5mg。^1H 核磁共振一般要 2～5mg 以上的样品。^{13}C 核磁共振要十几毫克，甚至几十毫克。质谱的检出灵敏度很高，可达 10^{-12} g，所以样品用量很少，固体样小于 1mg，液体纯样几微升即可测定。

样品量的大小还与测定目的有关。一般情况下，定量分析比定性鉴定需要的量多。定量分析的样品量经常要称量，样品至少要有一定的量才能保证称量误差控制在允许范围内。

样品量的大小也与样品分子结构有关。一般相对分子质量大的样品需要的量多。另外，被检测对象信号的大小也制约着取样量，如 ^1H 在核磁共振中比 ^{13}C 灵敏度大得多，所以 ^1H 核磁共振样品量少于 ^{13}C 核磁共振。在红外、核磁、紫外光谱法中使用微量测定装置可减少样品量。

2. 样品的纯度

如果使用联机操作，样品可以是混合物，例如色谱-质谱联用、色谱-红外联用等。但使用单机情况下要求样品是纯物质，允许存在杂质的量以其谱峰不会对物质谱图产生干扰为准。用一个不纯的样品去做结构分析，往往只能得到一些结构信息而无法做出正确判断，有时甚至会产生错误的判断。所以，在对化合物做结构分析时，应该先对样品做纯度检验。

纯度检验的方法有物理常数测定和色谱法两种。物理常数测定包括对固体样品测熔点（m. p.），液体样品测沸点（b. p.）、折射率（n）和旋光性等。色谱法是利用纯物质在一定的色谱条件下只有一个保留值的原理检验。一个纯物质在气相色谱和高效液相色谱中应出一个峰，在薄层色谱中出一个点。在两种以上不同的色谱体系中，纯样品应始终为一个峰或一个斑点。色谱法常和物理常数测定法结合使用。

三、分子不饱和度的计算

分子不饱和度即分子中不饱和的程度。分子有不饱和度即说明分子中含有双键、三键或环。当不饱和度大于 4 时，才有可能存在苯环或其他六元的芳环。分子中有 2 个以上不饱和度才有可能含有三键，如 C≡C 或 C≡N。分子有一个以上不饱和度才可能含 C=O、C=N、C=C、NO_2 或饱和的环，所以不饱和度对化合物结构解析很有价值。在已知分子式的情况下，结构解析的优先步骤之一就是求出不饱和度。

分子的不饱和度计算如下：

$$U = 1 + n_4 + \frac{1}{2}(n_3 - n_1)$$

式中　n_4，n_3，n_1——分别为 4 价、3 价、1 价原子的个数。

不饱和度的规定如下：①双键（C=C、C=O、C=N）的不饱和度为 1；②硝基的不饱和度为 1；③饱和环的不饱和度为 1；④三键（C≡C、C≡N）的不饱和度为 2；⑤苯环的不饱和度为 4；⑥稠环芳烃的不饱和度用下式计算。

$$U = 4r - s$$

式中　r——稠环芳烃的环数；
　　　s——共用边数目。

例如：　　　　　　　　　　　　$r = 3$　　$s = 2$　　$U = 4 \times 3 - 2 = 10$

C_6H_6　　　　　　　　　　$U = 1 + 6 + \frac{1}{2} \times (0 - 6) = 4$

$C_2H_5NO_2$　　　　　　　　$U = 1 + 2 + \frac{1}{2} \times (1 - 5) = 1$

第二节 紫外光谱

一、有机化合物中价电子的类型

有机化合物中的价电子,根据分子中电子成键的种类不同,可分为三种类型:形成单键的电子称为 σ 键电子,形成双键的电子称为 π 键电子,氮、氧、硫、卤素等含有未成键的电子称为孤对 n 电子。如甲醛分子中:

$$H \underset{\sigma}{-} \underset{\pi}{C} = \underset{}{O}: \leftarrow n$$
$$\overset{|}{\underset{\sigma}{H}}$$

当外层电子吸收紫外或可见辐射后,就从基态跃迁到激发态(反键轨道)。跃迁所需能量 ΔE 大小顺序为:$n \rightarrow \pi^* < \pi \rightarrow \pi^* < n \rightarrow \sigma^* < \sigma \rightarrow \sigma^*$。

二、分子中电子跃迁方式与影响因素

1. 电子从基态(成键轨道)向激发态(反键轨道)跃迁

(1) $\sigma \rightarrow \sigma^*$ 跃迁 由图 6-2 可见,$\sigma \rightarrow \sigma^*$ 跃迁需要能量最大,所以最不易激发。如饱和碳氢化合物,只含有 σ 键电子,其跃迁在远紫外区,波长小于 200nm。如甲烷最大吸收为 125nm,乙烷最大吸收为 135nm,因此,在近紫外区没有饱和碳氢化合物的光谱,饱和碳氢化合物适宜作溶剂。

(2) $\pi \rightarrow \pi^*$ 跃迁 双键中的 π 电子由 π 成键轨道向 π^* 反键轨道跃迁。$\pi \rightarrow \pi^*$ 所需能量较 $\sigma \rightarrow \sigma^*$ 小,吸收波长处于远紫外区的近紫外端或近紫外区(约 200nm),如乙炔的最大吸收为 193nm。

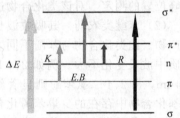

图 6-2 有机分子中可能的电子跃迁相对能量示意图

2. 未成键的杂原子电子被激发向反键轨道的跃迁

(1) $n \rightarrow \sigma^*$ 跃迁 O、N、S、X 均含有未成键的 n 电子,如 C—Cl、C—OH、C—NH$_2$ 等都能发生 $n \rightarrow \sigma^*$ 跃迁。由于 n 电子比 σ 电子能量高得多,所以 $n \rightarrow \sigma^*$ 跃迁所需能量较 $\sigma \rightarrow \sigma^*$ 跃迁小,产生的谱带波长略长。含有杂原子的碳氢化合物其 $n \rightarrow \sigma^*$ 跃迁一般在 150~250nm 之间,但主要在 200nm 以下,即大部分在远紫外区。

(2) $n \rightarrow \pi^*$ 跃迁 只有分子中同时存在杂原子(具有 n 非键电子)和双键 π 电子时才有可能产生,如 C=O、N=N、C=S 等,都是杂原子上的非键电子向反键 π 轨道跃迁。这类跃迁所需能量较 $n \rightarrow \sigma^*$ 小,在近紫外或可见光区有吸收(200~700nm),如丙酮最大吸收为 291nm。通常基团中氧原子被硫原子代替后吸收峰发生红移,如 C=O 的 $n \rightarrow \pi^*$ 跃迁 $\lambda_{max} = 280 \sim 290nm$,硫酮的 $n \rightarrow \pi^*$ 跃迁 λ_{max} 在 400nm 左右。

3. $\pi \rightarrow \pi^*$ 跃迁

$\pi \rightarrow \pi^*$ 跃迁是双键中 π 电子的跃迁,电子由 π 成键轨道向 π^* 反键轨道跃迁,引起这种跃迁的能量比 $n \rightarrow \pi^*$ 跃迁的大,比 $n \rightarrow \sigma^*$ 的小,因此这种跃迁也是大部分在近紫外区域。当不饱和烃中含有两个以上的共轭双键时,$\pi \rightarrow \pi^*$ 跃迁的吸收峰发生红移,这是因为当 π 电子体系发生共轭以后,将降低电子跃迁所需能量。共轭体系越大,$\pi \rightarrow \pi^*$ 跃迁能量差越小。因此,吸收波长向长波方向移动(230~720nm),如 β-胡萝卜素的最大吸收波长是 478nm。

由此可见,紫外光谱基本反映的是分子中官能团(即发色团和助色团)的特征,而不是整个分子的特征。

4. 影响紫外吸收波长的主要因素

有机化合物的紫外吸收波长,受各种因素的影响而发生变化。影响吸收带的主要因素可以归纳为两类:一类是分子内部的因素,如分子结构的变化或取代基的变化而引起的吸收波长位移；当助色基团与羰基碳原子相连时，羰基 n→π* 跃迁的吸收波长将产生蓝移。例如乙醛的 n→π* 跃迁吸收波长为 290nm，而乙酰胺、乙酸乙酯分别蓝移到 220nm 和 208nm，这是由于未成键电子与发色基团形成的 n→π 共轭效应提高了反键 π 轨道的能级，而 n 电子轨道的能级并没有变化，因此增加了电子从 n 轨道跃迁到 π* 轨道时需要的能量，从而导致 n→π* 吸收带蓝移。取代基对吸收带波长的影响程度与取代基的性质及其在分子中的相对位置有密切关系。另一类是外部因素，如分子与分子间相互作用或与溶剂分子之间的作用而引起的吸收波长位移或吸收强度的变化。一般来说，增加溶剂的极性能使 π→π* 跃迁的吸收带波长红移，而使 n→π* 跃迁的吸收带波长蓝移。

三、在农药定性分析中的应用

（1）有机氯农药　有机氯是典型的具有苯环的农药。在苯环上烷基或卤素的取代，可导致谱带的红移，因此苯取代有机氯农药一般在 260～270nm 处有吸收峰。侧链的取代在近紫外区不会造成谱带的改变。二苯基甲烷与甲苯一样，吸收峰都在 262nm 处，其苯环上的卤素取代可导致轻微的红移（如 DDT、DFDT、TDE 与甲苯比较）。增加卤素取代，明显红移，例如苯基乙酸为 258nm，而三氯苯基乙酸则红移至 276nm。利用这些特性可以通过衍生化和紫外吸收峰位置的测定，对该类化合物进行定性。

（2）苯醚类农药　其吸收波长与苯酚相似，因此此类农药可看作是苯酚上的氢用烷基取代的产物。此类化合物与苯酚不同之处在于，苯酚在碱性介质中波长红移，而醚类衍生物在碱性介质中波长变化不大。例如 2,4-D 吸收峰在 284nm 处，在 0.1mol/L 氢氧化钠中吸收峰仍在 284nm，而 2,4 二氯苯酚则显著红移，最大吸收峰在 308nm 处。根据上述差别，可以测定苯氧基化合物中存在的少量苯酚化合物，也可以作为鉴定苯氧基化合物与苯酚的依据。

（3）苯酯类农药　苯酯类衍生物与母体酚的吸收波长不同，因为酯的氧原子的 n 电子不能有效地转移至苯环上，而是回到碳氢键上。这类农药包括氨基甲酸酯和磷酸酯。

（4）苯胺类农药　苯胺有三个吸收峰，即 207nm、230nm 及 280nm，中间的谱带由于电子转移具有强吸收。通常苯胺的苯环取代或氨基中氢原子取代都会在 230nm 的基础上红移。这类农药有取代脲类、氨基甲酸酯类等。

（5）均三嗪类农药　三嗪类化合物均在 220nm 处具有一个特征吸收峰。西玛津及莠去津的水溶液在 263nm 还有一弱吸收峰，与苯环的 254nm π→π* 相对应。

（6）吡啶类化合物　吡啶在乙醇中的吸收峰为 247nm，相当于苯的 254nm 谱带（π→π*）。在水溶液中吡啶在 251nm 及 270nm 有两个吸收峰，270nm 谱带可以看作是 n 电子对苯环的 n→π* 跃迁，当吡啶化合物在酸性溶液中则会偏离此长波吸收峰。吡啶环上 α,β-位的取代，可使吸收峰向长波移动至 257nm。烟碱及假木贼碱均为典型的 β-取代物，它们的吸收峰在 259nm。百草枯水溶液在 256nm 处有吸收，其分子内没有非成键电子，但呈阳离子形式，与吡啶在酸性溶液中的谱带相类似。杀草快的谱带显著红移，吸收峰在 308nm 处，与 α-三氨基吡啶衍生物类似。

第三节　红外光谱

分子的能量是由分子的内能、平动能、转动能、振动能和电子能组成的。

$$E_{分子}=E_0+E_{平}+E_{转}+E_{振}+E_{电}$$

E_0 是分子的内能，不随分子的运动而改变。$E_{平}$ 为分子的平动能，它只是温度的函数。平动能不能使分子发生偶极矩的变化，所以不能产生光谱，与光谱有关的是分子的转动能、振动能和电子能。转动能级间距最小，长波长的远红外光或微波照射就可使转动能级发生跃迁；振动能级间距较大，需要较短波长的光才能使振动能级发生跃迁，所以振动光谱出现在中红外区。由于振动能级跃迁过程中伴随着转动能级的跃迁，因此中红外光谱也称振动-转动光谱。

一、振动自由度与选律

1. 振动自由度

分子振动时，分子中各原子之间的相对位置称为该分子的振动自由度。一个原子在空间的位置可用 x、y、z 三个坐标表示，有 3 个自由度。n 个原子组成的分子有 $3n$ 个自由度，其中 3 个自由度是平移运动，3 个自由度是旋转运动，线性分子只有 2 个转动自由度（因有一种转动方式，原子的空间位置不发生改变）。所以，线性分子的振动自由度为（$3n-5$），对应于（$3n-5$）个基本振动方式。非线性分子的振动自由度为（$3n-6$），对应于（$3n-6$）个基本振动方式。这些基本振动称简正（normal）振动，简正振动不涉及分子质心的运动及分子的转动。例如苯分子（C_6H_6）由 12 个原子组成，振动自由度为 $36-6$，有 30 种基本振动方式。

2. 红外选律

理论上，在红外光谱中，应观测到苯分子的 30 个振动谱带，但实际观测到的谱带数目远小于理论值。这是因为在光谱体系中，能级的跃迁不仅是量子化的，而且要遵守一定的选择规律（选律）。

① 在红外光的作用下，只有偶极矩（$\Delta\mu$）发生变化的振动，即在振动过程中 $\Delta\mu\neq0$ 时，才会产生红外吸收。这样的振动称为红外"活性"振动，其吸收带在红外光谱中可见。在振动过程中，偶极矩不发生改变（$\Delta\mu=0$）的振动称为红外"非活性"振动，这种振动不吸收红外光，在 IR 谱中就观测不到。如非极性的同核双原子分子 N_2、O_2 等，在振动过程中偶极矩并不发生变化，它们的振动不产生红外吸收谱带。有些分子既有红外"活性"振动，又有红外"非活性"振动，如 CO_2。

$\overrightarrow{O}=C=\overleftarrow{O}$：对称伸缩振动，$\Delta\mu=0$，红外"非活性"振动；

$\overrightarrow{O}=\overrightarrow{C}=\overrightarrow{O}$：非对称伸缩振动，$\Delta\mu\neq0$，红外"活性"振动，$2349\mathrm{cm}^{-1}$。

② 分子振动当作谐振动处理时，其选律 $\Delta v=\pm1$。实际上，分子振动为非谐振动，非谐振动的选律不再局限于 $\Delta v=\pm1$，它可以等于任何整数值，即 $\Delta v=\pm1$, ±2, ±3, $\cdots$。所以 IR 谱不仅可以观测到较强的基频带，而且还可以观测到较弱的泛频带。

$v_0 \rightarrow v_1$	基频带（v）	较强
$v_0 \rightarrow v_2$	一级泛频带（$2v-a$）	较弱
$v_0 \rightarrow v_3$	二级泛频带（$3v-b$）	更弱，难以观测

a, b 为非谐振动的修正值，$a>b$, $a,b>0$。

二、分子的振动方式与谱带

1. 分子的振动方式

一般把分子的振动方式分为化学键的伸缩振动和弯曲振动两大类。

（1）伸缩振动　指成键原子沿着价键的方向来回地相对运动，在振动过程中，键角并不发生改变。伸缩振动又可分为对称伸缩振动和非对称伸缩振动，分别用 ν_s 和 ν_{as} 表示。两个相同的原子和一个中心原子相连时，如—CH_2—，其伸缩振动如下：

对称伸缩振动ν_s　　　　　　　　　　　　非对称伸缩振动ν_{as}

（2）弯曲振动　弯曲振动又分为面内弯曲振动和面外弯曲振动，用 δ 表示。如果弯曲振动的方向垂直于分子平面，则称面外弯曲振动；如果弯曲振动完全位于平面上，则称面内弯曲振动。剪式振动和平面摇摆振动为面内弯曲振动，非平面摇摆振动和卷曲振动为面外弯曲振动。以—CH_2—为例：

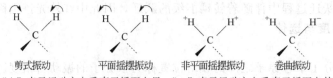

剪式振动　　　平面摇摆振动　　　非平面摇摆振动　　　卷曲振动

（"＋"表示运动方向垂直于纸面向里，"－"表示运动方向垂直于纸面向外）

同一种键型，其非对称伸缩振动的频率大于对称伸缩振动的频率，远大于弯曲振动的频率，即 $\nu_{as} > \nu_s > \delta$，而面内弯曲振动的频率又大于面外弯曲振动的频率。

2. 谱带

在红外光谱中，除了以上的振动吸收带外，还可出现以下的吸收带和振动方式。

（1）倍频带（over tone）　指 $\upsilon_0 \to \upsilon_2$ 的振动吸收带，出现在强的基频带频率的大约两倍处（实际上比两倍要低），一般都是弱吸收带。如 C＝O 的伸缩振动频率约在 1715cm^{-1} 处，其倍频带出现在约 3400cm^{-1} 处，通常与—OH 的伸缩振动吸收带相重叠。

（2）合频带（combination tone）　也是弱吸收带，出现在两个或多个基频频率之和或频率之差附近。如基频分别为 Xcm^{-1} 和 Ycm^{-1} 的两个吸收带，其合频带可能出现在 $(X+Y)$cm^{-1} 或 $(X-Y)$cm^{-1} 附近。

倍频带与合频带统称为泛频带，其跃迁概率小，强度弱，通常难以检出。

（3）振动偶合（vibrationalcoupling）　当分子中两个或两个以上相同的基团与同一个原子连接时，其振动吸收带常发生裂分，形成双峰，这种现象称振动偶合。有伸缩振动偶合、弯曲振动偶合、伸缩与弯曲振动偶合三类。如 IR 谱中在 1380cm^{-1} 和 1370cm^{-1} 附近的双峰是弯曲振动偶合引起的。又如酸酐 (RCO)$_2$O 的 IR 谱中在 1820cm^{-1} 和 1760cm^{-1} 附近的双峰，丙二酸二乙酯在 1750cm^{-1} 和 1735cm^{-1} 附近的双峰，都是 C＝O 伸缩振动偶合引起的。

（4）费米共振（Fermi resonance）　当强度很弱的倍频带或组频带位于某一强基频吸收带附近时，弱的倍频带或组频带和基频带之间发生偶合，产生费米共振。如环戊酮的 $\nu_{C=O}$ 于 1746cm^{-1} 和 1728cm^{-1} 处出现双峰，用重氢氘代环氢时，则于 1734cm^{-1} 处仅出现一单峰。这是因为环戊酮的骨架呼吸振动 889cm^{-1} 的倍频位于 C＝O 伸缩振动的强吸收带附近，两峰产生偶合（Fermi 共振），使倍频的吸收强度大大加强。而当用重氢氘代时，环骨架呼吸振动 827cm^{-1} 的倍频远离 C＝O 的伸缩振动频率，不发生 Fermi 共振，只出现 $\nu_{C=O}$ 的一个强吸收带。这种现象在不饱和内酯、醛及苯酰卤等化合物中也可以看到，在红外光谱解析时应注意。

三、红外光谱中的重要区段

1. 特征谱带区、指纹区及相关峰

（1）特征谱带区　有机化合物的分子中一些主要官能团的特征吸收多发生在红外区域，4000～1333cm^{-1}（2.5～25μm）。该区域的吸收峰相对稀疏，容易辨认，故通常把该区域叫做特征谱带区。该区域相应的吸收峰被称为特征吸收峰或特征峰。

（2）指纹区　红外吸收光谱上 1333～400cm^{-1}（7.5～15μm）的低频区，通常称为指纹区。该区域中出现的谱带主要是 C—X(X＝C、N、O) 单键的伸缩振动及各种弯曲振动。由于这些单键的键强度差别不大，原子质量又相似，所以谱带出现的区域也相近，互相间影响较大，加之各种弯曲振动能级差小，所以这一区域谱带特别密集，犹如人的指纹，故称指纹区。各个化合物在结构上的微小差异在指纹区都会得到反映。因此，在核对和确认有机农药时用处很大。

（3）相关峰　一个基团常有数种振动形式，每种红外活性的振动通常都相应产生一个吸收峰。习惯上把这些相互依存又相互可以佐证的吸收峰叫做相关峰。如甲基（—CH$_3$）相关峰有：ν_{CH}^{as} 2960cm^{-1}，ν_{CH}^{s} 2870cm^{-1}，δ_{CH}^{as} 1470cm^{-1}，δ_{CH}^{s} 1380cm^{-1} 及 $\delta_{CH}^{面外}$ 720cm^{-1}。

在确定有机化合物中是否存在某种官能团时，当然首先应当注意有无特征峰，但是相关峰的存在往往也是一个很有力的辅证。

2. 红外光谱的 8 个重要区段

为了方便对红外光谱的识别，通常又把特征区和指纹区细分为 8 个重要区段（表 6-1）。

表 6-1　红外光谱的 8 个重要区段

波长/μm	波数/cm^{-1}	键 的 振 动 类 型
2.7～3.3	3750～3000	ν_{OH}，ν_{NH}
3.0～3.3	3300～3000	ν_{CH} $\left(-C=C-H, \; >C=C<^H, Ar-H\right)$（少数达 2900cm^{-1}）
3.3～3.7	3000～2700	ν_{CH} $\left(-CH_3, -CH_2-, \; >C-H, \; -C^{H}_{=O}\right)$
4.2～4.9	2400～2100	$\nu_{C=C}$，$\nu_{C=N}$，$\nu_{-C=C-C=C-}$
5.3～6.1	1900～1650	$\nu_{C=O}$（酸、醛、酰胺、酯酸酐）
6.0～6.7	1680～1500	$\nu_{C=C}$（脂肪族及芳香族） $\nu_{C=N}$
6.8～7.7	1475～1300	δ $>C-H$（面内）
10.0～15.4	1000～650	$\delta_{C-C-H, Ar-H}$（面外）

四、在农药分析中的应用

1. 农药标准品结构的确认

农药分析离不开农药标准品，而标准品要经红外光谱进行结构表征。邹明强等利用红外光谱与其他技术对其制备的 2-[(2-氯苯基) 甲基]-4,4-二甲基-3-异噁唑酮（广灭灵）农药标准品的结构进行了确认，红外光谱如图 6-3。广灭灵农药的结构式见图 6-4。

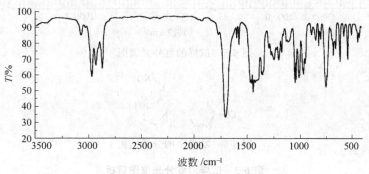

图 6-3　广灭灵标准品的红外光谱图

由图 6-3 可见，3068cm^{-1} 为苯环上不饱和 C—H 伸缩振动，1596cm^{-1}、1575cm^{-1}、1471cm^{-1} 和 1445cm^{-1} 均为苯环的骨架伸缩振动，754cm^{-1} 是邻位二取代苯的弯曲振动特征吸收峰。2970cm^{-1} 和 2872cm^{-1} 分别为 CH$_3$ 的反对称和对称伸缩振动，1460cm^{-1} 的吸收是 CH$_3$ 的反对称变角振动，1394cm^{-1}、1365cm^{-1}、1356cm^{-1} 为 CH$_3$ 的对称变角振动，1205cm^{-1} 是 C—C 骨架伸缩振动，而产生对称变角振动的吸收峰的分裂又可以说明样品分子中有同碳二甲基取代基团。2932cm^{-1} 为 CH$_2$ 的反对称伸缩振动，

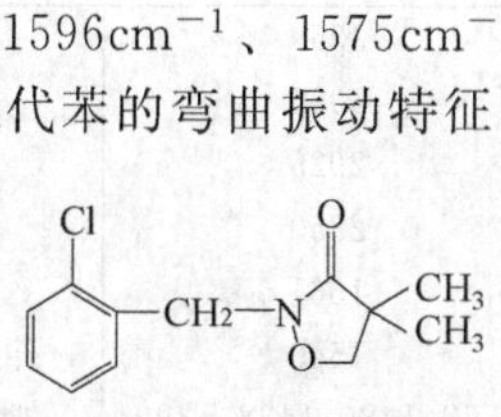

图 6-4　广灭灵的结构式

1471cm^{-1} 和 1445cm^{-1} 处重叠着 CH$_2$ 剪式振动，1295cm^{-1}、1277cm^{-1} 和 1248cm^{-1} 的吸收带是 CH$_2$ 非平面摇摆振动，823cm^{-1} 和 803cm^{-1} 的中等强度吸收峰为 CH$_2$ 平面摇摆振动，并且表明有孤立的 CH$_2$ 存在。1053cm^{-1} 的强吸收带可归属为与苯环相连的 C—Cl 伸缩振动。1705cm^{-1} 的极强宽吸收带为 C=O 伸缩振动，1015cm^{-1} 是来自于五元环上 C—O 伸缩振动的

贡献，970cm^{-1}和945cm^{-1}的强吸收带为此环的环伸缩振动，851cm^{-1}、680cm^{-1}、610cm^{-1}和538cm^{-1}均与此环的环振动有关，这些都可以说明样品分子中存在 N-甲基-4-二甲基杂氮杂氧五元环酮的结构，进一步验证了该标准品就是广灭灵农药。

2. 农药有效成分的定性

对某商品农药的有效成分进行红外光谱测定，得到的红外光谱图见图 6-5。对图 6-5 进行解析的结果见表 6-2。根据特征峰的归属判断，符合吡虫啉的分子结构（图 6-6），证明该商品农药的有效成分为吡虫啉。

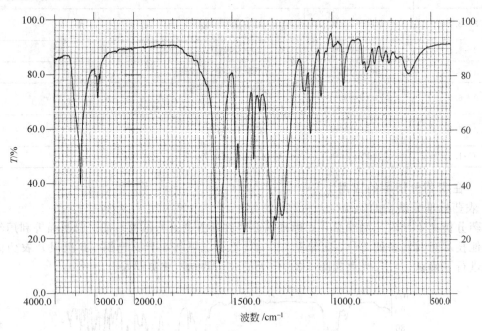

图 6-5　试样的红外光谱图

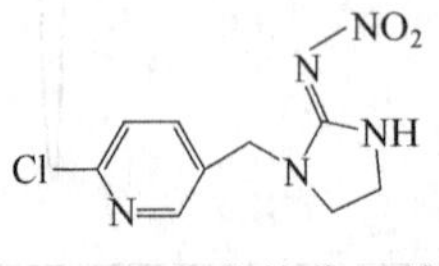

图 6-6　吡虫啉的分子结构

表 6-2　试样的红外光谱图解析

峰的波数/cm^{-1}	归属基团	振动形式	峰的波数/cm^{-1}	归属基团	振动形式
3359	仲胺	ν_{C-H}	1300	硝基	$\nu_s NO_2$
3050	吡啶环	ν_{C-H}	1279	仲胺（脂肪族）	ν_{C-N}
2925	亚甲基	$\nu_{as}CH_2$	1240,1205	叔胺（Ar—NRR′）	ν_{C-N}
2850	亚甲基	$\nu_s CH_2$	1140	吡啶环	d_{C-H}
1561	硝基	$\nu_{as}NO_2$	1100	Ar—Cl	ν_{C-Cl}
1540	仲胺（脂肪族）	d_{N-H}	940	吡啶环	Y_{C-H}
1558,1480,1438,1390	吡啶环、亚胺	$\nu_{C=C}+\nu_{C=N}$			

注：ν—伸缩振动，d—面内弯曲振动，Y—面外弯曲振动，as—不对称，s—对称。

第四节　质　　谱

质谱（mass spectrum，MS）是化合物分子在真空条件下受电子流的"轰击"或强电场等其他方法的作用发生电离，同时发生某些化学键有规律的断裂，生成质量不同的带电离子，将这些离子按质荷比 m/z（离子质量 m 与其所带电荷数 z 之比）的大小被收集并记录成的图谱。从质谱图上收集到的不同质荷比的离子及其相对丰度（或强度）即可判断化合物的分子质量和组成方面的信息。

一、质谱仪

质谱仪主要由高真空系统、进样系统、离子源、加速电场、质量分析器、检测和记录系统组成。

（1）高真空系统　质谱仪必须是在高真空条件下工作，离子源和质量分析器的压力通常分别为 $10^{-5}\sim10^{-4}\,Pa$ 和 $10^{-6}\sim10^{-5}\,Pa$。维持这种真空度的目的是避免离子与气体分子的碰撞。

（2）进样系统　在不破坏真空的情况下，固体和沸点较高的液体样品可通过进样推杆送入离子源并在其中加热气化，低沸点样品在贮气器中气化后进入离子源，气体样品可直接经贮气器进入离子源。当色谱与质谱联用时，进样系统则由它们的界面（interface）代替。

（3）离子源　离子源是样品分子的离子化场所。分子在这里接受能量电离成各种质荷比不等的离子，某些离子会在离子源中继续裂解成碎片离子。

（4）质量分析器　在离子源中生成的并经加速电压加速后的各种离子在质量分析器中按其质荷比（m/z）的大小进行分离并加以聚焦。

（5）检测、记录系统　经过质量分析器分离后的离子束，按质荷比的大小先后通过出口狭缝，到达收集器，它们的信号经电子倍增器放大后用记录仪记录在感光纸上或送入数据处理系统，由计算机处理以获得各种处理结果。

分辨率（R）是质谱计性能的一个重要指标，它反映仪器对质荷比相邻的两质谱峰的分辨能力。一般认为强度基本相等而质荷比相邻的两单电荷离子的质谱峰（对单电荷离子来说，离子的质荷比数值与其质量相同。单电荷离子是离子源中主要的生成离子），其质量分别为 m、$m+\Delta m$，当两峰的峰谷的高度等于峰高的 10% 时，这两个峰就算分开。

二、离子化方式

离子化的方式很多，主要有电子轰击、化学电离、场致离和场解吸、快原子轰击、电喷雾电离等。

（1）电子轰击（electron impact，EI）　电子轰击是应用最为广泛的离子化方法。样品分子以气态形式进入离子源，被约 70eV 能量的电子束轰击电离。在电子碰撞作用下，有机物分子一般被打掉一个电子形成分子离子，也可能会发生化学键的断裂进一步形成碎片离子。由分子离子可以确定化合物分子量，由碎片离子可以得到化合物的结构信息。对于一些不稳定的化合物，在 70eV 电子的轰击下很难得到分子离子。为了得到分子信息，可以采用 $10\sim20eV$ 的电子能量，但仪器的灵敏度将大大降低，需要加大样品的进样量，而且得到的不是标准质谱图。

电子轰击主要适用于易挥发有机样品的电离，重现性好，检测灵敏度高，并且有标准质谱图库可以检索，碎片离子可提供丰富的结构信息。

（2）化学电离（chemical ionization，CI）　高能电子束与小分子反应气体（如甲烷、丙烷、异丁烷等，用 R 表示）作用，电子束首先将反应气电离，然后反应气离子与样品分子进行离子-分子反应，并使样品分子电离。

用 CI 产生的准分子离子峰的相对强度较大，碎片离子峰的数目较少。

（3）场致离（field ionization，FI）和场解吸（field desorption，FD）　场致离是样品分子在 $10^{7}\sim10^{8}\,V/cm$ 的强电场作用下发生电离；场解吸是将样品吸附在预先处理好的场离子发射体（金属）尖端或细丝上送入离子源，然后通以微弱电流，使样品分子从发射体上解吸下来并扩散至高场强的场发射区进行离子化。场致离中液态或固态样品仍需要气化，而场解吸样品不需要气化。对热不稳定的化合物或不易气化的样品，可使用场解吸。由场致离和场解吸得到的质谱，分子离子峰较强，碎片离子峰较少。

（4）快原子轰击（fast atom bombardment，FAB） 快原子轰击是用高能量的快速氩原子束轰击样品分子（用液体基质负载样品并涂敷在靶上，常用的基质有甘油、间硝基苄醇、二乙醇胺等），使其发生电离，产生的离子在电场作用下进入质量分析器。由于电离过程中不必加热气化，因此特别适合于分子量大、难挥发或热稳定性差的样品分析。

（5）电喷雾电离（electrospray ionization，ESI） 电喷雾电离是一种使用强静电场的电离技术。经毛细管流出的样品溶液，在电场的作用下形成带高度电荷的雾状小液滴。在向质量分析器移动过程中，液滴因溶剂不断地挥发而缩小，导致其表面电荷的密度不断增大。当电荷之间的排斥力足以克服液滴的表面张力时，液滴发生裂分。溶剂的挥发和液滴的裂分如此反复进行，最后得到带单电荷或多电荷的离子。

三、质谱术语

（1）基峰和相对丰度 以质谱图中最强峰的高度为 100%，将此峰称为基峰（base peak）。以此峰高度去除其他各峰的高度，所得的分数即为各离子的相对丰度（relative abundance，RA），又称为相对强度（relative intensity，RI）。

（2）质荷比 离子的质量和该离子所带静电单位数的比值，用 m/z 或 m/e 表示。M 为组成离子的各元素同位素的原子核的质子数目和中子数目之和，如 H1；C12；N14，15；O16，17，18；Cl35，37 等，和化学中基于平均原子量的计算方法不同。z 或 e 为离子所带正电荷或所丢失的电子数目。

（3）质量的概念 质谱仪主要测量以原子质量单位（u）表示的化合物的相对分子质量 M_r。在质谱法中使用三种不同的质量概念，它们是平均质量、标称质量和精确质量。平均分子质量由化学组成的平均原子质量计算而得，仅在大分子的质谱分析中有一定意义。标称分子质量由在自然界中最大丰度同位素的标称原子质量计算而得，而精确分子质量是用自然界中最大丰度同位素的精确原子质量计算而得。高分辨质谱给出分子离子或碎片离子的精确质量，其有效数字视质谱计的分辨率而定。分子离子或碎片离子精确质量的计算基于精确原子量。

（4）分子离子（molecular ion） 有机物分子经电子轰击，失去一个电子所形成的正离子叫分子离子。分子离子的 m/z 数值就是化合物的分子量。因此，分子离子在化合物质谱解析中具有特别重要的意义。

（5）奇电子离子和偶电子离子（odd-electron ion and even-electron ion，分别以 $OE^{+\cdot}$ 和 EE^+ 表示） 带有未配对电子的离子为奇电子离子，如 $M^{+\cdot}$，$A^{+\cdot}$，$B^{+\cdot}$，…；无未配对电子的离子为偶电子离子，如 D^+，C^+，E^+，…，分子离子是奇电子离子。在质谱解析中，奇电子离子较为重要。

（6）多电荷离子（multiply-charged ion） 一个分子丢失一个以上电子所形成的离子称为多电荷离子。在正常电离条件下，有机化合物只产生单电荷或双电荷离子。在质谱图中，双电荷离子出现在单电荷离子的 1/2 质量处。双电荷离子仅存在于稳定的结构中，如蒽醌，m/z 180 为由 $M^{+\cdot}$ 丢失 CO 的离子峰；m/z 90 为该离子的双电荷离子峰。

（7）准分子离子（quasi-molecular ion，QM） 采用 CI 电离法，常得到比分子量多（或少）1 个质量单位的离子，称为准分子离子，如 $(MH)^+$、$(M-H)^+$。在醚类化合物的质谱图中出现的 $(M+1)$ 峰为 $(MH)^+$。

（8）亚稳离子（metastable ion，m^*） 在飞行过程中发生裂解的母离子称为亚稳离子。由于母离子中途已经裂解生成某种离子和中性碎片，记录器中只能记录到这种离子，也称这种离子为亚稳离子，由它形成的质谱峰为亚稳峰。

四、质谱裂解方式、机理及表示法

1. 质谱裂解表示法

（1）正电荷表示法　正电荷用"＋"或"＋·"表示，前者表示含有偶数个电子的离子（ion of even electrons，EE），后者表示含有奇数个电子的离子（ion of odd electrons，OE）。要把正电荷的位置尽可能在化学式中明确表示出来，这样就易于说明裂解的历程。正电荷一般留在分子中的杂原子、不饱和键 π 电子体系和苯环上。例如：

$$\triangleright \rceil^{\ddagger} \qquad \begin{array}{c} CH_2 \\ \| \\ +O-R \end{array} \qquad H_2C=C-\overset{+}{C}H_2 \\ \quad\;\; H$$

苯环电荷可表示为：

正电荷的位置不十分明确时，可以用 〔　〕+ 或 〔　〕+· 表示（离子的化学式写在括号中）。例如：

$$[R-CH]^{+}\cdot \longrightarrow CH_3\cdot + [R]^{+}$$

如果碎片离子的结构复杂，可以在式子右上角标出正电荷。例如：

判断裂片离子含偶数个电子还是奇数个电子，有下列规律：

① 由 C、H、O、N 组成的离子，其中 N 为偶数（包括零）个时，如果离子的质量数为偶数，则必含奇数个电子；如果离子的质量数为奇数，则必含偶数个电子。

② 由 C、H、O、N 组成的离子，其中 N 为奇数个时，若离子的质量数为偶数，则必含偶数个电子；若离子的质量数为奇数，则必含奇数个电子。

（2）电子转移表示法　共价键的断裂有下列三种方式。

均裂：价键断裂时，两个价电子一边一个，即

$$X\overset{\frown}{-}Y \longrightarrow X\cdot + Y\cdot$$

异裂：价键断裂时，2 个价电子转移到一边，即

$$X\overset{\frown}{-}Y \longrightarrow X^{+} + \overset{..}{Y}$$

半异裂：价键断裂时，已失去一个价电子的离子再裂解时，剩下的一个电子转移到一边，即

$$X-Y \longrightarrow X\overset{.}{\cdot}Y \longrightarrow X^{+}\cdot Y$$

X＋·Y 表示共价键被电子流轰击失去一个电子，留下一个电子在 σ 分子轨道上。

通常用单箭头表示一个电子的转移，用双箭头表示一对电子的转移。

2. 裂解方式及机理

质谱在大多数情况下检测的是正离子，但也可以检测负离子。检测负离子的负离子质谱法（NIMS）灵敏度高，选择性好，适合做痕量分析（10^{-15} g）和异构体的鉴别。尤其对电子亲和能较大的化合物如含卤素、硝基和高共轭体系的化合物特别适用。为产生分子的负离子裂片，可以使用负离子化学电离和负离子快原子轰击电离等技术。在负离子化学电离的条件下，试剂气体除生成带正电荷的离子外，还产生热能电子和带负电荷的试剂离子。它们分别和样品分子发生电子捕获反应和离子分子反应，生成负离子。负离子质谱法使用较少，所以以下只讲述检测正离子的质谱法。

由于离子源中的样品蒸气压通常低到足以忽略双分子（离子-分子）或其他碰撞反应的程

度，所以可以认为质谱中富于能量的离子的裂解反应与一般热能单分子分解的化学反应类似，因此可以应用解释分子活性的有机结构理论来阐明质谱分析结果。

离子的裂解应遵循下述"偶电子规则"：当含有奇数电子的离子（ion of odd electrons，OE）裂解时，可以产生自由基（radical，R）与一个偶数电子的离子（EE）或含偶数电子的中性分子（neutral even electrons，Nee）与一个奇数电子的离子（OE）；当含有偶数电子的离子（ion of even electrons，EE）裂解时，只能产生偶数电子的离子和中性分子（Nee），而通常不会产生自由基（R），即

$$OE \longrightarrow EE + R（断 1 个键）$$
$$OE \longrightarrow OE + Nee（断 2 个键）$$
$$EE \longrightarrow EE + Nee（断 2 个键）$$
$$EE \longrightarrow OE + R（断 1 个键）（极少产生）$$

最后一个反应非常罕见。应当引起注意的是：奇电子离子有两个活泼的反应中心，即电荷中心和自由基中心；偶电子离子只有电荷中心。分子离子的裂解和产物离子的进一步裂解都是由这些中心引发的。

五、质谱图的解析举例

【例1】 一未知物质谱如下，红外光谱显示该未知物在 $1150 \sim 1070 cm^{-1}$ 有强吸收，试确定其结构。

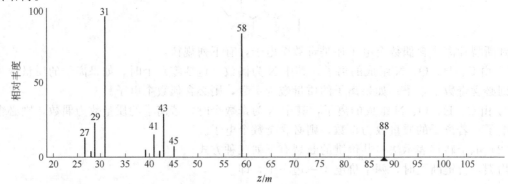

解：从质谱图可得知以下结构信息：

① m/z 88 为分子离子峰；

② m/z 88 与 m/z 59 质量差为 29u，为合理丢失，且丢失的片断可能为 C_2H_5 或 CHO；

③ 谱图中有 m/z 29、m/z 43 离子峰，说明可能存在乙基、正丙基或异丙基。

④ 基峰 m/z 31 为醇或醚的特征离子峰，表明化合物可能是醇或醚。

由于 IR 谱在 $1740 \sim 1720 cm^{-1}$ 和 $3640 \sim 3620 cm^{-1}$ 无吸收，可否定化合物为醛和醇。因为醚的 m/z 31 峰可通过以下重排反应产生：

据此反应及其他质谱信息，推测未知物可能的结构为：

第五节 核磁共振谱

一、核磁共振基本原理

1. 原子核的磁矩

原子核是由质子和中子组成的带正电荷的粒子，其自旋运动将产生磁矩。但并非所有同位

素的原子核都具有自旋运动，只有存在自旋运动的原子核才具有磁矩。核磁共振研究的对象是具有磁矩的原子核。

原子核的自旋运动与自旋量子数 I 相关。自旋量子数 I 又与原子核的质量数（A）和核电荷数（Z）有关。I 可为零、半整数、整数。

A 为偶数，Z 为偶数时，$I=0$。如 $^{12}C_6$、$^{16}O_8$、$^{32}S_{16}$ 等。

A 为奇数，Z 为奇数或偶数时，I 为半整数。如 $^1H_1$、$^{13}C_6$、$^{15}N_7$、$^{19}F_9$、$^{29}Si_{14}$、$^{31}P_{15}$ 等 $I=1/2$；$^{11}B_5$、$^{23}Na_{11}$、$^{33}S_{16}$、$^{35}Cl_{17}$、$^{39}K_{19}$、$^{79}Br_{35}$、$^{81}Br_{35}$ 等 $I=3/2$；$^{17}O_8$、$^{25}Mg_{12}$、$^{27}Al_{13}$ 等 $I=5/2$。

A 为偶数，Z 为奇数时，I 为整数。如 $^2H_1$、$^6Li_3$、$^{14}N_7$ 等 $I=1$；$^{58}Co_{27}$ 等 $I=2$；$^{10}B_5$ 等 $I=3$。

$I\neq0$ 的原子核都具有自旋现象，其自旋角动量（P）为：

$$P=\frac{h}{2\pi}\sqrt{I(I+1)} \quad (h\ \text{为普朗克常数})$$

具有自旋角动量的原子核也具有磁矩 μ，μ 与 P 的关系如下：

$$\mu=\gamma P$$

式中，γ 为磁旋比（magnetogyric ratio）。同一种核，γ 为一常数。如 ^1H：$\gamma=26.752$（$10^7\ rad\cdot T^{-1}\cdot s^{-1}$）；$^{13}C$：$\gamma=6.728$（$10^7\ rad\cdot T^{-1}\cdot s^{-1}$）。$\gamma$ 值可正可负，由核的本性所决定。

$I=1/2$ 的原子核是电荷在核表面均匀分布的旋转球体。这类核不具有电四极矩（$eQ=0$），核磁共振谱线较窄，最适宜于核磁共振检测，是 NMR 研究的主要对象，如 ^1H、^{13}C、^{19}F、^{31}P 等。

$I>1/2$ 的原子核，其电荷在核表面是非均匀分布的，可用图 6-7 表示。

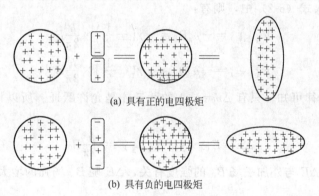

(a) 具有正的电四极矩

(b) 具有负的电四极矩

图 6-7　原子核的电四极矩

对于图 6-7 所示的原子核，可以看作是在核电荷均匀分布的基础上，加了一对电偶极矩。图 6-7(a) 中原子核的"两极"正电荷密度高，图 6-7(b) 中原子核的"两极"正电荷密度低。若要使其表面电荷分布均匀，则需改变球体的形状，分别由圆球体变为纵向延伸的长椭球体或横向延伸的扁椭球体。其电四极矩（eQ）可用下式表示：

$$eQ=\frac{2}{5}Z(b^2-a^2)$$

式中　Z——球体所带的电荷；

a，b——分别为椭球体的横向和纵向的半径。

一般说来，研究 $eQ\neq0$ 的自旋核比研究 $eQ=0$ 的自旋困难得多。这是因为 $eQ\neq0$ 的自旋核具有特有的弛豫（relaxation）机制，常导致 NMR 谱线加宽，不利于核磁共振信号检测。

2. 核磁共振

根据量子力学理论，磁性核（$I \neq 0$）在外加磁场（B_0）中的自旋取向不是任意的，而是量子化的，共有（$2I+1$）种取向，可由磁量子数 m 表示。$m = I$，$I-1$，$\cdots$，（$-I+1$），$-I$，如图 6-8 所示。

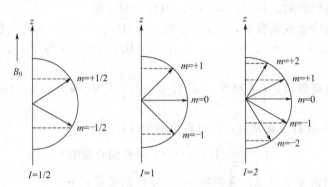

图 6-8　在 B_0 中原子核的自旋取向

核的自旋角动量（P）在 z 轴上的投影 P_z 也只能取不连续的数值。

$$P_z = \frac{h}{2\pi} m$$

与 P_z 相应的核磁矩在 z 轴上的投影为 μ_z，$\mu_z = \gamma P_z = \gamma \frac{h}{2\pi} m$ 　　　　　(6-1)

磁矩与磁场相互作用为 E：

$$E = -\mu_z B_0 \tag{6-2}$$

将式（6-1）代入式（6-2）中，则有：

$$E_{\left(\pm \frac{1}{2} \right)} = -\mu_z B_0 = -\gamma \left(\pm \frac{1}{2} \right) \times \frac{h}{2\pi} B_0$$

$$E_{\left(-\frac{1}{2} \right)} = -\mu_z B_0 = -\gamma \left(-\frac{1}{2} \right) \times \frac{h}{2\pi} B_0$$

由量子力学的选律可知，只有 $\Delta m = \pm 1$ 的跃迁才是允许跃迁。所以相邻两能级间的能量差为：

$$\Delta E = E_{\left(-\frac{1}{2} \right)} - E_{\left(\pm \frac{1}{2} \right)} = \gamma \frac{h}{2\pi} B_0 \tag{6-3}$$

式（6-3）表明，ΔE 与外加磁场 B_0 的强度有关，ΔE 随 B_0 场强的增大而增大（见图 6-9）。

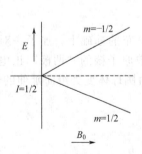

图 6-9　ΔE 与 B_0 的关系

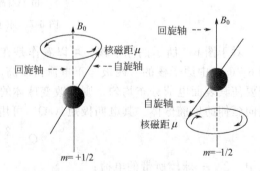

图 6-10　自旋核在 B_0 场中的进动

在 B_0 中，自旋核绕其自旋轴（与磁矩 μ 方向一致）旋转，而自旋轴既与 B_0 场保持一夹角 θ，又绕 B_0 场进动，称 Larmor 进动（图 6-10），类似于陀螺在重力场中的进动。核的进动频率由式（6-4）决定。

$$\omega = 2\pi\nu_0 = \gamma B_0 \tag{6-4}$$

若在与 B_0 垂直的方向上加一个交变场 B_1（称射频场），其频率为 ν_1。当 $\nu_1 = \nu_0$ 时，自旋核会吸收射频的能量，由低能态跃迁到高能态（核自旋发生倒转），这种现象称为核磁共振吸收。由式（6-3）及 $\Delta E = h\nu$ 得：

$$\nu = \frac{\gamma}{2\pi} B_0 \tag{6-5}$$

同一种核，γ 为一常数，B_0 场强度增大，其共振频率 ν 也增大。对于 ^{1}H，当 $B_0 = 1.4$T 时，$\nu = 60$MHz；当 $B_0 = 2.3$T 时，$\nu = 100$MHz。

B_0 相同，不同的自旋核因 γ 值不同，其共振频率亦不同。如 $B_0 = 2.3$T 时，^{1}H(100MHz)，^{19}F(94MHz)，^{31}P(40.5MHz)，^{13}C(25MHz)。

3. 弛豫过程

当电磁波的能量（$h\nu$）等于样品分子的某种能级差 ΔE 时，分子可以吸收能量，由低能态跃迁到高能态。

高能态的粒子可以通过自发辐射放出能量，回到低能态，其概率与两能级能量差 ΔE 成正比。一般吸收光谱的 ΔE 较大，自发辐射相当有效，能维持 Boltzmann 分布。但在核磁共振波谱中，ΔE 非常小，自发辐射的概率几乎为零。要想维持 NMR 信号的检测，必须要有某种过程，这个过程就是弛豫（relaxation）过程。即高能态的核以非辐射的形式放出能量回到低能态，重建 Boltzmann 分布的过程。

根据 Boltzmann 分布，低能态的核（N+）与高能态的核（N−）的关系可以用 Boltzmann 因子来表示：

$$\frac{N_+}{N_-} = e^{\Delta E/(KT)} \approx 1 + \frac{\Delta E}{KT} \tag{6-6}$$

式中，ΔE 为两能级的能量差；K 为 Boltzmann 常数；T 为热力学温度。对于 ^{1}H 核，当 $T = 300$K 时，$N_+/N_- \approx 1.000009$。对于其他的核，γ 值较小，比值会更小。因此在 NMR 中，若无有效的弛豫过程，饱和现象容易发生。

有两种弛豫过程：自旋-晶格弛豫和自旋-自旋弛豫。

（1）自旋-晶格弛豫（spin-lattice relaxation）　自旋-晶格弛豫反映了体系和环境的能量交换。"晶格"泛指"环境"。高能态的自旋核将能量转移至周围的分子（固体的晶格、液体中同类分子或溶剂分子）而转变为热运动，结果是高能态的核数目有所下降。体系通过自旋-晶格弛豫过程而达到自旋核在 B_0 场中自旋取向的 Boltzmann 分布所需的特征时间（半衰期），用 T_1 表示，T_1 称为自旋-晶格弛豫时间。T_1 与核的种类、样品的状态、温度等都有关系。液体样品 T_1 较短（$10^{-4} \sim 10^2$s），固体样品 T_1 较长，可达几个小时甚至更长。

自旋-晶格弛豫是使在 B_0 场中宏观上纵向（z 轴方向）磁化强度由零恢复到 M_0，故又称纵向弛豫，如图 6-11 中由（b）恢复到（e）的过程。

图 6-11(a) 为平衡状态，(b)B_1 使 M 偏离平衡位置，(c) 停止 B_1 作用之后，弛豫过程即开始，并经过一段时间，已有明显的横向弛豫，(d) 到某一时刻，横向弛豫过程结束，纵向弛豫过程还在进行，(e) 纵向弛豫过程也结束，M 恢复到平衡状态。

（2）自旋-自旋弛豫（spin-spin relaxation）　自旋-自旋弛豫反映核磁矩之间的相互作用。高能态的自旋核把能量转移给同类低能态的自旋核，结果是各自旋态的核数目不变，总能量不变。自旋-自旋弛豫时间（半衰期）用 T_2 表示。液体样品 T_2 约为 1s，固体或高分子样品 T_2 较小，约 10^{-3}s。

共振时，自旋核受射频场的相位相干作用，使宏观净磁化强度偏离 z 轴，从而在 x-y 平面

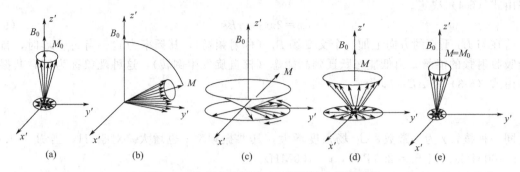

图 6-11 宏观磁化强度 M_0 激发后的弛豫过程

上非均匀分布。自旋-自旋弛豫过程是通过自旋交换，使偏离 z 轴的净磁化强度 M_{xy} 回到原来的平衡零值态（即绕原点在 x-y 平面上均匀散开），故自旋-自旋弛豫又称横向弛豫。弛豫时间是分子动态学、立体化学研究的重要信息来源。

4. 核磁共振的谱线宽度

核磁共振谱线有一定宽度，其原因来自 Heisenberg 的测不准原理：

$$\Delta E \Delta t \approx h \tag{6-7}$$

式中，Δt 是核在某一能级停留的平均时间。Δt 越小，对谱线的宽度影响越大。在核磁共振中，核磁矩在某一能级停留的时间取决于自旋-自旋相互作用，即由弛豫时间 T_2 所决定。因 $\Delta E = h \Delta \nu$，由式（6-7）可得：

$$\Delta \nu \approx \frac{1}{T_2} \tag{6-8}$$

由式（6-8）计算的谱线宽度称自然线宽。实测谱线宽度远大于自然线宽，这是由磁场的不均匀性造成的。

液体样品 T_1、T_2 较适中，固体及黏度较大的高分子样品 T_2 很小，谱线较宽，所以 NMR 通常在溶液中进行测试。

二、核磁共振的应用

1. NMR 谱解析的一般程序

在解析 NMR 图谱时，一般由简到繁，先解析和归属容易确定的基团和一级谱，再解析难确认的基团和高级谱。在很多情况下，比较复杂的化合物光靠一张 ^1H NMR 谱图是难以确定结构的，应综合各种测试数据加以解析，必要时有针对性地做一些特殊分析。

解析 NMR 图谱的一般步骤如下：

① 先检查图谱是否合格。基线是否平坦，TMS 信号是否在零？样品中有无干扰杂质？（若有 Fe 等顺磁性杂质或氧气，会使谱线加宽，应先除去）积分线没有信号处是否平坦？

② 识别"杂质"峰。在使用氘代溶剂时，由于有少量未氘代溶剂的质子存在，会在谱图上出现 ^1H 的小峰。若使用普通溶剂，除了正常 ^1H 峰，还要注意旋转边峰和卫星峰。另外，溶剂中常有少量水，会出现另外一个峰，在不同溶剂中水峰的位置也不同。

③ 已知分子式，则先算出不饱和度。

④ 按积分曲线算出各组质子的相对面积比，若分子总的氢原子个数已知，则可以算出每组峰的氢原子个数。

⑤ 先解析 CH_3O-、CH_3N-、CH_3Ph、$CH_3-C\equiv$ 等孤立的甲基信号，这些甲基均为单峰。

⑥ 解释低磁场处，$\delta > 10$ 处出现的 $-COOH$、$-CHO$ 及分子内氢键的信号。

⑦ 解释芳氢信号，一般在 $6.5 \sim 8$ 附近，经常是一组偶合常数有大（邻位偶合）、有小

（间位、对位偶合）的峰。

⑧ 若有活泼氢，可以加入重水交换，再与原图比较加以确认。

⑨ 解释图中一级谱，找出 δ 及 J，解释各组峰的归属，再解释高级谱。

⑩ 若谱图复杂，可以应用简化图谱的技术。

⑪ 应用元素分析、质谱、红外、紫外以及 ^{13}C NMR 等结果综合考虑，推定结构。

⑫ 将谱图与推定的结构对照检查，看是否符合。

2. ^1H NMR 谱解实例

【例 2】化合物分子式 $C_{10}H_{12}O$，^1H NMR 谱见图 6-12，推导其结构。

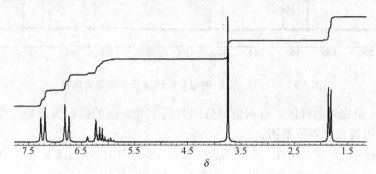

图 6-12　$C_{10}H_{12}O$ 的 ^1H NMR 谱（60MHz，$CDCl_3$）

解： 分子式 $C_{10}H_{12}O$，$UN=5$，化合物可能含有苯基、$C=O$ 或 $C=C$ 双键；^1H NMR 谱无明显干扰峰；由低场至高场，积分简比为 $4:2:3:3$，其数字之和与分子式中氢原子数目一致，故积分比等于质子数目之比。

$\delta 6.5 \sim 7.5$ 的多重峰对称性强，主峰类似 AB 四重峰（4H），为 $AA'BB'$ 系统；结合 $UN=5$ 可知，化合物含 X—⟨苯环⟩—Y 或 ⟨苯环⟩ 结构；其中 2H 的 $\delta<7$，表明苯环与斥电子基（—OR）相连。$\delta 3.75(s, 3H)$ 为 CH_3O 的特征峰；$\delta 1.83(d, 3H)$，$J=5.5$ 为 $CH_3—CH=$；$\delta 5.5 \sim 6.5(m, 2H)$ 为双取代烯氢（$C=CH_2$ 或 $HC=CH$）的 AB 四重峰，其中一个氢又与 CH_3 邻位偶合，排除 $=CH_2$ 基团的存在，可知化合物应存在 $—CH=CH—CH_3$ 基。

综合以上分析，化合物的可能结构为：

$$CH_3O—\text{⟨苯环⟩}—\overset{6.28}{\underset{H}{C}}=\overset{CH_3}{\underset{\underset{6.08}{H}}{C}}$$

此结构式与分子式相符。分子中存在 ABX_3 系统，AB 部分（$\delta 6.5 \sim 5.5$）由左至右编号 $1 \sim 8$；$[1-2]=16Hz$（反式偶合）为 J_{AB}，X_3 对 A 的远程偶合谱中未显示出来。B 被 A 偶合裂分为双峰，又受邻位 X_3 的偶合，理论上应裂分为八重峰（两个四重峰）。实际只观察到 6 条谱线，由峰形和裂距分析，第一个四重峰的 1 线与 A 双峰的 2 线重叠，第二个四重峰的 1 线与第一个四重峰的 4 线重叠。峰与峰间距离与 $\delta 1.83 CH_3$ 的裂距相等。故化合物的结构进一步确定为上述结构。

3. ^{13}C NMR 谱解实例

【例 3】化合物的分子式为 $C_{10}H_{13}NO_2$，其偏共振谱及质子宽带去偶谱如图 6-13 所示，试推导其可能结构。

解： 由分子式 $C_{10}H_{13}NO_2$ 计算，$UN=10+1+1/2-13/2=5$，推断分子中可能有苯基或吡啶基存在。质子宽带去偶谱中 $\delta 40.9$ 的多重峰为 $DMSO-d_6$ 的溶剂峰。谱图中有三种 sp^3 杂化的碳，五种 sp^2 杂化的碳，谱峰的数目小于碳数目，表明分子中有某些对称因素存在。由谱

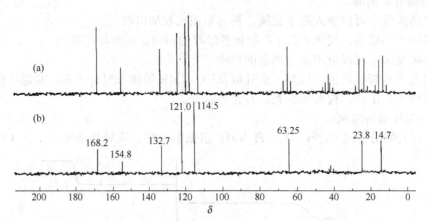

图 6-13 $C_{10}H_{13}NO_2$ 的偏共振谱及质子宽带去偶谱

峰强度分析，sp^2 杂化碳的峰区，有两条峰分别为两个等价碳的共振吸收峰。结合偏共振去偶谱信息，分子中可能存在以下基团：

δ：sp^3 C   14.7 CH_3—C sp^2 C   114.5   2CH   168.2   C=O
               23.8 CH_3—C   121.0   2CH
               63.3 CH_2—O   137.7   C
                                       154.8   C—O

δ 值及基团分析表明，分子中有 CH_3CH_2O—、对位双取代的苯基及酸、酯或酰胺中的 C=O 存在。与分子式相比，碳的数目相符，氢数目少一个，可能为 COOH 或 NH 中的活泼氢（不与碳直接相连）。由于分子中只有两个氧原子，且一个与苯基相连，故不可能有 COOH 存在，结合 δ168.2 的 C=O 吸收峰，应判断为 CONH 基存在。

综合以上分析，推导化合物的可能结构为：

     CH_3NHCO—〈〉—OCH_2CH_3 CH_3CONH—〈〉—OCH_2CH_3
                      （A）   （B）

由 δ 23.8 的 CH_3 峰判断结构应为（B）而不是（A）。

习题与思考题

1. 化合物 A 的分子为 C_9H_{10}，其紫外光谱如图 6-14，已知 A 可被酸性重铬酸钾氧化生成苯甲酸，试确定化合物 A 的结构。

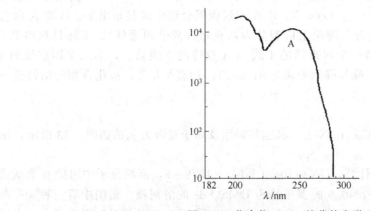

图 6-14 化合物 C_9H_{10} 的紫外光谱

2. 化合物 $C_{13}H_{12}O$ 的红外光谱如图 6-15，它不能与碱溶液反应生成盐，而易氧化生成 $C_{13}H_{10}O$，试确定原化合物的结构。

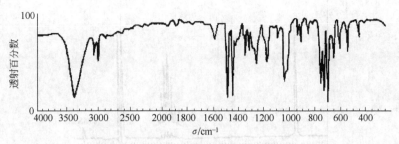

图 6-15　化合物 $C_{13}H_{12}O$ 的红外光谱

3. 图 6-16 是对甲基苯甲酸经转化所得产物的红外光谱，试通过解谱写出反应产物的结构式。

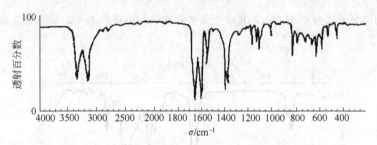

图 6-16　对甲基苯甲酸经变换后产物的红外光谱

4. 对质谱图 6-17 和图 6-18 中的主要碎片离子峰做出解释，说明它们是如何产生的。

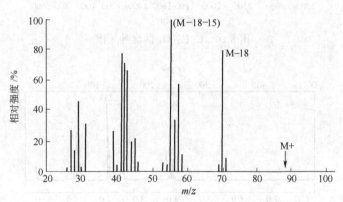

图 6-17　$(CH_3)_2CHCH_2CH_2OH$ 的质谱图

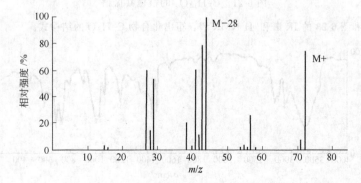

图 6-18　$CH_3CH_2CH_2CHO$ 的质谱图

5. 某烃 C_9H_{12} 的核磁共振谱如图 6-19，试确定其结构。

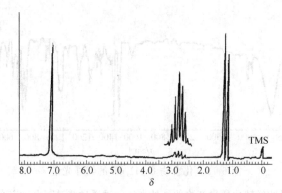

图 6-19　化合物 C_9H_{12} 的核磁共振谱

6. 一个化合物的分子式为 $C_7H_{12}O_3$，其红外光谱和核磁共振谱如图 6-20、图 6-21 所示，推测化合物的结构。

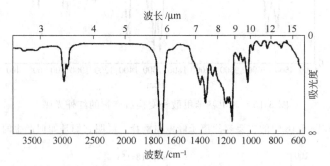

图 6-20　$C_7H_{12}O_3$ 的红外光谱

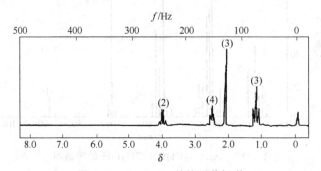

图 6-21　$C_7H_{12}O_3$ 的核磁共振谱

7. 解析图 6-22 和图 6-23 的 IR 谱和 ^1H NMR 谱，写出化合物 C_7H_8O 的结构式。

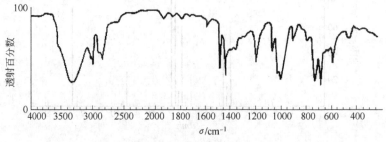

图 6-22　C_7H_8O 的红外光谱

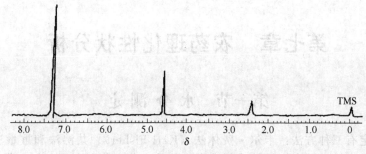

图 6-23 C₇H₈O 的核磁共振谱

第七章　农药理化性状分析

第一节　水 分 测 定

农药水分测定有三种方法：卡尔·费休法（Karl Fisher）、共沸法和重量法。共沸法和重量法适于热稳定性好，且不含挥发性或低沸点成分的农药水分测定。卡尔·费休法几乎适应于各种农药样品中水分的测定，尤其是微量水分测定。

一、卡尔·费休法（引自 GB/T 1600—2001）

1. 卡尔·费休化学滴定法

（1）方法提要　将样品分散在甲醇中，用已知水当量的标准卡尔·费休试剂滴定。

（2）试剂和溶液

① 无水甲醇：水的质量分数应≤0.03％。取5～6g表面光洁的镁或镁条及0.5g碘，置于圆底烧瓶中，加70～80ml甲醇，在水浴上加热回流至镁全部生成絮状的甲醇镁，此时加入900ml甲醇，继续回流30min，然后进行分馏，在64.5～65℃收集无水甲醇。使用仪器应预先干燥，与大气相通的部分应连接装有氯化钙或硅胶的干燥管。

② 无水吡啶：水的质量分数应≤0.1％。吡啶通过装有粒状氢氧化钾的玻璃管。管长40～50cm，直径1.5～2.0cm，氢氧化钾高度为30cm左右，处理后进行分馏，收集114～116℃的馏分。

③ 碘：重升华，并放在硫酸干燥器内48h后再用。

④ 硅胶：含变色指示剂。

⑤ 二氧化硫：将浓硫酸滴加到盛有亚硫酸钠或亚硫酸氢钠的糊状水溶液的支管烧瓶中，生成的二氧化硫经冷阱冷至液状（冷阱外部加干冰和乙醇或冰和食盐混合）。使用前把盛有液体二氧化硫的冷阱放在空气中气化，并经过浓硫酸和氯化钙干燥塔进行干燥。

⑥ 酒石酸钠。

⑦ 卡尔·费休试剂（有吡啶）：将63g碘溶解在干燥的100ml无水吡啶中，置于冰中冷却，向溶液中通入二氧化硫直至增重32.3g为止，避免吸收环境潮气，补充无水甲醇至500ml后，放置24h。此卡尔·费休试剂的水当量约为5.2mg/ml。也可直接使用市售的无吡啶卡尔·费休试剂。

（3）装置　滴定装置见图7-1。

① 试剂瓶：250ml，配有10ml自动滴定管，用吸球将卡尔·费休试剂压入滴定管中，通过安放适当的干燥管防止吸潮。

② 反应瓶：约60ml，装有两个铂电极，一个调节滴定管尖的瓶塞，一个用干燥剂保护的放空管，待滴定的样品通过入口管或通过用磨口塞开闭的侧口加入，在滴定过程中用电磁搅拌。

③ 1.5V 或 2.0V 电池组：同一个约

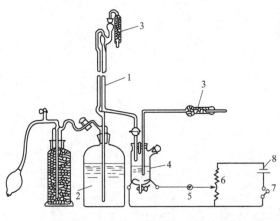

图 7-1　滴定装置

1—10ml自动滴定管；2—试剂瓶；3—干燥管；4—滴定瓶；
5—电流计和检流计，电流回路两端是铂电极；6—可变电阻；
7—开关；8—1.5～2.0V电池组

2000Ω 的可变电阻并联。铂电极上串联一个微安表。调节可变电阻，使过量的卡尔·费休试剂流过铂电极的适宜初始电流不超过 20mV 产生的电流。每加一次卡尔·费休试剂，电流表指针偏转一次，但很快恢复到原来的位置，到达终点时偏转的时间持续较长。电流表满刻度时偏转不大于 $100\mu A$。

(4) 卡尔·费休试剂的标定

① 二水酒石酸钠为基准物　加 20ml 甲醇于滴定瓶中，用卡尔·费休试剂滴定至终点，不记录需要的体积，此时迅速加入 0.15～0.2g(精确至 0.0002g) 酒石酸钠，搅拌至完全溶解(约 3min)，然后以 1ml/min 的速度滴加卡尔·费休试剂至终点。

卡尔·费休试剂的水当量 c_1(mg/ml) 按式(7-1) 计算：

$$c_1 = \frac{36m \times 1000}{230V} \tag{7-1}$$

式中　230——酒石酸钠的相对分子质量；

36——水的相对分子质量的 2 倍；

m——酒石酸钠的质量；

V——消耗卡尔·费休试剂的体积，ml。

② 水为基准物　加 20ml 甲醇于滴定瓶中，用卡尔·费休试剂滴定至终点，迅速用 0.25ml 注射器向滴定瓶中加入 35～40mg (精确至 0.0002g) 水，搅拌 1min 后，用卡尔·费休试剂滴定至终点。

卡尔·费休试剂的水当量 c_2(mg/ml) 按式 (7-2) 计算：

$$c_2 = \frac{m \times 1000}{V} \tag{7-2}$$

式中　m——水的质量；

V——消耗卡尔·费休试剂的体积，ml。

(5) 测定步骤　加 20ml 甲醇于滴定瓶中，用卡尔·费休试剂滴定至终点，迅速加入已称量的试样 (精确至 0.01g，含水约 5～15mg)，搅拌 1min，然后以 1ml/min 的速度滴加卡尔·费休试剂至终点。

试样中水的质量分数 X_1(%) 按式 (7-3) 计算：

$$X_1 = \frac{cV \times 1000}{m \times 1000} \tag{7-3}$$

式中　c——卡尔·费休试剂的水当量；

V——消耗卡尔·费休试剂的体积。

由于本试验的目的是测定农药样品中的水含量，除农药样品外，任何器械和空气不能给体系带进水。因此本方法采取的措施是对试剂进行脱水处理，达到绝对无水；反应装置与外界相通的任何端口都要装上干燥剂以除去空气中的水分。

2. 卡尔·费休-库仑滴定仪器测定法

(1) 方法原理　微量水分测定仪是根据卡尔·费休试剂与水的反应，结合库仑滴定原理设计而成的。卡尔·费休试剂与水的反应式如下：

$$I_2 + SO_2 + 2H_2O \rightleftharpoons 2HI + H_2SO_4 +$$

总反应： $I_2 + SO_2 + H_2O + 3$ 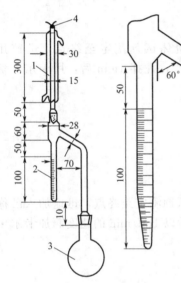 略图 (pyridine reaction)

由于 I_2 和 SO_2 的反应是可逆反应，要使反应向右进行，应在体系中加入适量的碱性物质中和生成物（硫酸），所以加入吡啶（或嘧啶等）。又由于吡啶可与中和反应的产物继续发生不定量反应，需要加入甲醇以稳定中和反应的产物，阻止继续反应。因此体系中的加入物为：碘、二氧化硫、吡啶和甲醇。这四种物质的混合物被称为卡尔·费休试剂（或费休试剂）。

本方法用永停滴定法确定终点。反应生成的 I^- 在电解池的阳极上被氧化成 I_2，反应式如下：

$$I^- - 2e^- \longrightarrow I_2$$

由上式可以看出，参加反应的碘的物质的量（I_2）等于水的物质的量（H_2O）。依据法拉第定律，在阳极上析出的 I_2 的量与通过的电量成正比。经仪器换算，在屏幕上直接显示出被测试样中水的含量。

（2）试剂和溶液　卡尔·费休试剂（包括有吡啶和无吡啶）：市售。

（3）仪器　微量水分测定仪：与化学滴定法精度相当。

（4）测定步骤　按具体仪器说明书进行。

二、共沸蒸馏法（引自GB/T 1600—2001）

1. 方法提要

试样中的水与苯或甲苯形成共沸二元混合物，一起被蒸馏出来，根据蒸出水的体积计算水含量。

2. 原理

水与苯或甲苯可以形成具有低沸点（69℃）的共沸化合物，可以在该温度下一起蒸出，冷却后由于各自密度不同可以分层，可直接读出水的体积。

3. 测定步骤

共沸法测定的装置见图 7-2。称取含水约 $0.3 \sim 1.0$g 试样（精确至 0.01g）于圆底烧瓶中，加入 100ml 甲苯和数支长 1cm 左右的毛细管，按图 7-2 安装仪器，加热回流（速度为 $2 \sim 3$ 滴/s）直至在仪器的所有部位（除刻度管底部外）不再见到冷凝水，而且接收器内水的体积不再增加

图 7-2　水分测定器

1—直形冷凝器；2—接收器；
3—圆底烧瓶；4—棉花塞

时再保持 5min，停止加热。用甲苯冲洗冷凝器直至没有水珠落下为止。冷却至室温，读取接收器内水的体积。

试样中水的质量分数 $X(\%)$ 按下式计算：

$$X(\%) = \frac{V \times 100}{m}$$

式中　V——接收器中水的体积，ml；

m——试样的质量，g。

第二节　酸度测定（参照钱传范《农药分析》）

酸度是农药的质量指标之一。很多农药的分解与 H^+ 或 OH^- 的浓度直接相关，只有在一定的 pH 范围内才比较稳定。一般农药在中性或偏酸性物质中比较稳定，遇碱性物质极易分解

失效，有机磷农药多数品种都具有这种特性。也有少数农药，在酸性介质中不稳定，例如福美双、福美锌、退菌特等，遇酸性物质就会分解。因此农药制剂的酸度是保证药效的重要因素。酸度测定的方法有常规酸碱滴定法和 pH 计法。

一、酸碱滴定法

1. 方法提要

农药有效成分大多是有机化合物，制剂中的溶剂也大多与水不互溶，而酸碱滴定要在水中进行，因此选择丙酮作为溶剂，溶解样品后，再用水稀释，进行测定。

2. 试剂和溶液

丙酮：分析纯；氢氧化钠：分析纯，0.02mol/L 标准溶液；盐酸：分析纯，0.02mol/L 标准溶液；甲基红：0.2％溶液。

3. 测定步骤

称取 10g 样品（准确至 10mg），置于 250ml 锥形瓶中，加 25ml 丙酮，待样品溶解后加 75ml 中性蒸馏水。用塞盖紧，猛烈摇动后，加 3～4 滴甲基红指示剂，用 0.02mol/L 氢氧化钠标准溶液滴定；同时不加样品做空白测定。

测定空白时可能消耗少量的碱，也可能消耗少量的酸。如果消耗少量的碱，可按下式计算：

$$酸度（以 H_2SO_4 计）\% = \frac{c_1(V_1 - V_2) \times 0.049}{m} \times 100\%$$

$$酸度（以 HCl 计）\% = \frac{c_1(V_1 - V_2) \times 0.03646}{m} \times 100\%$$

如果消耗少量的酸，则应按下式计算：

$$酸度（以 H_2SO_4 计）\% = \frac{(c_1 V_1 + c_2 V_2) \times 0.049}{m} \times 100\%$$

$$酸度（以 HCl 计）\% = \frac{(c_1 V_1 - c_2 V_2) \times 0.03646}{m} \times 100\%$$

式中 c_1——氢氧化钠标准溶液的浓度，mol/L；

     c_2——盐酸标准溶液的浓度，mol/L；

     V_1——滴定样品时消耗氢氧化钠标准溶液的体积，ml；

     V_2——滴定空白时消耗氢氧化钠标准溶液的体积，ml；

     m——样品的质量，g；

   0.049——1/2 硫酸分子摩尔质量，kg/mol；

  0.03646——盐酸分子摩尔质量，kg/mol。

测定酸度时取样量要根据样品含酸多少来决定。一般含酸量在 0.1％以下的，可取样 5～10g；含酸量为 0.1％～1％的，可取样 2g 左右；含酸量在 1％以上的，可取样 1g。

二、氢离子浓度测定方法

1. 试剂和溶液

蒸馏水：pH 6～8；酒石酸氢钾：分析纯；四硼酸钠：分析纯；饱和酒石酸氢钾溶液：取过量的酒石酸氢钾溶于蒸馏水中，猛烈搅拌，静置沉淀后便可使用；四硼酸钠标准溶液：0.01mol/L（$Na_2B_4O_7 \cdot 10H_2O$），溶解 3.81g 四硼酸钠于 1L 容量瓶中，用蒸馏水稀释至刻度。

2. 仪器及校正（定位）

pH 计；玻璃电极：使用前需在蒸馏水中浸泡 1d 后方能使用；饱和甘汞电极：电极的室腔中需注满饱和氯化钾溶液，并需保证在任何温度下都有少量的氯化钾晶体存在。

表 7-1 两种缓冲液在不同温度下的 pH 值

温 度/℃	饱和酒石酸氢钾	0.01mol/L 四硼酸钠	温 度/℃	饱和酒石酸氢钾	0.01mol/L 四硼酸钠
0	—	9.46	30	3.55	9.14
10	—	9.33	40	3.54	9.07
20	—	9.22	50	3.55	9.01
25	3.56	9.18	60	3.57	8.96

仪器开始使用前，首先应认真阅读仪器使用说明书，按要求操作。读数要重复进行几次，只有在一定时间内读数稳定时，此仪器才能使用。校正仪器（定位）时，使用的标准缓冲溶液 pH 值应该尽量接近待测物的 pH 值（两种缓冲液在不同温度下的 pH 值见表 7-1）。

3. 测定步骤

（1）粉剂与可湿性粉剂　在 100ml 烧杯中，加入 1g 样品，然后再加 50ml 水，充分搅拌混合，稀释至 100ml，静置，待沉淀完全后，将洗干净的玻璃电极和饱和甘汞电极插入烧杯上清液中进行测定。如读数在 2min 内变化不超过 0.1pH 时，此读数即为样品的 pH 值。

（2）乳油　在 100ml 烧杯中加入 1ml 乳油、99ml 水，充分搅拌混合，然后将冲洗干净的玻璃电极和饱和甘汞电极插入其中，进行测定。如读数在 2min 内变化不超过 0.1pH 时，此读数即为样品的 pH 值。

第三节　乳液稳定性测定（引自 GB/T 1603—2001）

乳液是一种液体以细小液珠的形式分散在另一种与它不相溶的液体中所形成的体系。这两种互不相溶的液体通常一相为水，一相为有机物液体（可以统称为油相）。它所形成的体系为热力学不稳定体系，加入某些表面活性剂可有效提高体系的稳定性。因此在农药加工中，需要加入乳化剂等表面活性剂来提高制剂的稳定性能，使制剂在使用过程中，有效成分能够均匀地分散在水中，达到充分发挥制剂药效的目的。

由于各种表面活性剂的性能不同，制剂的乳液稳定效果也差别很大，因此在制剂加工中，需检测农药的乳液稳定性。

一、基本原理

由于乳液为热力学不稳定体系，有油相自动絮结从而使体系分为油、水两相的趋势，通过乳化剂等表面活性剂的加入，可有效阻止油相的重新絮结。因此将试样用标准硬水稀释，放置一段时间后，通过观察乳液分离情况可检测乳液的稳定性能。

二、标准硬水的配制

标准硬水：硬度以碳酸钙计为 0.342g/L，配制方法如下。

方法一：称取无水氯化钙 0.304g 和带结晶水的氯化镁 0.139g 于 1000ml 的容量瓶中，用蒸馏水溶解稀释到刻度。

方法二：称取 2.704g 碳酸钙及 0.276g 氧化镁，用少量 2mol/L 盐酸溶解，在水浴上蒸发至干以除去多余的盐酸。然后用蒸馏水将残留物完全转移至 100ml 容量瓶中，并用蒸馏水稀释至刻度，再取出 10ml 溶液于 1000ml 的容量瓶中，用蒸馏水稀释至刻度。

方法三：

（1）A 溶液——0.04mol/L 钙离子溶液的配制　准确称取碳酸钙 4.000g 于 800ml 烧杯中，加入少量水润湿，然后缓缓加入 1.0mol/L 盐酸 82ml，充分搅拌混合，待碳酸钙全部溶解后，加水 400ml，煮沸除去二氧化碳。冷却至室温，加入 2 滴甲基红指示液，用 1mol/L 氨水中和至橙色。将此溶液转移到 1000ml 容量瓶中，用水定容后摇匀，备用。

（2）B 溶液——0.04mol/L 镁离子溶液的配制　准确称取氧化镁 4.000g 于 800ml 烧杯中，加入少量水润湿，然后缓缓加入 1.0mol/L 盐酸 82ml，充分搅拌混合，待氧化镁全部溶解后，加水 400ml，煮沸除去二氧化碳。冷却至室温，加入 2 滴甲基红指示液，用 1mol/L 氨水中和至橙色。将此溶液转移到 1000ml 容量瓶中，用水定容后摇匀，备用。

（3）标准硬水配制　移取 68.5ml 溶液 A 和 17.0ml 溶液 B 溶于 1000ml 烧杯中，加水 400ml 水，滴加 0.1mol/L 氢氧化钠溶液或 0.1mol/L 盐酸溶液，调节溶液 pH 为 6.0～7.0，将此溶液转移到 1000ml 容量瓶中，用水定容摇匀，备用。

以上三种方法可任选一种。

三、操作过程

将所配制标准硬水放入烧杯中，用移液管吸取适量乳剂试样，在不断搅拌的情况下慢慢加入硬水中（按各产品规定的稀释浓度），将其配成乳状液。搅拌一段时间，立即将乳状液移到清洁、干燥的量筒中，并将量筒置于恒温水浴内，在一定范围内，静置一定时间，通常为 1h，然后再取出观察乳状液分离情况，以在量筒中有无浮油（膏）、沉油和沉淀析出来判定乳液稳定性。本方法适用于农药乳油、水乳剂和微乳剂等微乳液稳定性的测定。当上无浮油、下无沉淀时为合格。

第四节　悬浮率测定（引自 GB/T 14825—93）

悬浮性是多种农药制剂性能的重要指标。它是指分散的药粒在悬浮液中保持悬浮一定时间的能力。在实际使用中，悬浮性好的制剂，悬浮率高，有利于药粒在水中的均匀分散，可有效避免喷雾不均和堵塞喷头现象的发生，从而有效提高了制剂药效的充分发挥。

悬浮率的测定是决定可湿性粉剂、微囊悬浮剂、水悬浮剂、水分散性粒剂和悬浮种衣剂等多种剂型质量好坏的重要因素之一。

通常悬浮率的测定有质量悬浮率和有效悬浮率两种方法，均可用于可湿性粉剂、微囊悬浮剂、水悬浮剂、悬浮种衣剂等剂型悬浮率的测定。

一、基本原理

药粒在进入水中之后，服从斯托克斯定律，粒子下降的速度与其本身的密度和粒径的平方成正比。在农药制剂加工中，影响粒子下降速度的主要原因为粒径大小和粒谱的宽窄。粒径越小，粒谱越窄，其悬浮率越会相应提高。除此之外，不同性能分散剂的加入，同样也会导致悬浮率的提高，其主要原因是分散剂的加入会有效阻止小颗粒聚结成大颗粒。因此粒径大小和分散剂的不同，会导致制剂有不同的悬浮率。

二、测定方法

1. 质量悬浮率的测定

（1）操作过程　称取适量试样，置于盛有标准硬水（标准硬水的配制方法同乳液稳定性测定中硬水配置方法）的烧杯中，用手摇荡做圆周运动，将该悬浮液在温度恒定的水浴中放置一段时间后，用标准硬水将其全部洗入量筒中，并稀释至刻度，盖上塞子，以量筒底部为轴心，将量筒在 1min 内上下颠倒 30 次。打开塞子，再垂直放入无振动的恒温水浴中，静置一段时间后，用吸管将内容物的 9/10 悬浮液移出，不要摇动或搅起量筒内的沉降物，确保吸管的顶端总是在液面下几毫米处。

按规定方法测定试样和留在量筒底部悬浮液中的有效成分含量。

注：以此称样量制备悬浮液的浓度，应为该可湿性粉剂推荐使用的最高喷洒浓度。其称样量在产品标准中加以规定。

（2）计算　试样悬浮率 X_1[％（质量分数）]按式（7-4）计算：

$$X_1 = \frac{10}{9} \times \frac{M_1 - M_2}{M_1} \times 100 = 111.1 \times \frac{M_1 - M_2}{M_1} \qquad (7\text{-}4)$$

式中 M_1——配制悬浮液所取试样中有效成分质量，g；

$\quad\quad\ M_2$——留在量筒底部 25ml 悬浮液中有效成分质量，g。

2. 有效悬浮率的测定

（1）操作过程   称取适量试样，直接置于盛有标准硬水的量筒中，轻轻振摇使试样分散，然后用标准硬水稀释至刻度，盖上塞子。以量筒底部为轴心，将量筒上下颠倒若干次（将量筒倒置并恢复至原位为一次，约 2s）。打开塞子，垂直放入无振动的恒温水浴中，避免阳光直射，放置 30min。用吸管将内容物的 9/10 悬浮液移至一干净的三角瓶中，不要摇动或搅起量筒内的沉降物，确保吸管顶端总是在液面下几毫米处。将三角瓶中悬浮液充分摇匀后，迅速移取一定体积试液，测定其中有效成分含量或测定底部 1/10 悬浮液和沉淀物中有效成分含量。

注：以此称样量制备悬浮液的浓度，应为该可湿性粉剂或悬浮剂推荐使用的最高喷洒浓度，其称样量在产品标准中加以规定。

（2）计算   测定上部 225ml 悬浮液时，试样悬浮率 X_2［%（质量分数）］按式（7-5）计算：

$$X_1 = \frac{250}{V} \times \frac{m_2}{m_1} \times 100 \qquad (7\text{-}5)$$

式中 V——用于分析的悬浮液体积，ml；

$\quad\quad m_1$——制备悬浮液所取试样中有效成分质量，g；

$\quad\quad m_2$——Vml 悬浮液中有效成分质量，g；

$\quad\quad 250$——配制悬浮液的总体积，ml。

第五节   润湿性测定 （引自 GB/T 5451—2001）

润湿性一般是指微粉被水浸湿的能力，常用于可湿性粉剂的性能检测。对于可湿性粉剂而言，润湿性包含两方面内容：一是指药粉倒入水中，能自然湿润下降，而不是漂浮在水面；二是指药剂的稀释悬浮液对植株、虫体及其他防治对象表面的润湿能力。大多数农药为有机物质，自身润湿性差，如不加任何助剂，很难被水润湿，导致在使用过程中不能形成悬浮液喷雾，同时也不能很好润湿有害生物表面，进而影响到对害物的防治效果。因此润湿性是农药可湿性粉剂的一个重要性能指标，常用润湿时间来表示润湿性能的好坏。

一、基本原理

润湿作用与表面张力有密切的关系，通过某些表面活性剂的加入，可有效降低物体界面的表面张力，从而增加物体被水润湿的能力。因此将一定量的可湿性粉剂从规定的高度倾入盛有一定量标准硬水的烧杯中，测定其完全润湿的时间以确定其润湿性能。

二、操作过程

取标准硬水注入烧杯中，将此烧杯置于 25℃±1℃ 的环境中，称取一定量的试样（试样应为有代表性的均匀粉末，而且不允许成团、结块），置于表面皿上，将全部试样从与烧杯口齐平的位置一次性均匀地倾倒在该烧杯的液面上，但不要过分地扰动液面。加试样时立即用秒表记时，直至试样全部润湿为止（留在液面上的细粉膜可忽略不计）。记下润湿时间（精确至秒）。多次重复后，取平均值，作为该样品的润湿时间。

第六节   细度测定 （引自 GB/T 16150—1995）

细度是指药粉粒子的大小，一般是通过粉碎来实现的。任何粉碎都不可能得到均匀粒径、相同形状的群体，而是得到一粒谱不同、形状差异的群体。通常细度的表示方法为粒子的平均大小。细度的大小与粒谱和药效密切相关，对于粉剂而言，细度越小，粒谱越窄，越有利于药效的发挥。当然粉粒太细，有效成分挥发过快，同时也容易产生飘逸，污染环境。对于可湿性粉剂而言，细度将直接影响悬浮率的高低。

细度通常用筛析法测定，即以能否通过某一孔径的标准筛目来表示其粒子大小。一般有干筛和湿筛两种方法。

一、干筛法（适用于粉剂）

根据样品的特性，调节烘箱至适宜的温度，将足量的样品置于烘箱中干燥至恒重，然后使样品自然冷却至室温并与大气湿度达到平衡，备用。如果样品易吸潮，应将其置于干燥器中冷却至室温，并尽量减少与大气环境接触。

称取适量试样，置于与接收盘相吻合的适当孔径试验筛中，盖上盖子，按下述两种方法之一进行试验。

1. 振筛机法

将试验筛装在振筛机上振荡，同时交替轻敲接收盘的左右侧。一段时间后，关闭振筛机，让粉尘沉降数秒钟后揭开筛盖，用刷子清扫所有堵塞筛眼的物料，同时分散筛中软团块，但不应压碎硬颗粒。盖上筛盖，开启振筛机，重复上述过程至过筛物少于 0.01g 为止。将筛中残余物移至玻璃皿中称量。

2. 手筛法

两手同时握紧筛盖及接收盘两侧，在具胶皮罩面的操作台上，将接收盘左右侧底部反复与操作台接触振筛，并不时按顺时针方向调整筛子方位（也可按逆时针方向）。在揭盖之前，让粉尘沉降数秒，用刷子清扫堵塞筛眼的物料，同时分散软团块，但不应压碎硬颗粒。重复振筛至过筛物残留少于 0.01g 为止。将筛中残余物移至玻璃皿中称量。

二、湿筛法

称取适量试样，置于装有自来水的烧杯中，用玻璃棒搅动，使其完全润湿。如果试样抗润湿，可加入适量非极性润湿剂。

将试验筛浸入水中，使金属丝布完全润湿。必要时可在水中加入适量的非极性润湿剂。用自来水将烧杯中润湿的试样进行初步稀释，搅拌均匀，然后全部倒入润湿的标准筛中，用自来水洗涤烧杯，洗涤水也倒入筛中，直至烧杯中粗颗粒完全移至筛中为止。用橡皮管导出的平缓自来水流冲洗筛上试样，通常水流速度控制在 4~5L/min，橡皮管末端出水口保持与筛缘平齐为度。在筛洗过程中，保持水流对准筛上的试样，使其充分洗涤（如试样中有软团块，可用玻璃棒轻压，使其分散），一直洗到通过试验筛的水清亮透明为止。再将试验筛移至盛有自来水的盆中，上下移动洗涤，筛缘始终保持在水面之上，重复至无物料过筛为止。弃去过筛物，将筛中残余物先冲至一角，再转移至已恒重的烧杯中。静置，待烧杯中颗粒沉降至底部后，倾去大部分水，加热，将残余物蒸发近干，于适宜温度（根据产品的物化性能，采用适当温度）烘箱中烘至恒重，取出烧杯置于干燥器中冷却至室温，称量。本方法适用于可湿性粉剂的测定。

三、计算

粉剂、可湿性粉剂的细度 $X(\%)$ 按式（7-6）计算：

$$X=\frac{m_1-m_2}{m_1}\times100 \qquad (7-6)$$

式中　m_1——粉剂（或可湿性粉剂）试样的质量，g；

　　　m_2——玻璃皿（或烧杯）中残余物的质量，g。

二次平行测定结果之差应在 0.8% 以内。

第七节　贮藏稳定性测定

贮藏稳定性是多种剂型农药的一项重要性能指标，它直接影响到产品质量的好坏及使用效果。贮藏稳定性是指制剂在贮藏一段时间后，其物理、化学性能变化的大小。变化小则贮藏稳定性较好，反之较差。贮藏稳定性有冷贮稳定性和热贮稳定性。不同的剂型，贮藏稳定性的测定范围也有所不同。对于固体制剂（如可湿性粉剂），通常以热贮稳定性来表示制剂的贮藏稳定性。对于液体制剂（如乳油）而言，则需要同时测定制剂的热贮稳定性和冷贮稳定性。

一、低温稳定性试验测定方法（引自 GB/T 19137—2003）

1. 乳剂和均相液体制剂

取一定量样品加入离心管中，在制冷器中冷却，让离心管及其内容物在 0℃±2℃下保持一段时间（通常为 1h），每隔一定时间搅拌一次，期间检查并记录有无固体物或油状物析出。再将离心管放回制冷器，在 0℃±2℃下继续放置几天后，将离心管取出，在室温下静置，离心分离。之后记录管子底部析出物的体积，一般析出物不超过 0.3ml 为合格。

2. 悬浮制剂

取试样置于烧杯中，在制冷器中冷却至 0℃±2℃，保持一段时间，隔若干分钟搅拌一次，观察外观有无变化。再将烧杯放回制冷器，在 0℃±2℃继续放置几天后，将烧杯取出，恢复至室温，测试筛析、悬浮率或其他必要的物化指标。悬浮率和筛析符合标准要求为合格。

二、热贮稳定性试验测定方法（引自 GB/T 19136—2003）

1. 粉剂

将试样放入烧杯，在不加任何压力的条件下，使其铺成等厚度的平滑均匀层。将圆盘压在试样上面，置烧杯于烘箱中，在恒温箱（或恒温水浴）中放置，一般为 14d。取出烧杯，拿出圆盘，放入干燥器中，使试样冷至室温，检验有效成分含量等规定项目。

2. 片剂

将试样放入广口玻璃瓶中，不加任何压力，加盖置玻璃瓶于烘箱中，贮存 14d。取出玻璃瓶，放入干燥器中，使试样冷至室温，测定有效成分含量等规定项目。

3. 液体制剂

用注射器将试样注入洁净的安瓿中（避免试样接触瓶颈），置此安瓿于冰盐浴中制冷，用高温火焰迅速封口（避免溶剂挥发），称量。将封好的安瓿置于金属容器内，再将金属容器放入恒温箱（或恒温水浴）中，放置 14d。取出冷至室温，将安瓿外面拭净，分别称量，质量未发生变化的试样，检验规定项目。

第八节　悬乳剂分散稳定性能测定

悬浮剂的分散相主要为粒径 0.5～5μm 的固体农药原药，加工时将原药和湿润剂、分散助悬剂、增黏剂、防冻剂等助剂和分散介质混合而成。当分散介质为水时，称为水悬剂，以矿物油或有机溶剂为分散介质时称为油悬剂。对于不含水或其他液体分散介质而又能在水或其他介质中很好分散，形成悬浮液的粉、粒或片状物的剂型，成为干悬浮剂。

悬浮剂的分散稳定性是悬浮剂产品质量好坏的重要检测性能之一，对制剂药效发挥有着重要的影响。通常影响分散稳定性的因素主要有粒子粒径的大小和分散助剂的性能。

一、基本原理

悬浮剂是固体原药微粒均匀地分散在连续相中所组成的固-液分散体系，此体系为热力学不稳定体系，悬浮的粒子会很快发生颗粒凝聚，导致颗粒变大而沉降。在农药加工中，通过粒径大小的改变和分散助悬剂的加入，能有效地降低这一现象的发生。因此，在加工成制剂后，需观察悬浮剂稀释液在最初、放置一定时间和重新分散后该分散液的分散性。

二、操作过程

在室温下，分别向两个刻度量筒（量筒是否具塞？）中加标准硬水，用移液管向每个量筒中滴加试样（按规定数量），滴加时移液管尖端尽量贴近水面，但不要在水面之下。最后加标准硬水至刻度。戴布手套，以量筒中部为轴心，重复上下颠倒，确保量筒中液体温和地流动，不发生反冲，用其中一个量筒做沉淀和乳膏试验，另一个量筒做再分散试验。

（1）最初分散性　观察分散液的分散情况，记录沉淀、乳膏或浮油的体积。

（2）放置一定时间后的分散性

① 沉淀体积的测定　分散液制备好后，立即将分散液转移至乳化管中，盖上塞子，在室温下直立，用灯照亮乳化管，调整光线角度和位置，达到对两相界面的最佳观察，如果有沉淀（通常反射光比透射光更易观察到沉淀），记录沉淀体积。

② 顶部油膏（或浮油）体积的测定　分散液制备好后，立即将其倒入乳化管中，至离管顶端附近，戴好保护手套，塞上带有排气管的橡胶塞，排除乳化管中所有空气，去掉溢出的分散液，将乳化管倒置，在室温下保持一段时间，没有液体从乳化管排出就不必密封玻璃管的开口端，记录已形成的乳膏或浮油的体积。测定乳化管总体积，并以式(7-7)校正测量出的乳膏或浮油的体积。

$$F = \frac{100}{V_0} \tag{7-7}$$

式中　F——测量油膏或浮油的体积时的校正因子；

　　　V_0——乳化管总体积。

（3）重新分散性测定　分散液制备好后，将第二支量筒在室温下静置 24h，按前述方法颠倒量筒 30 次，记录没有完全重新分散的沉淀。将分散液加到另外的乳化管中，放置 30min 后，按前述方法测定沉淀体积和乳膏或浮油的体积。

第九节　　粒剂基本理化性能测定

粒剂为农药主要剂型之一，由原药、载体和辅助剂构成，可分为遇水解体型和遇水不解体型两大类。农药粒剂的主要质量指标有颗粒剂松密度和堆密度、粒度、脱落率以及水分散粒剂分散性等。

一、颗粒剂松密度和堆密度测定方法

称取约占 90% 量筒体积的样品质量 m(g) 于蜡光纸上，将纸折成斜槽，使样品滑入量筒，轻轻弄平颗粒表面，测量体积 V_1。轻握量筒上部，提高 25mm，让其落在橡胶基垫上，如此反复若干次，测量并记录颗粒体积 V_2。

试样的松密度 X_{1-1}(g/mL) 和堆密度 X_{1-2}(g/mL) 分别按式(7-8)、式(7-9) 计算：

$$X_{1-1} = \frac{m}{V_1} \tag{7-8}$$

$$X_{1-2} = \frac{m}{V_2} \tag{7-9}$$

二、颗粒剂粒度范围测定方法

通常粒剂的粒径比应不大于 1:4，在产品标准中应注明具体粒度范围。

将标准筛上下叠装，大粒径筛置于小粒径筛上面，筛下装承接盘，同时将组合好的筛组固定在振筛机上，称取颗粒剂试样质量 m(g)，置于上面筛上，加盖密封，启动振筛机振荡，收集规定粒径范围内筛上物称量 m_1(g)。

试样的粒度 X(%) 按式(7-10) 计算：

$$X=\frac{m_1}{m}\times100 \tag{7-10}$$

三、颗粒剂脱落率测定方法

准确称取已测过粒度的试样质量 m(g)，放入盛有钢球的标准筛中，将筛置于底盘上加盖，移至振筛机中固定后振荡，准确称取接盘内试样质量 m_1(g)。试样的脱落率 X(%) 按式(7-11) 计算：

$$X=\frac{m_1}{m}\times100 \tag{7-11}$$

四、水分散粒剂分散性测定方法

在规定温度下，于烧杯中加入标准硬水，将搅拌棒固定在烧杯中央（搅拌棒叶片距烧杯底15mm），搅拌棒叶片间距和旋转方向能保证搅拌棒推进液体向上翻腾，以恒定的速度开启搅拌器。将水分散粒剂样品 m(g) 加入搅拌的水中，继续搅拌。一段时间后关闭搅拌，让悬浮液静置，借助真空泵，抽出 9/10 的悬浮液，并保持玻璃细管的尖端始终在液面下，且尽量不搅动悬浮液，用旋转真空蒸发器蒸掉剩余悬浮液中的水分，并干燥至恒重 m_1(g)，干燥温度依产品而定，一般推荐温度为 60～70℃。

试样的分散性 X(%) 按式(7-12) 计算：

$$X=\frac{10}{9}\times\frac{m-m_1}{m}\times100 \tag{7-12}$$

五、水分散粒剂流动性测定方法

将样品置于圆筒中，不用任何压力将样品 m_1(g) 摊平，使其成均匀平滑层，将压实器放在颗粒剂的表面。在规定温度下贮存（一般为 14d），贮后，将圆筒放入干燥器中（不放干燥剂），冷至室温，将仪器翻转过来，拿掉底盖，向下推圆筒，小心将样品转移到试验筛上，按干筛法筛析样品，检查样品是否自由地从筛中落下，若没有，记录筛子上下跌落 20 次后留在筛上样品的质量 m_2(g)。

试样的流动性 X(%) 按式(7-13) 计算：

$$X=\frac{m_1-m_2}{m_1}\times100 \tag{7-13}$$

第十节　烟剂基本理化性能测定

烟剂是农药原药与燃料、氧化剂、消燃剂等混合加工成的一种剂型，点燃后可以燃烧，但不能有火焰。农药受热气化后在空气中凝结成固体微粒成烟，若原药在室温下为液体，也可在气化后在空气中成雾。烟剂的主要性能检测指标为烟剂的自燃温度、成烟率和跌落破碎率等。

一、烟剂的自燃温度测定方法

称取适量试样，置于自燃温度测定仪（图 7-3）的石棉网中心，然后将触点温度计和水银温度计从烧杯盖两孔插入烧杯，接触石棉网，两温度计水银球距石棉网边沿约 0.5cm。调节触点温度计旋钮至所需温度，待温度稳定后，以每分钟上升 5～10℃ 的速度调节触点温度计旋钮，接近发烟时以每分钟 1～2℃ 的上升温度调节触点温度计旋钮，同时观察试样和水银温度计，试样发烟的瞬间，水银温度计所指示的温度即为自燃温度。取其算数平均值作为测定结果，两次平行测定结果之差不应大于 $5℃$。

二、烟剂的成烟率测定

成烟及收集装置如图 7-4 所示。

用准备好的镜头纸袋装入称取好的试样，将袋中试样适当压紧，包好后置于恒温烘箱中烘干，后置于干燥器中。

将上述烘干的试样置于燃烧瓶中的燃烧台上。在一级、二级、三级、四级、五级吸收管中各加入不同体积的吸收液。开启空气泵。用火柴点燃试样后，立即用点燃口塞好，当确认试样燃烧完毕并且燃烧瓶中为负压时，打开通气阀，将燃烧瓶和缓冲瓶中烟雾抽至吸收管中吸收（当试样燃烧激烈，导

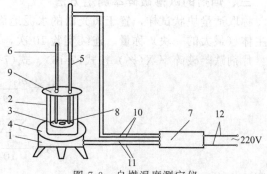

图 7-3 自燃温度测定仪

1—电炉；2—烧杯；3—石棉网试验台；4—石棉网；
5—触点温度计；6—水银温度计；7—继电器；
8—样品；9—烧杯盖；10～12—电线

致吸收液回流时，燃烧瓶塞的通气阀采用负压通气阀），至无可见烟雾后，再抽气几分钟。后关闭抽气泵，取出燃烧试样残余物，将各吸收管吸收液转移至烧瓶中，然后用溶剂多次清洗成烟装置内路，洗液并入同一烧瓶中。将烧瓶置于蒸发仪上。蒸至溶液到一定体积，取下烧瓶使其恢复至室温，按有效成分分析方法对收集液进行测定。

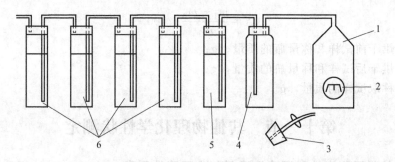

图 7-4 成烟及收集装置图

1—燃烧瓶；2—燃烧台；3—燃烧瓶塞（带有通气阀或负压通气阀）；4—缓冲瓶；
5—第一级吸收管（200ml）；6—二、三、四、五级吸收管（均为100ml）

收集的烟中有效成分占原试样的质量分数 X_1（％）按式（7-14）计算：

$$X_1 = \frac{\gamma_1 m_1 P}{\gamma_2 m_2} \tag{7-14}$$

试样中有效成分成烟率 X_2（％）按式（7-15）计算：

$$X_2 = \frac{X_3}{X_1} \times 100 \tag{7-15}$$

式中　m_1——标样的质量，g；

m_2——试样的质量，g；

γ_1——标样溶液中有效成分与内标物峰面积之比的平均值；

γ_2——试样溶液中有效成分与内标物峰面积之比的平均值；

X_1——试样中有效成分的质量分数，％；

P——标样的纯度；

X_3——收集液中有效成分占试样的质量分数，％。

两次平行测定结果之差不应大于 5％，取其算数平均值作为测定结果。

三、烟剂的跌落破碎率测定方法

称取适量块状试样，置于离光滑的水泥地面 0.5m 高处，平面朝地自由下落至地面，取试样主体（最大的一块）称量。连续实验 10 次，取其平均值为测定结果。

片剂跌落破碎率 $X(\%)$ 按式(7-16)、式(7-17) 计算：

$$X_i = \frac{m_1 - m_2}{m_1} \times 100 \tag{7-16}$$

$$X = \frac{\sum_{i=1}^{10} X_i}{10} \tag{7-17}$$

式中　m_1——标样的质量，g；

　　　m_2——试验后试样主体质量，g；

　　　X_i——试样一次测得的片剂跌落破碎率，%；

　　　X——试样测得的平均片剂跌落破碎率，%。

四、烟剂的干燥减量测定方法

称取试样，置于已烘至恒重的称量瓶中，铺平。将称量瓶和瓶盖分开置于烘箱中，烘 24h 后，盖上盖，取出放入干燥器中，冷却至室温后称量。

试样的干燥减量 $X(\%)$ 按式(7-18) 计算：

$$X = \frac{m_1 - m_2}{m_3} \times 100 \tag{7-18}$$

式中　m_1——烘干前试样和称量瓶的质量，g；

　　　m_2——烘干后试样和称量瓶的质量，g；

　　　m_3——称取试样的质量，g。

第十一节　其他物理化学性状测定

一、水剂的稀释稳定性和可溶性液剂与水互溶性测定

用移液管吸取一定体积试样，置于量筒中，加标准硬水至刻度，混匀。将此量筒放入恒温水浴中，静置一定时间后，稀释液均一，无析出物为合格。

二、持久起泡性试验测定

将量筒加标准硬水，置量筒于天平上，称入试样，加硬水至距量筒塞底部 9cm 的刻度线处，盖上塞，以量筒底部为中心，重复上下颠倒。放在试验台上静置一定时间后，记录泡沫体积。

三、水剂水不溶物质量分数测定方法

于高温下将玻璃砂芯坩埚干燥至恒重，准确称取试样，用水淋洗转移到量筒中，盖上塞子，猛烈振摇，使可溶物全部溶解。将此溶液经坩埚过滤，用蒸馏水洗涤坩埚中的残留物。置坩埚及残留物于烘箱中干燥至恒重。

本方法适用于水剂和可溶性粉（粒）剂的水不溶物质量分数测定。

水不溶物质量分数 $X(\%)$ 按式(7-19) 计算：

$$X = \frac{m_1 - m_0}{m} \times 100 \tag{7-19}$$

式中　m_1——坩埚与不溶物恒重后的质量，g；

　　　m_0——坩埚恒重后的质量，g；

　　　m——试样的质量，g。

四、可分散片剂、烟剂粉末和碎片测定

将抽样时一个完整内包装的粉末和碎片收集起来，置于天平上称量，记录其质量。

粉末和碎片 $X(\%)$ 按式(7-20)计算：

$$X = \frac{m_1}{m} \times 100 \tag{7-20}$$

式中　m_1——粉末和碎片质量，g；

　　　m——取样总质量，g。

五、原药中丙酮不溶物测定

将玻璃砂芯坩埚漏斗烘干至恒重，放入干燥器中冷却待用。称取适量样品，置于锥形烧瓶中，加入丙酮并振摇，尽量使样品溶解。然后经回流冷凝器在热水浴中加热至沸腾，自沸腾开始回流一段时间后停止加热。装配砂芯坩埚漏斗抽滤装置，在减压条件下尽快使热溶液快速通过漏斗。用热丙酮洗涤，抽干后取下玻璃砂芯坩埚漏斗，将其干燥、称量。

丙酮不溶物的质量分数 $W(\%)$，按式(7-21)计算：

$$W = \frac{m_1 - m_0}{m_2} \times 100 \tag{7-21}$$

式中　W——丙酮不溶物的质量分数，%；

　　　m_1——坩埚与不溶物恒重后的质量，g；

　　　m_0——坩埚恒重后的质量，g；

　　　m_2——试样的质量，g。

习题与思考题

1. 卡尔·费休法水分测定的基本原理及操作中的注意事项是什么？
2. 共沸蒸馏法的基本原理是什么？
3. 酸度测定中用丙酮做溶剂的优点有哪些？
4. 乳液稳定性的评判标准是什么？
5. 质量悬浮率和有效悬浮率的测定方法有哪些？

第二部分　残　留　分　析

第八章　农药残留基本概念与田间试验

　　根据农药残留试验准则，新农药的登记、农产品中农药最高残留限量（MRL）以及农药合理使用准则的制定等都要以充分的残留资料为科学依据。因此规范化的残留试验是取得完整、可靠的残留评价资料的保证。农药残留试验包括田间试验（或模拟试验）和农药残留量检测两部分。本章主要介绍农药残留试验中涉及的术语和定义、田间试验基础、样品的采集及其预处理等。

第一节　基　本　概　念

　　（1）农药残留（pesticide residue）　农药使用后，在农产品及环境中残存的农药活性成分及其在性质上和数量上有毒理学意义的代谢（或降解、转化）产物，单位为 mg/kg。

　　（2）规范残留试验（supervised residue trial）　指在良好农业生产规范（GAP）和良好实验室规范（GLP）或相似条件下，为取得推荐使用的农药在可食用（或饲用）初级农产品和土壤中可能的最高残留量，以及这些农药在农产品、土壤（或水）中的降解动态而进行的试验。

　　（3）推荐剂量（recommended dosage）　指一种农药产品经田间药效试验后，提出的防治某种作物病、虫、草害的施药量或浓度。

　　（4）田间样品（field sample）　指按照规定的方法在田间采集的样品。

　　（5）实验室样品（laboratory sample）　指田间样品按照样品缩分原则缩小之后的样品，用于冷冻贮藏、分析样品和复检。

　　（6）分析样品（analytical sample）　指按照分析方法要求直接用于分析的样品。

　　（7）农药残留消解动态（dynamic of pesticide residue）　施于农田的农药在保护对象上逐步降解消失的规律。

　　（8）农药残留最大允许限量（maximum residue limit，MRL）　按照农药安全使用规程规定的使用方法、浓度和剂量使用时，允许农药在农副产品中残存的最高数量。

　　（9）农药残毒　农药的残留毒性，指残留农药对人畜的毒害能力。

　　（10）安全间隔期（pre-harvest interval）　指经残留试验确证的在作物生长后期最后一次使用农药距作物收获所必须间隔的时间。

　　（11）采收间隔期（interval to harvest）　指采收距最后一次施药的间隔天数。

　　（12）原始沉积量　指农药喷施于农田后 1~2h 内药液刚干时，采样分析得到的残留量。

　　（13）农药残留半衰期（half life of pesticide residue）　指农药残留分解消失至原始沉积量一半所需要的时间。

　　（14）回收率　在样本中添加一定量的标准物质，用选定的方法测定，测定值占添加值的百分率。

　　（15）检出限（limit of detection，LOD）　IUPAC（The International Union of Pure and Applied Chemistry）定义：LOD 指使检测仪器产生最小测量值 x_L 时需要的待测物的量。可以用浓度 c_L 表示或用质量 a_L 表示［引自 spectroscopy. 2003，18（12）：112~114］。如果用浓

度表示，又叫最低检出浓度；如果用质量表示，又叫最小检出量。

我国农业行业标准规定，最小检出量指使检测系统产生 3 倍噪声信号所需要待测物质的量（以 ng 表示）。

由检测限的概念可知，检测限这一点是真正检测信号与空白值（或背景值）的分界点，是判断待测化合物是否能被检测出来的依据。

过去 IUPAC 认为：

$$x_L = x_{bi} + k s_{bi}$$

式中　x_{bi}——空白测量的平均值；

s_{bi}——空白测量值的标准偏差；

k——在要求可信度下的数字因子，IUPAC 推荐使用 $k=3$，有些分析工作者经常使用 $k=2$。

近年来，考虑到真正的空白值及其标准偏差都是根据空白测量值估算的，IUPAC 开始建议使用 3σ 估算最小检出量。对于无限多次测量且测量值严格遵从高斯分布时，3σ 的置信度大于 99.7%，对于有限次测量且测量值未必遵从高斯分布时，3σ 的置信度大约为 90%。

通过质量灵敏度（St＝信号/待测物质量）可以将最小检出信号转化为最小检出量，$a_L = x_L/St$；通过浓度灵敏度（Sc＝信号/待测物浓度）可以将最小检出信号转化为最小检出浓度，$c_L = x_L/Sc$。

应该指出，根据空白值计算的检出限是仪器本身的检出限（instrument detection limit, IDL）。在农药残留分析中，对照样本并不是纯溶剂，而是未施农药的生物样本，一般具有一定的信号，称背景值（或本底值），见图 8-1。根据背景值（或本底值）计算的检出限才是方法的检出限（图 8-2）。

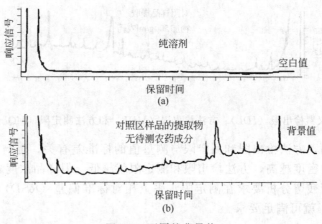

图 8-1　不同的背景值

【例】　测定某种蔬菜样品中农药的残留量采用气相色谱法，对照区的蔬菜提取液的平均测定值（峰高）$x_{bi}=2.594$mV，30 次测定的标准偏差 $s_{bi}=0.366$mV，让 $k=3$，则 $x_L(LOD)=2.594+3(0.366)=3.692$mV。因此本方法的最低测量值（信号）为 3.692mV。

当样品中检出的信号值大于此值时，认为已检出农药残留；相反，当样品中检出的信号值小于此值时，认为未检出农药残留。如果在对照区的蔬菜中添加农药标准品 0.5mg/kg 后，得到的信号刚好为 3.692mV，则本方法的最低检出浓度为 0.5mg/kg。

应该指出，检出限只是一个能够可靠地进行定性检出的最低浓度，即当上例中农药的浓度为 0.5mg/kg 时，就有 90% 以上的把握确认该农药的存在，但在这一浓度处，该方法还不能进行准确的定量测定。所以检出限只能作为评价方法检出能力的指标。理论和经验表明，要想确定能够可靠地进行定量测定的浓度，还必须将检出限值再扩大 3.3 倍，这一数值称为测定限。

(16) 测定限（limit of quantification，*LOQ* 或 limit of determination，*LOM*） 指采用添加方法进行测定时，出现 10 倍背景值信号时需要待测物的量或浓度。因为 $LOD=3\sigma$，$LOQ=10\sigma$，因此，$LOQ=3.3LOD$。上一例题中的测定限为 1.65mg/kg。

(17) 仪器检出限（*IDL*）、方法检出限（*MDL*）和方法测定限（*MQL*）的区别 仪器检出限（*IDL*）测定的是一个纯净基质的样品，是在该纯净基质中能够判断待测物质有无的最低限；方法检出限（method detection limit，*MDL*）测定的是一个复杂基质的样品，是在该复杂基质中能够判断待测物质有无的最低限；方法测定限（*MQL*）是在复杂基质中能够对待测物质进行准确定量的最低限。三种概念表示在图 8-2 中。

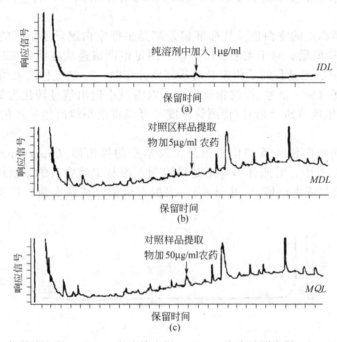

图 8-2　仪器检出限（*IDL*）、方法检出限（*MDL*）和方法测定限（*MQL*）的区别

由以上计算可知，方法检出限和测定限与测量值的标准差有关，也与方法的灵敏度有关。因此方法越灵敏，精密度越高，方法检出限和测定限就越低。但样品浓度越低，分析的精密度一般越差。因此农药残留分析要求在测定限水平上相对标准偏差（*RSD*）为 10%，在最低检出限水平上达到 33% 就可满足要求。

第二节　田 间 试 验

科学的田间试验设计是提供足够数量和具有充分代表性残留检测样本的基础。田间试验设计包括农药在植物体（农作物）内和环境（土壤、水）中的消解规律、最终残留量和各施药因子与最终残留量的水平相关性试验三种。基于某种农药产品防治某种农作物病、虫、草害的实际施药需要，可依据残留试验的原则和要求（如《农药登记资料要求》等）设计农药残留田间试验。

一、基本要求
1. 对试验单位和人员的要求
进行农药残留试验的实验室必须具备满足残留分析技术要求的仪器、设备和环境设施，并能按照操作规程进行残留试验，保证分析质量。试验人员应具备进行农药残留试验的专业知识和经验，掌握农药残留试验的相关规定和技能。

2. 对残留试验背景资料的要求

背景资料包括登记农药产品的有效成分及其剂型的理化性能、登记应用的作物、防治对象、施用剂量、施药次数、施药方法、施药适期、推荐的安全间隔期、残留分析方法以及已有的残留和环境评价资料等，并记录农药产品标签中农药通用名称（中、英文）、商品名称（中、英文）、注意事项以及生产厂家（公司）、产品批号等。

二、残留试验设计原则

① 根据农药产品推荐的使用方法，期望得到规范用药条件下的最高残留量。

② 在田间试验进行时，对防治对象是否存在并不做要求。

三、残留试验设计的内容

1. 供试作物

按照"农药登记资料"决定供试作物。原则上应在每种登记的应用作物上都做残留试验，但由于作物种类繁多，若对每种作物都做残留试验，则工作量太大。因此，一种剂型用于多种作物的农药产品，可在每类作物中选择 1~2 种作物进行试验。在使用剂量和使用方法以及栽培条件近似的情况下，每组内一种主要作物上的残留数据认为同时适用于同组其他作物。作物分类如下。

稻类：水稻、旱稻等；

麦类：小麦、大麦、燕麦等；

杂谷类：玉米、高粱、谷子等；

薯类：甘薯、木薯等；

叶菜类：白菜、甘蓝、小油菜（青菜）、菠菜、芹菜、韭菜等；

果菜类：黄瓜、西红柿、茄子、青椒等；

豆菜类：扁豆、豇豆、豌豆、蚕豆、荷兰豆等；

茎菜类：马铃薯（土豆）、莴苣、芥菜等；

根菜类：萝卜、胡萝卜、山药等；

瓜菜类：冬瓜、南瓜（倭瓜）、节瓜、丝瓜、西葫芦等；

鳞茎菜类：大葱、洋葱、蒜、百合等；

梨果类：苹果、梨、桃等；

柑橘类：橘子、柚子、柑子、橙子、柠檬等；

瓜果类：西瓜、甜瓜、黄金瓜、白兰瓜、哈密瓜等；

小粒水果类：李子、樱桃、杏、枣、杨梅等；

坚果类：核桃、胡桃、板栗、榛子等；

其他各为一类，如棉花、大豆、花生、油菜、芝麻、向日葵、甜菜、甘蔗、亚麻、烟草、茶叶、香蕉、菠萝、芒果、木瓜、荔枝、龙眼、枇杷、葡萄、草莓、猕猴桃、柿子、可可、咖啡、啤酒花、蘑菇、芦笋、花椰菜（菜花）、牧草等。

中草药：可参照以上作物视情况而定。

2. 田间试验的重复次数

根据残留试验性质，按照"农药登记资料"要求决定重复次数。一般要求 2 年试验，即至少 2 次重复。

3. 试验点选取

田间残留试验必须选择具有代表性，能覆盖整个种植区、种植方式、土壤和气候条件的试验地点。试验地点应符合登记农药的主要应用区域和应用季节。至少选择 2 个试验点，而且这两个地区作物的生长条件应各具有一定的代表性。也就是说，这两个试验点是代表性作物产区中地理位置、气候条件、栽培方式、土壤类型等方面具有较大差异的地区。避免未设试验地区出现更高残留量的可能。

要求在试验之前，试验作物品种、栽培方法、农药施用历史及气象条件都应该明确。因此试验之前必须对试验点的土壤类型、前茬作物、农药使用历史、气候等情况做好调查和记载，应选择作物长势均匀、地势平整的地块。试验点前茬及在试验进行中均不得施用与供试农药类型相同的农药，以免干扰对试验农药的分析测试。

4. 试验小区大小

小区面积一般为 30m² （根据不同作物可适当增减，如粮食作物不得小于 30m²，蔬菜不得小于 15m²，果树不得少于 2 株）。其原则是小区的面积必须保证能多次重复取得有代表性的样本。每个处理设 3 个以上重复小区。小区之间设保护行或田埂，还必须设对照小区，与处理小区间要有隔离带，避免飘逸、挥发和淋溶污染。熏蒸、气雾、烟雾试验的小区为不同的仓库、大棚或温室。试验小区的设计应按施药量、施药次数、施药时期等因素随机排列。但为了避免污染，小区可以按照用药量由小至大排列。同时要注意灌溉行的流水方向和风向，浇水时不能串灌。

5. 施药方法和器具

残留试验的施药方法和器具，原则上采用当地使用的常规施药方法和器具。试验前要求对施药器具进行彻底清洗，保证施药均匀一致，并能严格控制施药量。

6. 其他农药的使用

为保证试验作物正常生长，必须使用其他农药时，选择对试验农药分析没有干扰的农药品种，在处理小区和对照小区均一处理。对使用过的农药及时间、剂量等应做详细记录。

7. 最终残留水平试验 （final residue level）

最终残留水平试验的目的是明确在不同时期经一次或多次施药的处理后，作物收获时农药在农副产品中最终的残留水平，一般使用于水稻、小麦、果树等同一时期收获的作物。其方法是在作物生长期施药，在作物收获期采样分析残留量。

（1）施药剂量 最终残留水平试验设两个以上施药剂量。原则上在不产生药害的前提下，以登记时的最高推荐剂量作为残留试验的低剂量，以其 1.5 倍或 2 倍的剂量作为残留试验的高剂量。如某农药防治某种害虫的推荐施药量为 270~360g（有效成分）/hm²，则残留试验的施药剂量应为 360g（有效成分）/hm²、540g（有效成分）/hm² 或 720g（有效成分）/hm²。

施药量应以农药有效成分计，其单位应与标签上的单位一致。如对水稻、小麦、蔬菜等作物的施药量以"g/hm²"表示；对果树、茶树等的施药量以"mg/L"表示。

（2）施药次数 原则上以登记时推荐的防治次数和增加 1~2 次的次数作为残留试验的施药次数，一般要求设两种以上施药次数。有的土壤处理剂、种子处理剂（拌种剂）、除草剂或植物生长调节剂等，每季作物只施一次药，残留试验的施药次数可不增加。一般施药时间和施药间隔根据实际防治需要确定，有时也可人为设定。

（3）采收间隔期 采收间隔期是与残留量相关性最显著的因素，也是制定安全间隔期的重要依据，因此，采收间隔期的确定必须科学、合理。由于农作物品种繁多，病、虫、草害发生和防治时期差异甚大，应根据农作物病、虫、草害防治的实际情况和农产品采收适期确定采收间隔期。有的农产品需在鲜嫩时采摘，则采收间隔期应相应地短些，如黄瓜、西红柿、茶叶等，采收间隔期应在 1d、2d、3d、5d、7d 内；有的农作物如水稻、棉花、柑橘等，采收间隔期可适当长些，一般设 7d、14d、21d、30d，每个残留试验应设 2 个以上采收间隔期，第二年做相应调整。

8. 消解动态试验设计 （dissipation rule determination）

消解动态试验为研究农药在农作物、土壤、田水和环境中残留量变化规律而设计的试验，是评价农药在农作物和环境中稳定性和持久性的重要指标。消解动态试验对旱田作物应做作物可食部分（植株或果实）和土壤中的消解动态试验；水田作物还需做农药在田水中的消解动态试验。为避免太大的生长稀释作用，做植株或果实上农药消解动态试验时，应选择植株或果实为其成熟个体约一半大小时开始施药。

对于土壤使用的颗粒剂、拌种剂（包衣剂）、芽前土壤处理剂等，植株消解试验可在植株长到 10cm 左右时开始按不同的间隔时间采样，以研究其消解趋势（可不计算半衰期，或以释放高峰作为原始沉积量计算半衰期）。

消解动态曲线（消解趋势）是以农药残留量为纵坐标，以时间（d）为横坐标绘制的曲线。从消解动态曲线上可得到待测农药有效成分的半衰期（$T_{1/2}$）、安全间隔期等。在一定条件下还可根据曲线，提出该农药在试验作物上的残留最大允许限量（MRL）推荐值。

有些农药在农作物、环境中的残留量（浓度）随施药后的时间（d）变化，以近似负指数函数递减的规律变化，可用一级反应动力学方程式计算：

$$C_T = C_0 e^{-KT}$$

式中　　C_T——时间 T(d 或 h) 时的农药残留量，mg/kg；

　　　　C_0——施药后原始沉积量，mg/kg；

　　　　K——消解系数；

　　　　T——施药后时间，d 或 h。

消解动态试验的采样间隔和次数分以下 3 种情况。

（1）一次施药多次采样方法　这是针对不同时期收获的作物（如黄瓜、茶叶、烟草等）设计的试验，是在同一小区进行一次施药多次采样的试验。在施药结束后 1~2h 内，植物叶面上的药液雾滴干后立即采第一次样，测定原始沉积量。之后应根据农药的降解特性和农产品采收适期确定采样间隔期。如黄瓜、西红柿、茶叶等，采样间隔期可在 1d、2d、3d、5d、7d 内；而水稻、棉花、柑橘等，采样间隔期可适当长些，一般设 1d、3d、7d、14d、21d、30d、45d、……

（2）多次施药多次采样方法　对水稻、小麦、果树等同一时期收获的作物，必须设不同时期多次施药的处理。在最后一次施药雾滴干后立即采样测定原始沉积量，以后再按不同间隔期采样。

（3）多次施药一次采样方法　该方法是在试验地充足和施药方便的条件下采用。该方法每个处理的小区中只采样一次，分别在采样前不同的间隔期（如 45d、30d、15d、7d、3d、1d、当天喷药）施药，在最后一次施药雾滴干后全部采样测定。本方法中不同处理间，因施药操作不同步，造成的误差大，但样品可以同时测定，测定过程带来的误差小。

消解动态试验要求至少采样 6 次，而且最后一次采到的样品中残留量的消解率达到 90% 以上为宜。

施药量：通常以最终残留量试验的高剂量作为消解动态试验的施药量。但如果第一次采样的残留量（原始沉积量）低于测定限时，需要加大施药量。另外进行土壤中农药残留消解动态试验时，由于喷施植株不能保证土壤均匀覆盖而影响采样，需要专门在土面或另选面积专门小区均匀喷药。除草剂等土壤处理农药则按照施药要求进行。

9. 施药因素与最终残留量水平相关性试验设计 (relation of the dependent factors and final residue level)

施药因素与最终残留量水平相关性试验的目的是评价各种施药因素与收获的农产品以及土壤中的残留量相关性而设计的试验。首先按田间试验设计原则和基本要求选好试验点，确定小区面积、施药量（或浓度）、施药次数、间隔期等，然后按试验点地形顺序排列小区并绘制试验小区平面图，再按计划施药、采样，以获得田间试验样本（包括农作物可食部位和可作饲料部位样本以及土壤样本）。样本包括籽粒（种皮和可食的未成熟的籽粒）、茎秆、果实（果皮、果壳）、土壤等。

由于多种因素如施药次数、施药量、施药间隔和施药器械等的不同，都可能影响农药在试验植物的果实、茎秆等食用部位残留的量，因此通过本试验可以了解哪些因素对最终残留量有影响。试验设计方法为多因素多水平试验。需要的小区数＝第一因素（水平数）×第二因素（水平数）×第三因素（水平数）×n（…）×3（重复数）＋3（对照小区数）。

第三节 采 样

科学、规范化的采样是获得准确数据的基础。样本代表性将直接影响检测结果的规律性，采样方法和采样量是影响试验结果误差的重要因素之一。由于田间实际使用农药时不可能撒布均匀，要求采样必须是随机的和有代表性的，并且必须采足够的数量，否则，即使最精确的测定亦无实际意义。

一、采样方法

根据试验目的和样本种类实际情况确定采样方法，通常有随机法、对角线法、五点法、"Z"形法、"S"形法、棋盘式法、交叉法等。应避免采有病、过小或未成熟的样本。采果树样本时，需在植株各部位（上、下、内、外、向阳和背阴面）采样。采土壤样本时，一定要保持每次采样操作规范及深度一致，一般要求采 0～15cm（耕作层）土样（残留消解动态试验采集 0～10cm 土层样品）。应同时采对照小区作为空白样本。采样时，为避免交叉污染，先采对照小区，然后从低浓度向高浓度依次采样，每个小区采集一个代表性样品。

二、采样量

1. 农田采样

粮食作物（稻、麦、杂谷类等）：籽粒样本在每一试验小区随机多点（不少于 10 个点）采摘脱下籽粒，采粗样 5～10kg，再取 1～2kg（大粒谷物采 2kg，小粒谷物采 1kg）作为试样。茎秆等样本必须在离地 10cm 处切断，每个小区采 5～10 个点，每个点采 0.1m² 面积的植株，取样约 1～2kg（视作物定）。

蔬菜：根茎、块茎、鳞茎类蔬菜（如萝卜、马铃薯、洋葱等）地上和地下部位分别采样，随机多点取样 2～5kg，大的菜类不少于 5 棵，清除附着泥土，不能洗涤（甜菜取样量与之相同）；叶菜、茎菜、果菜类随机多点取样 2～5kg；豆菜类（连豆荚）采样 2～3kg，大个（棵）菜不少于 5 个（棵）。

水果：苹果、梨、桃等大果实，果实采自全株，注意从上部、下部、内侧、外侧、阳面、阴面均匀采摘 2～5kg。葡萄、草莓等小果实采样 2kg。大粒水果采样不少于 5 个。

核果类及种子：核桃、栗子采样 1～2kg。棉籽、大豆、花生、油菜籽、向日葵籽、芝麻等收获时采样约 0.5～1kg，并除去棉绒。芝麻、蚕豆、葵花籽、花生等采样约 1～2kg。

其他植物：如茶叶、烟草等采样 0.5～1kg。

土壤样本：土样根据农药移动性能，一般在每个小区耕作层（0～15cm）取 5～10 个点，每个点 1kg 左右，最后每个小区缩分成一个样（对有的农药还要分层采土样），质量 1kg 左右。

水样：多点取约 5000ml，经混匀过滤后留取 1000～2000ml。

对照样：对照区采样时，必须避免被所测农药污染。

2. 市场食品的采样

市场采样的原则是，根据整批样品的件数确定采样件数，根据整批样品的质量确定最后采样量。

整批样品件数	1～25	26～100	101～250	＞200
采样件数	1	5	10	15

整批样品质量/kg	≤50	51～500	501～2000	＞2000
采样量/kg	3	5	10	15

三、样本缩分

由于初样本量往往较大，需要将初样本用四分法缩分成实际需要的待测样本。通常将样本粉碎、过40目筛（筛孔宽度0.40mm）或匀浆，最后取约250～500g样本待测。

四、样本包装和贮运

采集的样本应该用特制的惰性包装袋（盒）装好，写好标签（内、外各一个）。标签要能够防潮。样品送达实验室后赋予编号（伴随样本各个阶段，直至报告结果）。样本（冷冻条件下）及有关样本资料（样本名称、采样时间、地点及注意事项等）应尽快运送到实验室（一般在24h以内），并不得使样本变质、受损、污染或使残留量和水分损失。运到实验室的样本应在1～5℃温度（最佳为3～5℃）下贮存并应尽快检测（几天之内）。如需贮存较长时间，则样本必须在－20℃条件下贮存，解冻后应立即测定，有些农药在贮存时可能会发生降解，需要在相同条件下做添加回收率试验进行验证。取冷冻样本进行检测时，应不使水和冰晶与样本分离，必要时应重新匀浆。检测后的样本需保存一段时间（一般为半年），以供复检。

在采集的试样中，对性质不稳定（易分解）的农药，应当立即进行测定；暂时不能测定时，按原状存放在－5～0℃下保存；如果贮藏较长时间时，必须在－20℃下冷冻保存；冷冻试样由于细胞已经破坏，解冻后的样本必须立即分析。

第四节 分析样品的预处理

采集的样品，在分析之前或样品贮存之前，通常要按规定方法分取一定数量，视样品种类不同，经过滤、过筛、脱壳、粉碎、切细、捣碎或匀浆等步骤后，供分析使用。从分析测定角度而言，上述工作不属于化学分析操作，而是采样工作的继续，这种采样后到化学分析前准备试样的工作，称为样品预处理（pretreatment of sample）。

多数情况下，采集的试样背景情况较为复杂，含有什么样的残留物以及含量多少，一般是未知的，因此样品的预处理不存在某种定式。在开始制样之前，仔细观察样品的一般状态和气味，根据具体情况决定采用何种处理方法至关重要。同时应注意观察和记录样品有无土壤、尘埃、蜡、粉末或着色剂等的存在，以及是否有异常情况或变色现象发生。

用于分析的试样，必须是实验室试样中具有代表性的试样。在制备过程中，必须小心处理，防止因挥发而导致残留物的损失，防止样品经物理分离时造成残留物的浓集。只有正确制备试样，才能获得准确的残留分析数据，否则，将会导致数据的错误和无效。

一、一般样品预处理

样品预处理的要求，据样品种类而定，在农药残留分析中，一般为水、土、农作物、动物等样品，其中农作物样品的预处理最为复杂，检测量最大。农作物的分析部位，原则上为可食和饲用部位。

预处理样品的质量，应根据每次分析所需试样质量而定。残留分析每次取样量一般低于100g，所以分析样品的预处理，通常留500g即可满足需要。

1. 农产品原料

农产品原料包括未去皮、未洗涤、未着色或其他处理的新鲜水果；未剥去外叶、涂蜡、保持其自然状态的蔬菜、谷物、坚果、蛋、原料乳、肉以及类似产品。具体制备方法如下：

（1）农产品原料全样　除去明显腐烂的叶、浆果等，按表 8-1 处理。

（2）有特殊限量规定的样品　单个限量规则中规定了某些商品的特殊制样方法，当有选择地收集样品用于特殊农药残留分析时，要参阅限量规则来确定如何取样及处理。

（3）可食部分　弃去产品的非食用部分，仅分析食用部分。处理方法见表 8-1。

表 8-1　重要农产品农药残留分析样品制备方法

样　品	采 样 部 位 和 处 理
根、块茎类蔬菜(root and tuber vegetables group)，如：胡萝卜、芜菁甘蓝、糖用甜菜、块根芹、甘薯、马铃薯、芜菁、萝卜、山药	采集整个果实，去除顶部部分，用自来水洗涤块茎或根，必要时用毛刷去除泥土及其他黏附物，然后用纸巾擦拭干净。对于胡萝卜，干燥后，要用刀切去与叶柄相连的部分。如果根部切面中空，切除部分应重新取回合并处理
鳞茎类蔬菜(bulb vegetables)，如：大蒜、洋葱、韭菜、葱	鳞茎/干洋葱和大蒜：去除根和外层 韭菜和葱：去除根和黏附物
叶类蔬菜(leafy vegetables)(芸苔除外)，如：甜菜叶、萝卜叶、玉米色拉、菠菜、菊苣、糖用甜菜叶、莴苣、唐莴苣	去除腐烂或枯萎部分。
芸苔(油菜，cole)叶类蔬菜(brassica vegetables)，如：椰菜、球芽甘蓝、甘蓝、大白菜、皱叶甘蓝、羽衣花椰菜、甘蓝、羽衣甘蓝、大头菜	去除腐烂或枯萎部分。对于花椰菜和结球茎椰菜，分析其花的头部、茎部，去除叶部。对于孢子甘蓝，只分析"扣状部分"
茎类蔬菜(stem vegetables)，如：朝鲜蓟、菊苣、芹菜、大黄、芦笋	去除腐烂或枯萎部分 大黄和芦笋：只取茎部 芹菜和朝鲜蓟：去除黏附物(用自来水冲洗或毛刷刷除)
豆类蔬菜(legume vegetables)，如：蚕豆、菜豆、蚕豆、红花菜豆、法国菜豆、大豆、绿豆、豌豆、芸豆、利马豆	整个果实
果类蔬菜(果皮可食)(fruiting vegetables-edible peel)，如：黄瓜、胡椒、茄子、西红柿、黄秋葵、蘑菇	去除茎部
果类蔬菜(不可食果皮)(fruiting vegetables-inedible peel)，如：哈密瓜、南瓜、甜瓜、西瓜、冬瓜	去除茎部
柑橘类水果(citrus fruits)，源于芸香科木本植物，有芬芳香味、球状、内部果瓣富含果汁。在生长期内，果实表面施用农药。食用时，可做成饮料。以整果保存	整个果实
梨果(pome fruits)，如：苹果、梨	去除茎部
核果(stone fruits)，如：杏、油桃、樱桃、桃、酸樱桃、李子、甜樱桃	去除茎部和核，但计算残留量时应以去除茎部的果实部分计
小水果和浆果(small fruits and berries)，如：黑莓、醋栗、越橘、葡萄、罗甘莓、酸果蔓、悬钩子、黑醋栗、草莓、悬钩子	去除顶部和茎部 黑醋莓：取含茎果实
其他水果(果皮可食)(assorted fruits - edible peel)，如：枣、橄榄、无花果	枣和橄榄：去除茎部和核，计算残留量时以整个果实计 无花果：整个果实
其他水果(果皮不可食)(assorted fruits-inedible peel)，如：鳄梨、芒果、香蕉、番木瓜果、番石榴、西番莲果、菠萝	除非特别说明，否则处理整个果实 菠萝：去除副花冠 鳄梨和芒果：去核，残留量以整个果实计 香蕉：去除冠状组织和茎部
谷物(cereal grains)，如：大麦、黑麦、玉米、高粱、燕麦、甜玉米、水稻、小麦	整个籽粒 鲜玉米和甜玉米：籽粒加玉米穗轴(去皮)
茎秆作物(stalk and stem crops)，如：大麦饲料、玉米饲料、稻草、高粱饲料、草料	整个植株

样　品	采样部位和处理
豆类油料作物(legume oilseeds)，如：花生	去壳籽粒
豆类动物饲料(legume animal feeds)，如：紫花苜蓿饲料、花生饲料、大豆饲料、豌豆饲料、苜蓿饲料、大豆饲料	整体
坚果(tree nuts)，如：杏、澳洲坚果、栗子、核桃、榛子、胡桃	去壳 栗子：整体
油料(oilseeds)，如：棉籽、亚麻子、葵花籽、油菜籽	整体
热带果(tropical seeds)，例如：可可豆、咖啡豆	整体
草药(herbs)，源于草本植物的叶、茎、根，用量相对较小。主要改善食品风味。多为汁状和干燥固体	整体
调味品(spices)，如：指从各种植物中提取出来的，相对量较小，用于改善风味的种子、根、果实等。多使用干燥状态加入到食品中。	整体
茶叶(teas)，源于茶属植物叶片	整体
肉类(meats)，如：牛(屠宰后)畜体、山羊(屠宰后)畜体、马(屠宰后)畜体、猪(屠宰后)畜体、绵羊(屠宰后)畜体	整体(对于脂溶性农药，分析畜体脂肪，制定畜体脂肪 MRL)
动物脂肪(animal fats)，如：牛脂肪、羊脂肪、猪脂肪	整体
肉副产品(meat byproducts)，如：牛肉、山羊肉、猪肉、绵羊肉副产品(如肝脏、肾等)	整体
奶(milk)	整体。对脂溶性化合物，分析类脂部分，但残留量表述以整体计算(奶中脂肪含量以 4% 计)
家禽肉类(poultry meats)，指家禽畜体中的肌肉组织，包括脂肪和皮	整体(对脂溶性农药，分析脂肪部分并制定 MRL)
家禽脂肪(poultry fats)，指从家禽畜体脂肪组织中提取出的脂肪	整体
家禽副产品(poultry byproducts)，指从屠宰畜体中除肉和脂肪外的可食组织或器官	整体
蛋(eggs)，各种禽蛋	去掉蛋壳后的蛋白和蛋黄混合物

注：本表引自岳永德主编的《农药残留分析》(2004)。

2. 水和其他液体样品

充分混合后过滤去除漂浮物、沉淀物和泥土。在分析过程中，如果存在固体成分，会导致乳化现象，因此应过滤去除固体粒子，去除部分可单独进行分析。在过滤时应该注意在存放期间，固体粒子会沉淀，所以应该首先过滤 3/4 的样品，然后在每次转移部分液体进行过滤前剧烈摇动容器，从而去除大部分固体粒子。容器应该用过滤后的样品洗涤几次，再过滤。肉眼观察瓶内壁没有附着物后，用提取滤液时的溶剂洗涤贮液瓶，如果使用 SPE 进行样品净化，就要考虑过滤时滤纸孔径的大小。研究表明，当粒子在 $0.063 \sim 2\mu m$ 大小时，与之结合的污染物浓度最高。在报告结果时，应该指明水样是否包含漂浮物和沉淀物。具体样品体积依照分析方法和待检物浓度的不同而进行，例如对环境水样进行农药污染监测时，一般水样体积为 1000ml。

3. 土壤

土壤样品先去除其中石块、动植物残体等杂物，如果杂物质量超过样品总量的 5%，应记录杂物质量。充分混匀后，以四分法缩分、粉碎、过筛(1mm 孔径)，最后按需要留取 250～500g，装入容器，附上标签，保存待测。同时测定水分含量，用于校正干土残留量。最终检测结果应以土壤干重计。

4. 试样的混合与缩分

用于分析的混合试样的量通常较小（25～100g），所取的样品必须在整个样品中具有代表性。当样品经初步处理后，获得的样品明显不均匀时，一般采用标准的混合和缩分技术，以保证用于分析的试样具有充分的代表性。

如果试样产品由小单元（如谷粒、浆果、坚果、豆类等）组成，可将样品混合均匀，并用四分法缩分至约1.5kg，再将缩分后的样品进行预处理，以获得分析样品。用于初始分析的试样不得少于0.5kg。

当大体积的均匀状态的样品必须缩分（如奶油、干酪等），而熔化整个奶油试样、切丁、切丝、混合整个干酪试样等办法不实用时，可从每个包装单元取等量部分，制备供初始分析的试样。块状、楔形或扁圆形样品的制备，按图8-3处理，取f部分用于分析。从总的均匀试样中选取三份，一份作为"初始分析"用，第二份作为"验证分析"用，第三份作为"备份试样"。所有的保留试样要密封和冷冻保存，直至验证初始分析的数据可靠为止。

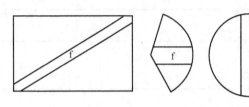

图8-3　大体积均匀样品的取样

需要对各个子样分别检测时，必须分别保存各子样，常见农产品样品可按如下方法制备。

动物组织：用绞肉机研磨每份子样，从每份子样中抽出一部分，混成100g，并再次研磨。

乳制品：从每份子样中取等量样混合，研磨，切丁或掺和。

蛋：在每份子样中取一半，掺和。

饲料、粗饲料和干草：将每份子样四分为200g，再从每份子样取一定量的样，混成200g的混合样，切碎或研磨，过20目筛。

水果：苹果、梨、番茄等果实较大的水果，取每单元试样作为子样，从每个子样中取等量样品混合，切碎或掺和；小粒水果则从每批子样中取样，混成200g混合样，切碎或掺和。

谷物：从充分混合后的每批子样中取样制得100g混合样，研磨混合，过20目筛。

牛乳：从充分混合后的每批子样中取样制得100g或100ml混合样。

坚果：除去果壳，从每批子样中取样，混成等量坚果肉100g，切碎或研磨。

豆科蔬菜（菜豆、豌豆、芦笋等）：在充分混合后从每批子样取样，混成200g混合样，切碎或研磨。

块根类蔬菜：以每单元作为子样，从每批子样中取等量混合，切碎或研磨。

种子：在充分混合后，从每批子样中取样，混成100g混合样，研磨，过20目筛。

香料：在充分混合后，从每批子样中取样，混成200g混合样，研磨或切碎。

茎菜类蔬菜（芹菜、花茎甘蓝等）：按子样纵向分成四份，再从每批茎菜中取两份相对的1/4部分，切碎混匀。

叶类蔬菜：充分混合子样，并随机选择叶子，直至得到200g。从每批子样中取样，混合成200g混合样，切碎。

二、特殊样品预处理

1. 加工食品

（1）原样产品　在贸易中，食品或饲料、浓缩产品、脱水食品等按现存的状态制备样品，不要将其恢复到"原料样品"。粉状物先在包装袋内混合，然后用四分法取样，即将样品堆积成圆锥形，从顶部向下将锥体等分为四份，去除某对角两部分，剩余部分再次混匀成圆锥形，再等分，去除对角部分，剩余部分再混合，如此重复直至剩余合适样品量为止。由于初始样品量往往较大，需要将其用四分法缩分成实际需要的待测样品，通常将样品粉碎、过40目筛或匀浆，最后取约250～500g样品供分析。

（2）特殊产品制备　对于罐头等特殊的加工产品，按表 8-2 制备。

表 8-2　特殊加工产品的制备

食　品	制样原则
罐头食品	检测罐头内容物的匀浆混合物，注意弃去盐水、种子和果核
干酪	保留干酪外皮，弃去蜡质或油质圈，切成丁或丝后，绞碎、混合
柑橘果浆、牛乳、番茄酱	按收到的样品检测
沾有面包屑的鱼	保留面包屑，把鱼切片，去骨
盐水罐头鱼	弃去液体，检测剩余物
油、汤汁罐头鱼	检测内容物的匀浆混合物
冰冻鱼	解冻，弃去水。鱼片全部检测，全鱼按"2. 鱼"所述方法处理
熏鱼	按全鱼制样
罐装或冰冻牡蛎和蛤	检测肉和液体的匀浆混合物
沾有面包屑的虾和甲壳类	按收到的样品检测
罐装盐水虾和甲壳类	弃去盐水，检测可食部分
冰冻虾和甲壳类	解冻，弃去水、头、尾和壳，仅检测可食部分

2. 鱼

在制备鱼试样过程中，为防止鱼皮堵塞研磨机，可在研磨前进行冷冻处理。弃去鱼头、鳞、尾、鳍、内脏和非食用的鱼骨，保留鱼皮，把鱼切片。对于很大的整条鱼，除去鳞和内脏，从鱼上取三个截面，厚度均为 2.5cm，合并，即胸鳍后取一片，第一片与肛门之间的中线取一片，肛门后取一片，混合前除去骨。也可按食用习惯取舍样品。

3. 硬壳蟹

检测肉和脂肪物质的均匀混合物，若为冷冻蟹，放入开水或高压锅内蒸汽加热 1min；若为冷藏或活蟹，则加热 5min。除去蟹螯和其他部分，将蟹剖为两半，去除蟹壳、外来杂质和内脏、鳃，取出蟹肉、蟹黄和附着于肉的蟹黄。

4. 蛋

去除壳后，用搅拌器低速搅拌至少 5min，直至试样成为匀浆。注意搅拌速度不能太快，否则易产生泡沫。

5. 果蔬

对于质地紧密的蔬菜，如马铃薯、甜菜、胡萝卜等样品，取样量不低于 9.07kg（20lb）；质地松散的样品，如结球甘蓝、莴苣、青菜等蔬菜，样品量不低于 11.356ml（4US gal）。将样品用食品加工机切碎 5min，期间注意间歇，将物料刮到加工机底部后再次切碎。

6. 低水分含量样品、油料种子及难制备样品

用离心磨或相似碾磨将试样粉碎至细度约为 20 目，收集研碎的试样。注意防止样品在研磨过程中发生物理分离。研磨过程中尽量用干冰预冷磨机。

习题与思考题

1. 解释农药残留涉及的一些重要概念。
2. 简述农药残留分析涉及的样品类型、田间试验设计类型、方法及采样方法。
3. 简述农药消解动态试验的三种田间试验设计方法和降解曲线所能得到的信息。
4. 简述市场检样的取样方法和样品贮运注意事项。
5. 简述分析样品预处理方法涉及的内容。

第九章 农药残留样品制备

样品制备（sample preparation）是将检测样品处理成适合测定的检测溶液的过程，是农药残留样品分析的主要步骤，在时间上约占 2/3。样品制备一般包括从样品中提取残留农药、浓缩提取液和去除提取液中干扰性杂质（净化）等步骤。样品制备的目的是使样品经处理后更适合农药残留分析仪器测定的要求，以提高分析的速度、效率、准确度、灵敏度和精密度。

样品制备效果在农药残留分析中不仅直接影响到方法的检测限和分析结果的准确性，而且还影响分析仪器的工作寿命。在提取过程中要求尽量完全地将痕量的残留农药从样品中提取出来，同时又尽量少地提出干扰性杂质；净化则要求在充分降低杂质的同时，最大限度地减少农药的损失。很多情况下，当检测样品中农药残留量很低，难以检出时，常常通过增大样品量和浓缩检测溶液体积来满足仪器最低检测限的要求。

第一节 提取溶剂的选择

样品制备的原理主要是利用残留农药与样品基质的物理化学特性差异，使其从对检测系统有干扰作用的样品基质中提取分离出来。为尽可能提取样品中的残留农药，提取溶剂的选择是关键。选择提取溶剂时，要充分考虑农药的理化性质、提取方法等因素。

一、分子的极性和水溶性

农药的极性和水溶性（polarity and water solubility）是选择提取条件的重要参考依据。残留农药的提取效率符合"相似相溶"原理，一般极性农药选用极性溶剂，非极性或弱极性农药选用非极性或弱极性溶剂。也就是使用与农药极性相近的溶剂作为提取剂，使残留农药在溶剂中达到最大溶解度。

分子的极性常用分子的偶极矩（dipole moment）和介电常数（dielectric constant）来描述，但事实上没有单一的指标来界定分子的"极性"。分子极性的本质就是分子内电荷分布的不均匀性，分子的极性与分子中 p 电子数和孤对电子数密切相关。p 电子的主要结构形式是芳香环、C=C 双键和羰基，孤对电子则与氮、氧、卤素等电负性强的原子有关。通过对分子结构的分析就可大致知道其极性的相对强弱。例如，己烷为非极性化合物，因为其分子中既没有双键，也没有强电负性原子。水为极性分子，因为其分子结构中有电负性强的氧原子。分子中非极性部分比例越大，其极性就越小。在分子的空间构型方面，对称化合物（如对二氯苯、CCl_4）的极性比非对称化合物（如邻二氯苯、$CHCl_3$）的弱。

溶剂的极性强弱也可根据其从氧化铝吸附剂上洗脱供试溶质的能力，即溶剂强度参数（solvent strength parameter）来表示（表 9-1）。

根据"相似相溶"原理，农药的极性决定其在溶剂中的溶解性。农药的极性与溶剂的极性相近时有较大的溶解度，反之则溶解度小。当极性相近时，大分子化合物的水溶性比小分子化合物的低。除了极性和分子大小外，农药的水溶性还受温度、其他溶质及 pH 值等外部因素的影响。温度越高，溶解度越大，但气体随温度的上升溶解度下降，硫羟氨基甲酸酯类农药（thiol carbamates，如杀螟丹）的溶解性也具有逆温度效应。无机盐的盐析作用会降低有机物的溶解度，有机质（如腐殖酸和灰黄霉酸）、助溶剂（如丙酮）或表面活性剂均会增加有机化合物的水溶性。pH 值可显著影响农药的溶解度。

二、分配定律

分配定律（distribution law）是一个与极性及溶解性相关的概念，指在一对互不相溶的两

表 9-1　常用溶剂的极性

溶　剂	化学式	溶剂强度参数 E	偶极矩 μ	介电常数 χ	水溶解度/%
戊烷	C_5H_{12}	0.00	—	1.84	0.01
己烷	C_6H_{14}	0.00	—	1.88	0.01
环己烷	C_6H_{12}	0.04	—	2.02	0.012
二硫化碳	CS_2	0.15	0	2.64	0.005
四氯化碳	CCl_4	0.18	0	2.24	0.008
苯	C_6H_6	0.32	0	2.30	0.058
乙醚	$(C_2H_5)_2O$	0.38	1.15	4.3	1.3
氯仿	$CHCl_3$	0.40	1.01	4.8	0.07
二氯甲烷	CH_2Cl_2	0.42	1.60	8.9	0.17
四氢呋喃	C_4H_8O	0.45	1.63	7.6	混溶
丙酮	CH_3COCH_3	0.56	2.88	—	混溶
二噁烷	$C_4H_8O_2$	0.56	0	2.2	混溶
乙酸乙酯	$CH_3COOC_2H_5$	0.58	1.78	6.0	9.8
戊醇	$C_5H_{11}OH$	0.61	—	5.0	10.0
乙腈	CH_3CN	0.65	3.92	—	混溶
丙醇	C_3H_8OH	0.82	1.68	20.3	混溶
二甲基亚砜	$(CH_3)_2SO$	0.75	3.96	4.7	混溶
二甲基甲酰胺	$HCON(CH_3)_2$	—	3.82	36.7	混溶
甲醇	CH_3OH	0.95	1.70	32.7	混溶
水	H_2O	大	1.85	80.0	—

相溶剂系统中，由于物质在非极性相和极性相中的溶解度不同，当达到平衡时，物质在该两相中的浓度比在一定条件下为一常数，即

$$K_D = \frac{[A]_{非极性相}}{[A]_{极性相}} \qquad (9-1)$$

式中，K_D 为分配系数（distribution coefficient），其值大小与溶质及溶剂的性质及平衡时的温度等条件有关，而与相体积无关。K_D 值越大，存在于非极性溶剂中的农药越多，越有利于用非极性溶剂向极性溶剂中提取农药；而 K_D 值越小，则存在于极性溶剂中农药越多，越有利于用极性溶剂向非极性溶剂中提取农药。在农药残留分析样品制备中，常应用分配定律指导农药的提取和分离净化。

常用的两相溶剂系统有正辛醇-水、乙酸乙酯-水、氯仿-水、石油醚-水、己烷（石油醚）-丙酮、己烷（石油醚）-乙腈、己烷（石油醚）-二甲基甲酰胺（DMF）、己烷（石油醚）-二甲基亚砜（DMSO）等。以正辛醇-水溶剂测出的分配系数称为辛醇-水分配系数（octanol-water distribution coefficient，K_{ow}），大多数农药的辛醇-水分配系数已有文献数据可供查阅。

三、挥发性和蒸气压

挥发性（volatility）是指液态或固态物质转变为气态的物理性能。一个化合物的挥发性可用沸点（boiling point）和蒸气压（vapor pressure）表示。农药蒸气压的测定常用气体饱和测定法，能测定蒸气压在 $1.333 \times 10^{-6} \sim 1.333 \times 10^3 Pa$ 之间的化合物。方法是将过量的分析物涂在沙子、玻璃珠或其他惰性表面上，放入一个恒定的、已知流速的空气或氮气气流中，使农药蒸气在气体中饱和，然后取样测定饱和气体中农药的浓度，也就是在试验温度下单位体积流经气体中农药的物质的量。

利用蒸气压可预知农药残留分析时在蒸发浓缩过程中化合物损失的可能性。如有机磷农药敌敌畏、甲拌磷和二嗪磷的蒸气压比马拉硫磷等高几个数量级，在蒸发浓缩时就极容易损失掉。对高蒸气压化合物的提取，适用由强制挥发原理建立的吹扫共馏法（sweep co-distillation）。

一个化合物在水中的挥发势与蒸气压和水溶性二者相关。蒸气压越高挥发势越大，而水溶性越强则挥发势越小。亨利定律（Henry law）指出，在一定温度下的密闭系统中，平衡时溶质在水相和气相间的浓度比为一常数（亨利常数）。亨利常数（Henry constant）表达了分析物在水溶液中的挥发势。例如，毒死蜱在 25℃时的蒸气压为 1.9Pa，低于二嗪磷的 4.9Pa，但其溶解度 2mg/L 比二嗪磷的 40mg/L 低得多，所以其亨利常数 $4.38×10^{-6}$ 比二嗪磷的 $4.84×10^{-7}$ 高一个数量级，更容易从溶液中挥发出来。对于一些蒸气压中等，但水溶性非常低的农药，如六六六，室内操作就必须特别小心，否则就很容易导致挥发损失。

四、纯度

农药残留量测定属痕量分析，因此对溶剂纯度要求较高，应尽量选用农药残留级或环境保护分析专用试剂。若无优级试剂，可用分析纯试剂进行提纯处理，经检验合格后方可使用。检验方法是取分析用溶剂 300～500ml，浓缩并定容至方法允许的最小定容体积，用最大进样量注入分析仪器如气相色谱仪，以不出现杂质峰或根据仪器性能产生≤2 倍噪声的杂质峰为合格。

常用溶剂的处理方法如下。

石油醚：取 1L 石油醚（60～90℃沸程），加 3～5g 氢氧化钠于水浴上回流 1h，再经全玻璃蒸馏装置蒸馏，收集 60～75℃馏分。

丙酮：加少量高锰酸钾回流至紫色不褪为止，重蒸馏，收集 55～57℃馏分。

乙酸乙酯：取 1L 乙酸乙酯，加入 50ml 乙酸酐和 5 滴浓硫酸，加热回流 2h，经碳酸钾干燥、过滤，再重蒸，收集 76～77℃馏分。

苯：取 500ml 苯于 1000ml 分液漏斗中，加入 50ml 浓硫酸，振摇数分钟，静置分层，弃去硫酸层，按上述步骤重复操作，直至分出的硫酸层不显黄色，最后用水洗至中性，经无水氯化钙干燥后蒸馏，收集 80～81℃馏分。

二氯甲烷：取 500ml 二氯甲烷，加入 20ml 浓硫酸，振摇数分钟，静置分层，弃去硫酸层，重复上述操作，直至硫酸层不显黄色，用 100ml 2%硫酸钠溶液洗 2 次，再经无水硫酸钠干燥、蒸馏，收集 39～41℃馏分。

甲醇：全玻璃装置重蒸，收集 65℃±1℃馏分。

乙腈：取 4L 乙腈，加入 1ml 85% H_3PO_4、30g P_2O_5 和沸石，静置过夜，经全玻璃装置重蒸，弃去首尾各 10%馏出液，收集 81～82℃馏分。

五、其他

提取溶剂的沸点一般要求在 45～80℃之间，沸点过低，易挥发，不易操作；沸点过高，则不易浓缩，并会引起不稳定农药的分解。此外，应考虑溶剂对测定方法有无影响，如用电子俘获检测器检测，则不能用电负性强的溶剂，如氯仿、丙酮、酯类、醇类等，以防止污染检测器。

对含水量较高的植物样品，应采用极性溶剂（如丙酮、乙醇等），但如果提取的是非极性农药，可同时加入适量的非极性溶剂。如果试样中含水量不高，可先加入无水硫酸钠，释出水溶性较强的农药，以便提取。对干燥或低含水量的植物样品，为确保提取剂渗入植物体内，可先加入少量水浸润。土壤中农药往往与腐殖质形成钪合物，提取效率较低，因此选择溶剂时应考虑钪合物特性。

第二节　提取方法

提取（extraction）是指通过溶解、吸着或挥发等方式将样品中的残留农药分离出来的操作步骤，也常称为萃取。残留农药常用的提取方法如图 9-1 所示。

溶剂提取法（solvent extraction）是根据残留农药与样品组分在不同溶剂中的溶解性差

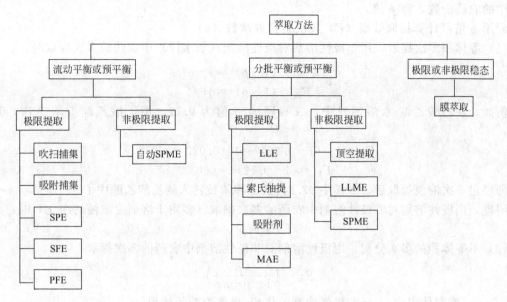

图 9-1 农药残留提取方法一览

异，选用对残留农药溶解度大的溶剂，通过振荡、捣碎或回流等适当方式将分析物从样品基质中提取出来的一种方法。溶剂提取法具有操作简单，不需要特殊或昂贵的仪器设备，适应范围广等优点。

常用的提取溶剂有石油醚、正己烷、乙酸乙酯、二氯甲烷、丙酮、乙腈、甲醇等。根据《蒙特利尔公约》，在分析化学实验中要逐步取消含氯溶剂的使用，二氯甲烷、三氯甲烷和氯乙烷等可用等量的二元混合溶剂（如甲苯-甲醇、乙醚-丙酮、石油醚-丙酮、正己烷-丙酮、正戊烷-丙酮、环己烷-乙酸乙酯等）代替。

固液提取（solid-liquid extraction，SLE）是指通过溶解、扩散作用使固相物质中的化合物进入溶剂（包括水）中的过程，主要用于固体样品（如土壤、动植物样品）中残留农药的提取。

农药残留分析中对动植物组织、食品等固体样品多采用与水混溶的溶剂（如丙酮、乙腈）提取，这样可以减少油脂、蜡质等非极性杂质的含量，同时有些样品提取后经加水稀释可以方便地用固相提取技术进行净化和浓缩。对含脂肪多的样品，用非极性或极性弱的溶剂提取；对土壤样品，则用含水溶剂或混合溶剂提取。

一、液液萃取（liquid-liquid extraction，LLE）

1. 基本原理

液液萃取是指根据分配定律，用与液体样品（一般是水）不混溶的溶剂与样品接触、分配、平衡，使溶于样品液体相的化合物转入提取溶剂相的过程。

根据式（9-1），当两相体积相等（$V_1 = V_2$）时，如果溶质（m）存在于非极性相中的份数为 p，存在于极性相中的份数为 q，则

$$K_D = \frac{[A]_{非极性相}}{[A]_{极性相}} = \frac{mp/V_1}{mq/V_2} = \frac{p}{q} \tag{9-2}$$

由于 p 值与 K_D 值的变化趋势一致，有相同的特性，但比 K_D 值更直观地表明了分配平衡后农药存在于非极性溶剂中的比例。

取 5ml 非极性溶剂的农药溶液，测定其含量，然后加入 5ml 极性溶剂，振摇达到平衡，再测定非极性溶剂中农药的量，以原来的总含量为 1，即可求出等体积一次分配后，在非极性

溶剂中的农药份数，即 p 值。

利用 p 值可计算提取效率（E）以决定提取次数（n）。

（1）等体积多次提取　用非极性溶剂对极性溶剂（如水样）中农药的多次提取时：

$$E_{非}=1-(1-p)^n=1-q^n \tag{9-3}$$

$$E_{极}=(1-p)^n=q^n \tag{9-4}$$

例如，在乙酸乙酯-水溶剂对中，二嗪磷的 p 值为 0.72，用乙酸乙酯提取 3 次，其结果为：

$$E_{非}=1-(1-0.72)^3=1-0.022=0.978$$

$$E_{极}=(1-0.72)^3=0.022$$

即经过 3 次液液提取后，水样中 97.8％的二嗪磷被转入到乙酸乙酯中了。

同理，用极性溶剂对非极性溶剂中农药的多次提取（多用于溶剂提取液的净化）时：

$$E_{非}=p^n \tag{9-5}$$

（2）不等体积的多次分配　用极性溶剂对非极性溶剂中农药的多次提取：

$$E_{非}=\left(\frac{ap}{1-p+ap}\right)^n \tag{9-6}$$

式中　a——溶剂体积比，a＝非极性溶剂的体积/极性溶剂的体积。

用非极性溶剂对极性溶剂中农药的多次提取：

$$E_{极}=\left(\frac{1-p}{1-p+ap}\right)^n \tag{9-7}$$

显然液液提取效率 E 的高低取决于化合物与提取溶剂的亲和性（分配系数或 p 值）、两相的体积比 a 和提取次数 n 三个因素。在提取液总体积相同时，提取次数多的提取效率高。

实际操作中不希望使用太多的溶剂和提取次数，液液提取要求有较大的分配系数。通过调节溶液的 pH 值阻止酸性或碱性农药离子化，或通过加盐降低农药的水溶性，以提高分配系数。在液液提取中，也可应用微提取技术，采用小体积有机溶剂。

2. 液液萃取操作

液液提取通常在分液漏斗（图 9-2）中进行。操作时选择容积较液体样品体积大 1 倍的分液漏斗。提取前将分液漏斗的活塞薄薄地涂上一层凡士林，塞好后将活塞旋转几圈，使凡士林均匀分布。提取溶剂体积一般约为样品体积的 10％～30％。提取开始时摇晃几次，要将分液漏斗下口向上倾斜（朝向无人处），打开活塞使过量的气体放出。关闭活塞后再进行振摇，如此重复至放气时只有很小压力后再剧烈振摇 3～5min，将分液漏斗放回架上静置分层。

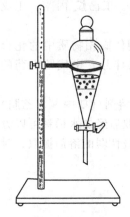

图 9-2　分液漏斗

3. 液液萃取应用实例

美国加州食品农业局（California Department of Food and Agriculture，CDFA）《饮用水中农药多残留提取与检测方法》（Multi-Residue Screening Method for Extraction and Analysis of Pesticides in Finished Drinking Water）规定的液液萃取步骤为：

量取 1L 水样，添加代用标准品 Carfentrazone Et(1000ng/L) 及二嗪磷（100ng/L），振摇使混合均匀。将水样转入 2L 分液漏斗中，加入 10～15g 粒状 NaCl，盖上塞子，轻轻振摇使 NaCl 溶解。加入 60ml 二氯甲烷，盖上塞子，剧烈振摇 3min。静置分层，下层二氯甲烷相经粒状无水硫酸钠（约 20g）脱水后，转入 250ml 锥形瓶中。上层水相用二氯甲烷重复提取 2 次，合并提取液，于 40℃下用氮吹仪浓缩至近干，用 1ml 内标溶液溶解，待 GC-FPD、MSD 分析。

二、索氏抽提法 （Soxhlet extraction）

索氏抽提器 （图 9-3） 是 1879 年由德国化学家 Franz van Soxhlet 设计的，其主要特点是利用虹吸管通过回流溶剂反复浸渍提取，不会有溶质饱和问题，可达到完全提取的目的。但一般需时较长，通常在 8h 左右或以上。抽提时，将粉碎或磨细过筛的样品置于滤纸筒中，再放入索氏提取器 （Soxhlet extractor） 中，上部接上冷凝管，下接圆底烧瓶。溶剂装在底部圆底烧瓶中，置水浴上加热，至溶剂沸点后，溶剂蒸气从侧管进入提取管，遇冷凝管冷凝后滴流在样品上，将残留农药提取出来。待回流溶剂达到虹吸管高度后，由于虹吸作用流入底部烧瓶。如此重复多次，直至残留农药被完全提取出来。这一方法不适宜用于对热不稳定农药的提取。

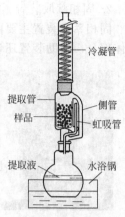

图 9-3　索氏抽提器

将索氏提取器加装自动取样器和溶剂自动分流器可以制成全自动的索氏提取器 （图 9-4）。全自动索氏萃取仪通常有多种方法可选，索氏抽提标准法 （国标法）、索氏加热抽提法 （快速法）、加热抽提法 （热浸法） 及连续抽提法 （热淋洗法） 等。索氏标准法由四个步骤组成，分为抽提、淋洗、溶剂回收及烘干。溶剂沸点最大可达 1500℃，能满足不同应用的需要。同时采用防爆沸装置，避免各种溶剂在加热时产生沸腾，提高了操作的安全性。普通的手工操作，每个样品需要 6～8h，而采用自动萃取仪后，将样品时间缩短为 2h，蒸馏时间由原来的 6～7min 缩短为 1min 左右，大大提高了工作效率。

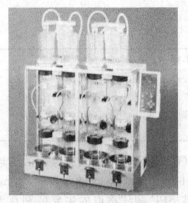

图 9-4　全自动索氏提取器

索氏抽提法是一种提取效率高、操作简便的提取方法，适用于谷物及其制品、干果、脱水蔬菜、茶叶、烟草、土壤等样品。索氏抽提法提取彻底，常用于匀浆法等难提取样品中残留农药的提取，或是作为其他提取方法提取效率的参照标准。索氏提取法是许多残留农药提取的推荐方法，在农药残留分析实验室内普遍使用。

三、固相萃取 （solid phase extraction，SPE）

固相萃取，由液固萃取和柱液相色谱技术相结合发展而来，指液体样品中的分析物通过吸着作用 （吸附和吸收） 被保留在吸着剂 （sorbent） 上，然后用一定的溶剂洗脱的过程。固相提取技术最早由 Breiter 等 （1976 年） 提出，用于人体体液中药物的提取，称为 "柱提取"，后用于水中农药的提取和净化，并称为 "固相萃取"。它的广泛应用起始于 1978 年美国 Waters 公司首先将商品 Sep-pak 投放市场。它是一种填充固定相的短色谱柱，用以浓缩被测组分或除去干扰物质。固相提取技术是取代 "液液提取" 的新技术，具有提取、浓缩、净化同步进行的作用，目前主要用于水样中被测组分的提取，但也开始越来越多地应用于食品中农药残留分析的样品制备。20 世纪 80 年代出现的 SPE 在线联用技术克服了离线萃取的许多缺点，使得分析数据更可靠、重复性更好、操作更方便，加之其节省溶剂、快速、适用性广、可用于现场等优点，为农药残留样品分析、检测提供了便捷的手段。

1. 固相萃取的原理

SPE 是一个包括液相和固相的物理萃取过程，其原理可以看作是一个简单的液相色谱过程：吸附剂为固定相，样品中的溶剂 （水） 或洗脱时的溶剂为流动相。SPE 是利用吸附剂对农药和干扰性杂质吸着能力的差异所产生的选择性保留，对样品进行提取和净化。在 SPE 中，固相对样品的吸附力比对溶剂的吸附力大，待测组分由于与固定相作用力较强被吸附留在柱上，并因吸附作用力的不同而彼此经洗脱分离。通过改变吸附剂的类型，调整样品和洗脱溶剂的类型、pH 值、离子强度和体积等，可满足不同的分析需求。

2. 固相萃取装置

固相萃取装置主要由萃取柱（或萃取盘）及辅助装置构成，图 9-5 所示为固相萃取装置的主体部分。辅助装置还包括真空泵、干燥装置等。

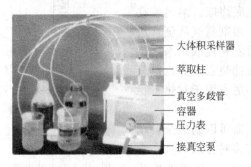

图 9-5　固相萃取装置

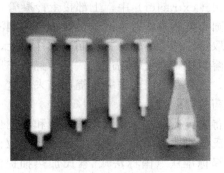

图 9-6　固相萃取柱

（1）固相萃取柱　固相萃取柱结构如图 9-6 所示，柱体通常是医用丙烯管，在两片聚乙烯筛板之间填装柱填料。常用的柱容积为 1～6ml，柱填料一般为 0.1～2g。表 9-2 列出了商品化固相萃取柱规格及吸附剂用量。

表 9-2　常用固相萃取柱规格

柱体积/ml	柱形状	柱直径/mm	吸附剂质量/mg	柱体积/ml	柱形状	柱直径/mm	吸附剂质量/mg
1	圆柱形	5.5	50～200	15	圆柱形	15.5	500～2000
3	圆柱形	8.5	50～1000	25	圆柱形	20	500～5000
6	圆柱形	12.5	200～2000	75	圆柱形	27.5	1000～10000
10	阶梯形	8.5	50～1000				

（2）固相萃取盘　盘式萃取器是含有填料的聚四氟乙烯（PTFE）圆片或载有填料的玻璃纤维片，后者较为坚固，无须支撑。填料约占 SPE 盘总量的 60%～90%，盘的厚度约 1mm。由于填料颗粒紧密地嵌在盘片内，在萃取时无沟流形成。盘式 SPE 和柱萃取的主要区别在于床厚度和直径比，对于等量的填料，盘式萃取的截面积比柱式约大 10 倍，因而试样能以较高的流量通过。因此，SPE 盘适于从水中富集提取痕量污染物，1L 纯净的地表水通过直径 50mm 的 SPE 盘仅需 15～20min。

3. 固相萃取方法的建立

固相萃取操作步骤包括柱预处理、加样、洗去干扰物质和回收被测物质四步（图 9-7）。

（1）柱预处理（活化，条件化）　不同填料的柱预处理方式不同，应参照 SPE 柱或盘使用说明中给出的预处理建议进行。柱预处理的目的是除去填料中可能存在的杂质，同时使填料溶剂化，提高固相萃取的重现性。

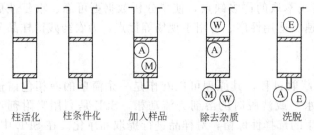

图 9-7　固相萃取基本步骤

（2）加样　为克服加样过程中被测物质的流失，试样溶剂强度不宜过高，可以采用弱溶剂稀释样品、减少试样体积、增加柱中的填料量和选择对被测物有较强保留的填料等手段。加样体积的多少取决于萃取柱的大小、填料类型及用量、被测物的保留性质和试样中被测物质及基质组分的浓度等因素。

固相萃取柱选定后，应进行穿透实验，确定穿透体积（breakthrough volume）。穿透体积是指在固相提取时化合物随样品溶液的加入而不被自行洗脱下来所能流过的最大液样体积，也可以理解为样品溶液的溶剂对样品中残留农药的保留体积。

穿透体积可通过测定穿透曲线的方法来确定。先配制标准溶液，其浓度既要参照预期的试样中被测物的最大浓度，又要考虑柱填料的吸附量，以使在达到穿透体积之前上样量不会超过吸附容量。先测定标准溶液的吸收强度 A_0，再用该溶液过柱，按一定体积间隔连续测定流出液的吸收强度 A，最后以流出液体积为横坐标，以吸收强度比（A/A_0）为纵坐标作图确定穿透体积。图 9-8 为用 $100\mu g/L$ 的标准液在 C_{18} 柱上测定西玛津、阿特拉津和利谷隆三种农药的穿透曲线。穿透体积还可以用其他方法测定或以液相色谱的保留体积估计。

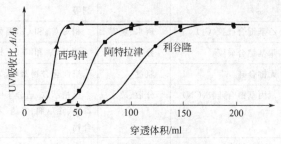

图 9-8　三种农药的穿透曲线

穿透体积是确定上样体积和衡量浓缩能力的一个重要参数。例如，估计某水样甲胺磷的含量在 $0.05\mu g/ml$ 以下，仪器的检测限为 25ng，甲胺磷水溶液对 360mg C_{18} 柱的穿透体积为 1.2ml，而要达到检测限，需水样 0.5ml，所以上样体积为 0.5～1.2ml。

（3）除去干扰杂质　用中等强度的溶剂将干扰组分洗脱下来，同时保持被测物仍留在柱填料中。对反相萃取柱，清洗溶剂是含适当浓度有机溶剂的水或缓冲溶液。通过调节清洗溶剂的强度和体积，尽可能多地除去能被洗脱的杂质。为了决定最佳清洗溶剂的浓度和体积，可在加样后用 5～10 倍固相萃取柱床体积的溶剂清洗，依次收集和分析流出液，得到清洗溶剂对被测物质的淋洗曲线。

（4）被测物的洗脱　将试样加入固相萃取柱后，改变洗脱剂强度和体积，通过测定被测物的回收率选择合适的洗脱溶剂强度和体积。较强的溶剂能够使被测物洗脱并收集在一个小体积的馏分中，但有较多的强保留杂质同时被洗脱下来。用较弱的溶剂洗脱，被测物洗脱的体积较大，但杂质含量较小。

4. 影响固相萃取的因素

（1）柱填料　可应用于 SPE 的柱填料种类繁多，比较常用的有吸附型、化学键合型和离子交换型。吸附型的有活性炭、硅藻土、硅酸镁、氧化铝等。化学键合型的如硅胶，其中正相的有氨基、二醇基等，反相的有 C_2、C_6、C_8、C_{18}、环己基、苯基等。离子交换型的有季铵基、氨基、二氨基、苯磺酸基、羧基等。表 9-3 列出了 SPE 常用柱填料及其相关应用。

正相吸附剂（如硅胶、弗罗里硅土、中性氧化铝等）属极性保留，溶剂极性越强，洗脱能力越强；反相吸附剂（如 C_{18}、C_8、C_2、CH、PH 等）属非极性保留，溶剂极性越强，洗脱能力越弱。农药残留分析中主要是水样，要使其中的农药被保留而提取出来，就要使水的洗脱能力最弱，所以要使用反相吸附剂进行提取。最常用的反相吸附剂是 C_{18}（十八碳烷基键合硅胶），其粒子大小一般为 $40\mu m$、孔径 6.0～10.0nm，适于在 pH 值为 2～8 范围下中等极性（$K_{ow}=100～1000$）残留农药的提取。正相吸附剂主要用于提取后样品的净化处理。

固相萃取填料应具有很高的吸附能力，在保持吸附可逆性的同时要求快速达到吸附平衡。按照《相似相溶》原则，待测物与固定相两者极性越相近，保留越好。

柱填料的粒度越小，粒度均匀即粒度分布越窄，其分离效率越高。但吸附剂颗粒小，淋洗速度慢，尤其对水和其他黏度较大的样品、溶剂及液体，必须在柱外抽真空、柱内加压或离心的作用下才能通过 SPE 柱。商品柱填料按粒径可分为四类（见表 9-4）。常用的柱填料一般大

约在 $50\mu m$ 左右，大多数的有机溶剂可依靠重力流出。

表 9-3 SPE 常用柱填料及其相关应用

类 型	分子作用	应 用
十八碳烷基键合硅胶（C_{18}）	疏水	反相萃取,适合于非极性到中等极性的化合物,如有机磷、有机氯杀虫剂、除草剂等
辛烷基键合硅胶（C_8）	疏水	反相萃取,适合于非极性到中等极性的化合物,如有机磷、有机氯杀虫剂、除草剂等
乙基键合硅胶（C_2）	疏水、氢键	相对 C_{18} 和 C_8,因为链短,保持作用小得多,适合非极性化合物
苯基键合硅胶	分散、疏水	相对 C_{18} 和 C_8,反相萃取,适合于非极性到中等极性的化合物
无键合硅胶	氢键	极性化合物萃取,如苯氧羧酸类除草剂、有机磷农药等
氰丙基键合硅胶（CN）	分散、疏水	反相萃取,适合于中等极性的化合物;正相萃取,适合于极性化合物,如黄曲霉毒素、除草剂、农药、苯酚等。弱阳离子交换萃取,适合于碳水化合物和阳离子化合物
氨丙基键合硅胶（NH_2）	氢键（质子受体）	正相萃取,适合于极性化合物。弱阴离子交换萃取,适合于碳水化合物、弱性阴离子和有机酸化合物
卤化季铵盐键合硅胶（SAX）	阳离子交换	强阴离子交换萃取,适合于阴离子、有机酸、核酸、核苷酸、表面活化剂
磺酸盐键合硅胶（SCX）	阳离子交换	强阳离子交换萃取,适合于阳离子、抗菌素、除草剂等
酸性氧化铝 A	氢键	极性化合物,离子交换和吸附萃取,如有机氯杀虫剂
碱性氧化铝 B	氢键	吸附萃取和阳离子交换,如有机氯杀虫剂
中性氧化铝 N	氢键	极性化合物吸附萃取。调节 pH 值、阳离子和阴离子离子交换,适合于维生素、抗菌素、芳香油、酶、糖苷、激素
Florisil	氢键	极性化合物的吸附萃取,如除草剂、农药、PCBs、含氮化合物等
辛烷和阳离子交换树脂	阳离子交换	安非他明/甲基苯丙胺、苯环己哌啶、苯甲酰芽子碱、可待因/吗啡、9-羧基-四氢大麻酚

表 9-4 商品柱填料粒径

分 类	粒径/μm	分 类	粒径/μm
小颗粒	5～20	标准颗粒	40～60
中间颗粒	25～40	大颗粒	125～210

（2）保留体积与流速 保留体积（V）为保留时间（t）与样品体积流速（V_i）的乘积（$V=V_i t$）,代表痕量富集时能有效处理的样品体积。

（3）吸附容量 吸附容量（adsorption capacity）是指单位质量吸附剂所能吸附有机化合物的总质量。农药残留分析使用的固相吸附剂大都有 $500\mu g/g$ 以上的吸附容量,有的高达 $15～60mg/g$,完全可满足农药残留分析对吸附容量的要求。

（4）洗脱溶剂 在 SPE 中,洗脱溶剂的选择与目标物性质及使用的吸附剂有关。对反相吸附剂如键合硅胶 C_{18},一般使用甲醇或乙腈作为洗脱溶剂。离子交换吸附剂最常用的洗脱溶剂是离子强度高的缓冲溶液。洗脱正相吸附剂吸附的目标物时,则要用到非极性有机溶剂,如正己烷、四氯化碳等。表 9-5 列出了常用的洗脱溶剂及其相关性质。

在农药残留分析样品的提取净化上,一般都是先用反相柱处理,因此所用的洗脱剂就是水混溶的溶剂或单独用水,使亲脂的杂质吸附在柱上,而农药流过柱子。如果是分析液态食品,如啤酒等,就可直接上柱,然后依次用不同比例的甲醇/水洗脱,最后用乙酸乙酯或二氯甲烷洗脱。

5. 固相萃取应用实例

表 9-5　常用洗脱溶剂及其相关性质

溶　剂	洗脱强度	极　性	溶　剂	洗脱强度	极　性
乙酸	>0.73	6.2	丙酮	0.43	5.40
水	>0.73	10.2	四氢呋喃	0.35	4.20
甲醇	0.73	6.6	二氯甲烷	0.32	3.40
2-丙醇	0.63	4.3	氯仿	0.31	4.40
甲醇/二氯甲烷(2:8,体积比)	0.63		乙醚	0.29	2.90
甲醇/乙醚(2:8,体积比)	0.65		苯	0.27	3.00
甲醇/乙腈(4:6,体积比)	0.67		甲苯	0.22	2.40
吡啶	0.55	5.30	四氯化碳	0.14	1.60
异丁醇	0.54	3.00	环己烷	0.03	0
乙腈	0.50	6.20	戊烷	0	0
乙酸乙酯	0.45	4.30	正己烷	0	0.06

注：1. 洗脱强度指在硅胶柱上的洗脱强度；极性指溶剂与质子供体、质子受体或偶极间相互作用的大小。

2. 本表引自董玉英等. 环境科学进展, 1999, 7(4)。

　　水样残留农药固相提取是将农药持留在柱子中，而食品、动植物样品残留农药的提取是让样品中的杂质持留。对于含水量高的果蔬样品，用水混溶性溶剂提取后，提取液中水的量比较大，将提取液通过一个反相提取柱（如 C_{18}、C_8 或 PH）就可把油脂、蜡质等非极性杂质持留在柱中而被去除（非极性提取）。如果农药的极性中等，其辛醇-水分配系数在 100～1000 之间，就可以通过溶剂（一般是丙酮或乙腈）的加入量来调节提取液中的含水量，使农药很容易地洗脱下来。能够与水形成氢键或能通过调节 pH 值使其离子化的农药，都可用一定比例的水-有机溶剂洗脱。

　　如果要进一步去除糖等极性化合物或阴离子化合物，就要用其他类型固相提取柱（如四甲基氨基阴离子交换柱、NH_2、SAX、DEA 等）再提取一次（极性提取）。这时先要用液液分配法转换提取液溶剂，把水去除或降至较低的量。

　　美国环境保护局（USEPA）涉及农药残留的 EPA 方法列于表 9-6 中。

表 9-6　用 SPE 净化和富集农药残留的 EPA 方法

EPA 方法	农　药	试　样	SPE 固定相
508.1	含氯杀虫剂、除草剂	饮用水	C_{18}
549.1	杀草快、百草枯	饮用水	C_8
552.1	卤代乙酸、茅草枯	饮用水	阴离子交换剂
553	含氮杀虫剂	饮用水	C_{18} 或 PS-DVB
1656	有机卤化物杀虫剂	废　水	C_{18}
1657	有机磷杀虫剂	废　水	C_{18}
1658	苯氧羧酸类除草剂	废　水	C_{18}
3535	有机氯杀虫剂	水溶样	C_{18} 或 PS-DVB
3600	有机氯杀虫剂	废　水	氧化铝、硅胶、Florisil
8325	含氮杀虫剂	水、废水	C_{18}

四、固相微萃取（solid-phase microextraction，SPME）

　　固相微萃取技术是 20 世纪 90 年代初问世的一种样品处理新技术，由于在萃取样品中待测组分不需使用有机溶剂，萃取速度快，集萃取、净化、富集于一体等优点，因而在环境有机污染物检测等领域迅速得到推广、应用（表 9-7）。

　　1. 固相微萃取的理论基础

　　固相微萃取根据吸附-解吸原理，由萃取头（纤维）吸附样品中挥发性或半挥发性有机污

表 9-7　几种萃取方法的比较

项　目	液-液萃取	固相萃取	固相微萃取	吹扫捕集	顶空提取
萃取时间/min	60～180	20～60	5～20	30	30
样品体积/ml	50～100	10～50	1～10	1～10	1～10
溶剂用量/ml	50～1000	3～100	0	0	0
应用范围	难挥发性	难挥发性	挥发性与难挥发性	挥发性	挥发性
检测限	ng/L	ng/L	ng/L	μg/L	mg/L
相对标准差	5～50	7～15	<1～12	1～30	1～30
费用	高	高	低	高	低
操作	烦琐	简便	简便	烦琐	简便

染物,吸附一定时间后,取出萃取头,置于气相色谱(GC)或高效液相色谱(HPLC)等分析仪器进样口,进行热解吸(GC)或溶解(HPLC),并完成样品的检测过程。

在萃取样品时,萃取头与样品中待检测组分之间存在吸附平衡,萃取头中吸附的待测组分量与吸附膜厚度、种类、样品体积等有关。

$$n=\frac{K_{fs}V_fC_0V_s}{K_{fs}V_f+V_s}\qquad(9-8)$$

式中　n——吸附膜吸附的待测组分量;

K_{fs}——待测组分在吸附膜与样品介质间的分配系数;

V_f——吸附膜体积;

C_0——样品中待测组分的初始量;

V_s——样品体积。

SPME 的萃取量与溶液的初始浓度成线性关系。由于萃取纤维材料为特殊的固定相,对待测组分具有极强的吸附能力(K_{fs}值大),故 SPME 能有效地富集待测组分,灵敏度极高。当样品体积足够大时,萃取量与样品体积无关。因此,SPME 特别适合于现场直接采样分析,而无须烦琐的采样、提取、净化、富集等样品处理过程。

2. 固相微萃取装置

固相微萃取装置主要包括萃取手柄、萃取头(图 9-9)和专用萃取平台(图 9-10)。

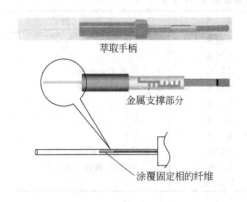

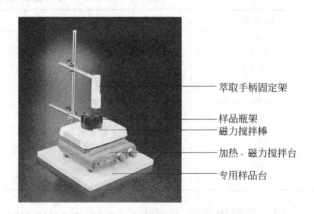

图 9-9　固相微萃取手柄及萃取头　　　　　　图 9-10　固相微萃取平台

萃取头是一根 1cm 长的熔融石英纤维丝,表面涂有吸附聚合物,固定在不锈钢活塞上;不锈钢活塞安装在萃取手柄上。平时萃取头收缩在手柄内,萃取样品时,推出萃取头,将其浸渍在样品溶液中或置于样品上空进行顶空萃取,有机物就会吸附在萃取头上。经过一段时间的吸附,将萃取头收缩于鞘内,抽出萃取头,即可进行仪器分析。

3. 萃取条件及其优化

SPME 包含了吸附与解吸两个过程（图 9-11）。尽管理论上以萃取达到动态平衡时计算萃取量及样品中各组分的浓度，但实际工作中既不要求完全萃取也无须达到吸附平衡。影响萃取效果的因素主要有萃取纤维（膜）的类型、厚度、萃取时间、离子浓度、萃取温度、搅拌速度等。影响解吸的因素主要有解吸温度、萃取纤维插入深度及时间。对于静态解吸，萃取物在溶剂中的溶解度也是影响解吸的重要因素。

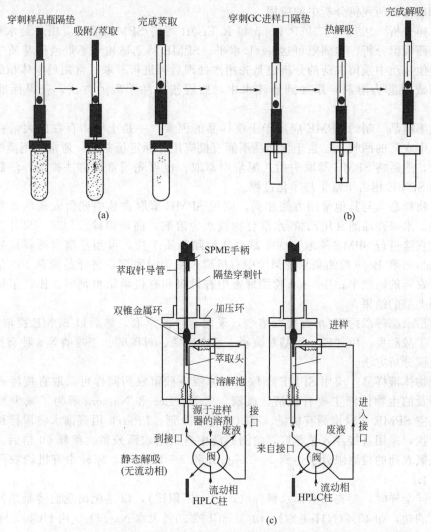

图 9-11　SPME 工作过程
(a) 萃取；(b) 热解吸（GC）；(c) 静态解吸（HPLC）

SPME 萃取也符合"相似相溶"原理，即极性组分以极性萃取头萃取，非极性组分以非极性萃取头萃取。膜的厚度越大，其萃取能力越强，通常包膜厚度大的纤维用于挥发性物质的萃取，转移到气相色谱热解吸时，其损失最小；用较薄的包膜纤维萃取高沸点组分，有利于高沸点化合物的快速扩散及解吸，但薄膜吸附量有限，较易达到饱和。

在样品中添加氯化钠可有效提高萃取效果，特别适用于提取极性化合物或挥发性组分。对于高分配系数的组分，萃取时不用添加盐，否则分析时可能产生干扰峰。调节样品的 pH 值可使某些组分的溶解度减到最小。

样品浓度对萃取结果有影响但又难以控制。由于样品中组分浓度通常为未知的，因此保持样品体积一致就显得特别重要。直接将萃取头浸入样品溶液中萃取时，样品体积以1～5ml为宜，采用顶空萃取时，则宜在20ml以上。采用浸入式萃取时，应尽量减少样品瓶的顶空体积。

采用顶空萃取模式时，对样品的温度要求较浸入式萃取严格。在一定的范围内，通常温度越高，萃取量越大。研究表明，提高样品温度到60℃左右，可以提高有机氯、有机磷杀虫剂及三嗪类除草剂的回收率。

4. SPME在农药残留分析中的应用

（1）水样分析 1994年，由P. Popp和R. Eisert等将SPME最早应用于纯水和河水中6种有机磷农药残留分析，检测限可达μg/L水平。SPME特别适用于萃取液体基质中的残留农药。很多其他基质中残留农药的分析也是先用水处理后再进行萃取。常用最少体积的农药标准溶液（丙酮或甲醇为溶剂）添加到超纯水中，然后按样品萃取的方法，获得标准曲线进行定量。

（2）土壤样品 制约SPME应用于土壤样品的因素，一是土壤中存在的大量有机质显著影响对土壤中农药的回收，二是土壤样品不能直接应用外标定量曲线。通常先用蒸馏水处理土壤形成匀浆，然后将SPME萃取头插入泥浆中萃取。也可先用常规方法提取，然后用SPME萃取，此时SPME相当于富集与净化过程。

（3）食物样品 与其他常用方法相同，应用SPME萃取食品中残留农药，首先要进行样品的预处理。水果样品通常用乙腈/水混合物或水为溶剂，高速捣碎、匀浆，果汁、果酒等液体样品可以直接进行SPME萃取。为了减少或消除基质干扰，可用蒸馏水稀释样品，然后再萃取。Simplicio和Boas检测梨果及梨汁中有机磷杀虫剂时发现，将样品稀释100倍，可以显著提高残留农药的回收率；Jimenez检测蜂蜜中有机氯和有机磷杀虫剂时，比较了稀释倍数的影响，得到类似的结果。

汤锋、岳永德等以丙酮/水为提取溶剂，采用超声波萃取，然后以SPME提取，GC-FPD分析，建立了敌敌畏、甲拌磷、甲基对硫磷、杀螟硫磷、对硫磷、三唑磷等6种有机磷杀虫剂在青菜中残留分析方法。

（4）生物体液样品 应用SPME萃取生物体液中残留农药同样可采取直接浸入萃取和顶空萃取，涉及的生物体液主要有血清、血液、尿等。Lee和Namera等为了减少复杂基质干扰，采用顶空SPME萃取检测有机氯、有机磷等杀虫剂。Pitarch用蒸馏水将尿样稀释10倍，减少基质干扰，采用直接浸入法萃取，检测尿液中有机磷农药残留。稀释50倍后，血清中有机磷、有机氯农药的检测限分别达到1～25μg/L和2～11μg/L，尿样中有机磷农药检测限为0.06～6μg/L。

分析血样全样时，要先用蒸馏水稀释（1：1，体积比），以避免出现血清凝结问题，然后加入高浓度的盐，如40%$(NH_4)_2SO_4$/40%NaCl或30%无水Na_2SO_4，用HCl或H_2SO_4调节pH值到酸性再进行SPME萃取。

该方法对有机氯农药和有机磷农药在体液中的添加回收测定结果均在70%以上。

五、超临界流体萃取法（supercritical fluid extraction，SFE）

超临界流体萃取是利用超临界条件下的流体作为萃取剂，从环境样品中萃取出待测组分的分离技术。1986年超临界流体萃取开始用于环境分析，美国环保局1990年提出利用SFE技术在5年内减少95%含氯溶剂的使用，并将SFE方法定为常规的分析方法。

1. 基本原理

气、液、固是物质存在的三种状态，图9-12为纯物质的压力-温度曲线图，T点是气、液、固三相平衡共存的三相点。当纯物质沿气-液饱和线升温达到C点时，气液界面消失，体系性质变得均一，不再分为气体和液体。C点称为临界点，与该点对应的温度和压力分别为临

界温度 T_c 和临界压力 p_c，高于 T_c 和 p_c 的区域属于超临界流体（supercritical fluid）。

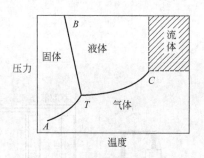

图 9-12　纯物质典型的压力-温度曲线

向超临界流体加压时气体不会液化，只是密度增大，具有类似液态性质，同时还保留气体性能。因此，超临界流体既具有液体对溶质有比较大的溶解度的特点，又具有气体易于扩散和运动的特性，传质速率高于液相过程。另外，它的表面张力小，很容易渗透到样品中去，并保持较大的流速，可以使萃取过程高效、快速完成。

在临界点附近，流体的性质对温度和压力的变化极为敏感，微小的温度和压力变化都会引起物质性质的极大变化。因此，可以利用压力、温度的变化来实现提取和分离过程。

超临界流体萃取剂的选择随萃取对象的不同而异，通常临界条件较低的物质优先考虑。CO_2 便宜易得，惰性无毒，极易从提取产物中分离出来；CO_2 的临界压力适中，临界温度 31℃，分离过程可在接近于室温条件下进行，同时 CO_2 具有超临界密度大、溶解能力强、传质速率高等优点，所以绝大部分超临界流体提取都是以 CO_2 为溶剂。其他值得注意的超临界流体溶剂有轻质烷烃（$C_3 \sim C_5$）和水。表 9-8 列出了超临界流体萃取中常用的萃取剂及其临界值。

表 9-8　常用超临界萃取剂及其临界值

化　合　物	沸点/℃	临　界　点　数　据		
		临界温度/℃	临界压力/MPa	临界密度/(g/cm³)
二氧化碳	−78.5	31.06	7.39	0.448
氨	−33.4	132.3	11.28	0.24
甲烷	−164.0	−83.0	4.6	0.16
乙烷	−88.0	32.4	4.89	0.203
丙烷	−44.5	97.0	4.26	0.220
正丁烷	−0.5	152.0	3.80	0.228
正戊烷	36.5	196.6	3.37	0.232
正己烷	69.0	234.2	2.97	0.234
水	100	374.2	22.00	0.344

2. 超临界流体萃取仪

超临界流体萃取装置（图 9-13、图 9-14）一般包括超临界流体发生源、萃取部分和溶质减压吸附分离部分等。超临界流体发生源由萃取剂贮槽、高压泵及其他附属装置组成，功能是将萃取剂由常温、常压态转变为超临界流体。高压泵通常采用注射泵，最高压力为 10MPa 至几十兆帕，具有恒压线性升压和非线性升压的功能。萃取部分包括样品萃取部分及附属装置。溶质减压吸附分离部分由喷口及吸收管组成。

3. 超临界流体萃取操作

超临界流体萃取过程是处于超临界态的萃取剂进入样品管，待测物从样品的基质中被萃取至超临界流体中后，再通过流量限制器进入收集器中。萃取出来的溶质及流体由超临界态喷口减压降温转化为常温常压，此时流体挥发逸出，而溶质吸附在吸收管内多孔填料表面，用合适的溶剂淋洗吸收管即可将溶质洗脱收集。

超临界流体萃取的操作方式可分为动态、静态及循环萃取 3 种。动态法是超临界流体萃取剂一次直接通过样品管，使被萃取的组分直接从样品中分离出来进入吸收管的方法。动态法操作简便、快速，特别适合于萃取在超临界流体萃取剂中溶解度很大的物质，且样品基质又很容

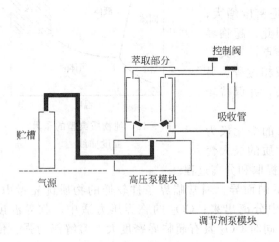

图 9-13　SFE 萃取流程图　　　　　　　　　　　　图 9-14　超临界流体萃取仪

易被超临界流体渗透的被测样品。静态法是将待萃取的样品"浸泡"在超临界流体内，经过一定时间后，再把含有被萃取溶质的超临界流体送至吸收管。静态法没有动态法快速，但适合于萃取与样品基质较难分离或在超临界流体内溶解度不大的物质，也适于样品基质较为致密、超临界流体不易渗透的样品。循环法的本质是动态法和静态法的结合，是将超临界流体充满萃取管，然后用循环泵使样品萃取管内的超临界流体反复多次经过管内的样品进行萃取，最后进入吸收管。因此，循环法比静态法萃取效率高，又能萃取不适于动态法的样品，应用范围广。

4. 影响因素

（1）压力　压力的较小改变可引起超临界流体对物质溶解能力的较大变化，进而将样品中的不同组分按其在超临界流体中溶解度的大小，先后萃取分离出来。在低压下溶解度大的物质先被萃取，随着压力的增加，难溶物质也逐渐从基质中萃取出来。因此，在程序升压下进行超临界萃取，不但可以萃取不同的组分，还可以实现不同组分的分离。另外，提高压力一般可以提高萃取效率。

（2）温度　温度主要影响萃取剂的密度和溶质的蒸气压。在低温区，温度升高降低流体密度，而溶质蒸气压增加不大，因此萃取剂的溶解能力降低，溶质从流体萃取剂中析出；温度再升高时，萃取剂密度进一步降低，溶质蒸气压迅速增加，挥发度提高，萃取率增大。

（3）有机溶剂　在超临界流体中加入少量的极性有机溶剂，也可改变溶质的溶解能力。通常加入量不超过 10%，而以甲醇、异丙醇等居多。少量极性有机溶剂的加入，还可使萃取范围扩大到极性较大的化合物。

（4）其他因素　影响萃取效率的因素除了超临界流体的压力、温度和添加的有机溶剂外，萃取过程的时间及吸收管的温度，也会影响萃取的效率及吸收效率。萃取时间取决于被萃取组分在超临界流体中的溶解度和在基质中的传质速率。溶解度或传质速率越大，萃取效率越高，速度也越快，所需萃取时间越短。降低收集器的温度有利于提高回收率，因为萃取出的溶质吸附或溶解在吸收管内时会放出吸附热或溶解热。

六、加速溶剂萃取（accelerated solvent extraction，ASE）

加速溶剂萃取是通过提高萃取剂的温度和压力，以提高萃取效率和加快萃取速度的新型高效萃取方法。ASE 突出的优点是以自动化方式进行萃取，提取时间从传统的数小时降低到以分钟计，有机溶剂用量少（表 9-9），回收率高。ASE 适用于固体和半固体样品的制备，已被美国 EPA 接受为环境、食品和其他固体、半固体样品的标准提取方法。

表 9-9　几种萃取方法的有机溶剂用量

萃取方法	索氏抽提	超声波提取	微波辅助提取	振荡提取	自动索氏抽提	加速溶剂提取
样品量/g	10~30	30	5	50	10	10~30
溶剂用量/ml	300~500	300~400	30	300	50	15~45
溶剂/样品	16~30	10~13	6	6	5	1.5

1. 加速溶剂萃取原理

提高温度一方面可使范德华力、氢键及溶剂分子和基质活性部分的偶极吸引力被削弱，溶剂溶解待测物质的容量增加，另一方面可使液体的黏度降低，溶剂、溶质和基质的表面张力降低，有利于被萃取物与溶剂的接触、相互渗透，从而显著增加溶剂扩散到样品基质的速率。溶解容量的增加和溶剂扩散速率的加快，都有利于提高萃取效率。液体的沸点一般随着压力的升高而提高，因此，实验中，要想在温度升高后获得理想的结果，则需要同时施加足够的压力以保持溶剂处于液体状态。增大压力后，可迫使溶剂进入到基质在常压下不能接触到的部位，有利于将溶质从基质微孔中萃取出来。

2. 加速溶剂萃取装置

加速溶剂萃取系统由 HPLC 泵、气路、不锈钢萃取池、萃取池加热炉、萃取收集瓶等构成（图 9-15、图 9-16）。

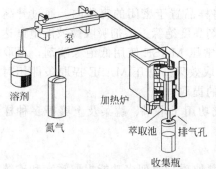

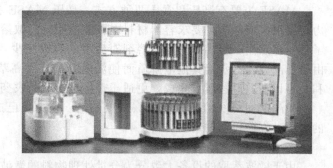

<table>
<tr><td>图 9-15　加速溶剂萃取仪结构示意图</td><td>图 9-16　加速溶剂萃取仪</td></tr>
</table>

HPLC 泵用于压力控制，萃取池采用不锈钢制造，用压缩的气体将萃取的样品吹入收集瓶内，萃取时有机溶剂的选择与索氏抽提法相同。萃取温度一般控制在 150~200℃，压力通常为 3.3~19.8MPa。

3. 加速溶剂萃取操作

加速溶剂萃取的步骤是，将样品置于不锈钢提取池内，提取池由加热炉加热至 50~200℃，通过泵入溶剂使池内工作压力达到 100×10^5 Pa 以上。样品接收池与提取池相连，通过静压阀（static valve）定期地将提取池内溶剂释放到接收池内，提取池内的压力同时得到缓解。经过静态提取 5~15min 以后，打开静压阀，用脉冲氮气将新鲜溶剂导入提取池冲洗残余的提取物。快速溶剂提取每 10g 样品约需 15ml 溶剂，每个样品的提取时间一般少于 20min。

根据被萃取样品挥发的难易程度，加速溶剂萃取采用两种方式对样品进行处理，即预加热法（preheat method）和预加入法（prefill method）。预加热法是在向萃取池加注有机溶剂前先将萃取池加热，适用于不易挥发的样品。预加入法是在萃取池加热前先注入有机溶剂，使易挥发组分溶解于溶剂中，可避免加热过程中的损失，适用于易挥发样品。

4. 加速溶剂萃取的应用实例

加速溶剂萃取测定香蕉和马铃薯中有机氯农药的典型过程为：称取 30g 样品，加入 30~

50g 硅藻土，用研钵研磨混合均匀，在萃取池底部放入一张过滤片，将样品小心移入萃取池，用 3~5ml 萃取溶剂淋洗研钵和研杵，淋洗液移入萃取池后，旋紧萃取池。将萃取池放入加速溶剂萃取仪中，放入收集瓶，执行萃取程序。萃取条件为温度 100℃、压力 10MPa、加热时间 5min、静态萃取时间 5min、冲洗体积 60％、吹扫时间 180s、循环次数 1~2 次、萃取溶剂为正己烷/丙酮（9∶1，体积比）。萃取完毕后，将收集瓶中的全部液体，通过 50g 无水硫酸钠转移至 500ml 圆底烧瓶中，漏斗和收集瓶用约 20ml 溶剂分 4 次淋洗。滤液旋转蒸发，浓缩至约 10ml，过 C_{18} 柱，供气相色谱分析。对 13 种有机氯农药萃取回收率均在 70％ 以上。[常春艳等. 口岸卫生控制，2005，9(6)：25~26]

七、微波辅助萃取（mircrowave assisted solvent extraction，MASE）

微波辅助萃取是 1986 年匈牙利学者 Gauzler 等提出的一种新的少溶剂样品前处理方法，是通过利用微波强化溶剂萃取的效率，使固体或半固体试样（如土壤、食品、饲料）中的待测组分与基质有效分离。

1. 微波辅助萃取原理

微波萃取是高频电磁波穿透萃取媒质，到达被萃取物料（如细胞等）的内部，微波能迅速转化为热能，使细胞内部温度快速上升，当细胞内部压力超过细胞壁承受能力，细胞破裂，细胞内有效成分自由流出，在较低的温度下溶解于萃取媒质而被过滤和分离。在微波辐射作用下，被萃取物料加速向萃取溶剂界面扩散，不仅萃取速率数倍提高，同时较低的萃取温度有利于保证萃取的质量。

MASE 主要有高压和常压两种方式。高压 MASE 将样品置于密闭的容器内，通过升高压力与温度完成萃取，要求容器材料对微波透明，提取溶剂高度绝缘。溶剂吸收微波能量虽达到了常压沸点而不会沸腾。由于溶剂对微波的吸收极少，常压 MASE 使用低绝缘溶剂，萃取时由于样品中含有水等其他电解质而使温度升高，提高萃取效果。常压 MASE 提取条件相对温和，可以在敞口容器里完成，更适于热稳定性差的农药的提取。

MASE 可减少溶剂消耗 90％，效率高、快速，已成功用于水果、蔬菜及土壤等多种样品的数十种农药残留的萃取分析。

2. 微波辅助萃取装置

用于微波萃取的设备大致分为分批处理物料的微波萃取罐（类似多功能提取罐）和连续微波萃取线两类（图 9-17），使用的微波频率也有 2450MHz 和 915MHz 两种。商品化的仪器一次性可处理 16 个样品，提取时间为 15~30min，溶剂消耗为 20~30ml。

3. 萃取条件的选择

MASE 中溶剂的选择非常重要，直接影响到萃取结果。由于非极性溶剂介电常数小，对微波透明或部分透明，无法进行萃取分离，因此在微波萃取时，要求溶剂必须具有一定的极性，对待测组分有较强的溶解能力，对后续测定的干扰较少。用苯、正己烷等非极性溶剂萃取时必须加入一定比例的极性有机溶剂。

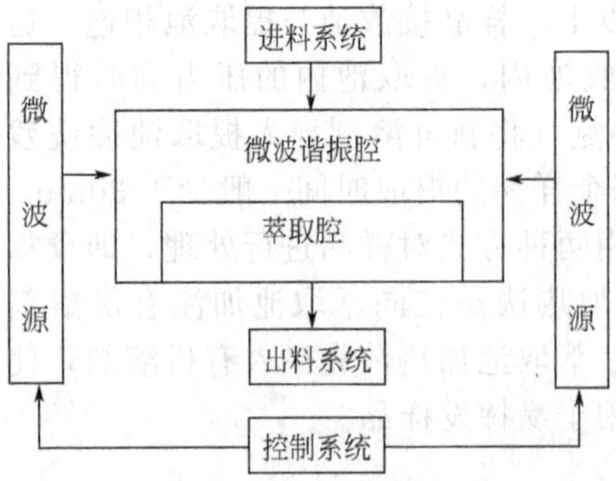

在密闭容器中，由于内部压力可达到 1MPa 以上，溶剂沸点比常压下沸点高很多，热效率高，萃取效率随之大大提高。操作中要求控制溶剂温度使其不沸腾，且在该温度下待测物不分解。萃取回收率在一定的范围内随温度增加而增加，对有机氯农药，萃取温度在 120℃ 时可获得最好的回收率。

微波辅助萃取时间与被测样品量、溶剂体积和加热功率有关，萃取时间一般为 10~15min。

图 9-17　微波萃取框图

4. 微波辅助萃取的应用实例

美国 EPA 于 2000 年 11 月发布了微波辅助萃取方法（Method 3546），规定 MASE 可用于萃取土壤、矿物、沉积物、淤泥及固体废弃物中不溶于水或水溶性差的有机污染物，包括有机磷杀虫剂、有机氯杀虫剂及除草剂、苯氧羧酸类除草剂等。

Method 3546 方法中土壤样品处理的萃取过程如下：

弃去表面水，剔除动植物残体及沙石等，充分混匀后，置于玻璃盘或用正己烷润洗后的铝箔上，室温下风干 48h。粉碎样品，过 10 目筛。为避免易挥发成分的损失或污染，也可用等量无水硫酸钠或粒状硅藻土与样品混合研磨，直至获得能自由流动的粉体。测定干物质含量。称取 10～30g 样品，置于萃取罐中，加入代用标准品，加入 25ml 适当的溶剂，密封。将萃取罐装入仪器中，推荐的萃取条件为 100～115℃，压力 350～1000kPa，加热时间 10～20min。冷却至室温，取出萃取罐，用萃取溶剂润洗容器。提取液经浓缩、净化后，用仪器进行检测。

八、超声波萃取（ultrasonic wave extraction）

1. 超声波萃取的原理

超声波是一种频率为 $2 \times 10^4 \sim 10^9$ Hz 的弹性机械振动波，本质上与电磁波不同。因为电磁波（包括无线电波、红外线、可见光、紫外线、X 射线和 γ 射线等）能在真空中传播，而超声波必须在介质中才能传播，穿过介质时形成包括膨胀和压缩的全过程。在传播过程中超声波与媒质的相互作用机制可分为热机制、机械（力学）机制和空化机制三种。热机制是指超声波在媒质传播过程中，其振动能量不断被媒质吸收转变为热量而使媒质温度升高。当超声波频率较低、媒质吸收系数较小、超声作用时间很短时，超声效应可归结为机械机制。超声空化是聚集声能的一种方式。

超声波萃取（亦称超声波辅助萃取，ultrasound-assisted extraction）是利用超声波辐射压强产生的强烈空化效应、机械振动、扰动效应、高的加速度、乳化、扩散、击碎和搅拌作用等多级效应，增大物质分子运动频率和速度，增加溶剂穿透力，从而加速目标成分进入溶剂，促进提取的进行。

2. 超声波萃取的特点

与常规萃取技术相比，超声波辅助萃取快速、高效、成本低，在某些情况下，甚至比超临界流体萃取和微波辅助萃取还好。与索氏萃取相比，其主要优点有：①成穴作用增强了系统的极性，包括萃取剂、待测物和基质，这些都会提高萃取效率，使之达到或超过索氏萃取的效率；②可以通过添加共萃取剂进一步增大液相的极性；③适合不耐热的目标成分的萃取，这些成分在索氏萃取的工作条件下要改变状态；④操作时间比索氏萃取短。

3. 超声波萃取系统

超声波辅助萃取的装置有浴槽式和探针式两种（图 9-18），两者的区别见表 9-10。虽然超声波浴槽应用较广，但存在两个主要缺点，即超声波能量分布的不均匀（只有紧靠超声波源附近的一小部分液体有空穴作用发生）和随时间变化超声波能量的衰减，这实质上降低了实验的重现性和再现性。超声波探针可将能量集中在样品某一范围，因而在液体中能提供有效的空穴作用。

表 9-10　探针式和浴槽式超声波系统的比较

项　目	探针式	浴槽式	项　目	探针式	浴槽式
处理时间/min	<5	>30	固液萃取产率	高	低
恒温箱	无	有	对有机金属化合物破坏程度	高	低
能量/（W/cm²）	50～100	1～5	样品处理量	低	高
振幅	可变	恒定			

超声波辅助萃取目前主要是手工操作，较少用于连续系统。

4. 影响提取的因素

(a) 探针式

(b) 浴槽式

图 9-18　超声波萃取仪

与所有声波一样，超声波在不均匀介质中传播也会发生散射衰减。超声波提取时，样品整体作为一种介质是各向异性的，即在各个方向上都不均匀，造成超声波的散射。因此，到达样品内部的超声波能量会有一定程度的衰减，影响提取效果。当样品量越大时，到达样品内部的超声波能量衰减越严重，提取效果越差。在较大颗粒的内部，溶剂的浸提作用会明显降低。当颗粒直径与超声波长的比值为 1‰ 或更小时，这种散射造成超声波能量的衰减。

对于超声波提取来说，提取前样品的浸泡时间、超声波强度、超声波频率及提取时间等也是影响目标成分提取率的重要因素。超声波提取对提取瓶放置的位置和提取瓶壁厚要求较高，这两个因素也直接影响提取效果。

5. 超声波提取的应用

超声波辅助萃取用于环境样品预处理主要集中在土壤、沉积物及污泥等样品中有机污染物的提取分离上，被提取的有机污染物包括有机氯农药、多环芳烃、多氯联苯、苯、硝基苯、有机锡化合物、除草剂、杀虫剂等。

沉积物中拟除虫菊酯类杀虫剂、有机磷杀虫剂及有机氯农药的检测，用超声波辅助萃取处理样品时的过程为：

将冷冻的样品解冻，离心除去过量的水，匀浆。称取 20g 样品（湿重），加入无水 $MgSO_4$，在大烧杯中冰浴下充分混合，直至其干燥。加入 50ml 丙酮/二氯甲烷（50∶50，体积比），超声萃取 5min。倾出提取液，用 2g 无水 $MgSO_4$ 过滤。重复提取两次，每次 3min。合并提取液，于旋转蒸发器上 40℃ 条件下浓缩至约 5ml，用正己烷进行溶剂置换，用氮气吹至 2ml。浓缩液经弗罗里硅土柱色谱净化，GC-ECD 检测。添加回收结果列于表 9-11。

九、基质固相分散萃取（matrix solid-phase dispersion，MSPD）

1. 基本原理

基质固相分散萃取是 Barker 等在 1989 年提出并给予理论解释的一种快速样品制备技术，集提取、净化、富集于一体。MSPD 在处理固态样品时，无需先用有机溶剂萃取，而是将样品与某种填料（如弗罗里硅土、活性炭、硅胶、C_{18} 等）充分研磨，使样品与具有很大比表面积的填料充分接触，均匀分散于固定相颗粒的表面，在此过程中完成样品的匀化，制成半固态粉末，然后装入色谱柱，选择适当的淋洗剂洗脱，获得已净化好的提取液。一般情况下不需要进一步净化，经适当浓缩即可进行测定。

基质固相分散是一种在 SPE 基础上改进后的样品处理方法。与 SPE 比较，其优点在于依靠机械剪切力、填料的去垢效应和巨大的表面积使样品结构破碎并且在填料表面均匀分散，浓缩了传统的样品前处理中所需的样品匀化、组织细胞裂解、提取、净化等过程，避免了样品匀

表 9-11　沉积物中农药残留超声波辅助萃取添加回收结果

农药	1µg/kg		5µg/kg		20µg/kg	
	回收率/%	RSD/%	回收率/%	RSD/%	回收率/%	RSD/%
α-六六六	99.1	3.4	94.9	1.4	86.8	8.0
β-六六六	102.9	5.0	98.6	5.1	96.1	4.9
γ-六六六	91.0	4.9	99.8	1.7	94.5	8.8
d-六六六	107.8	5.5	94.5	5.1	101.8	6.1
七　氯	93.8	7.3	85.0	8.2	103.3	9.4
艾氏剂	88.6	3.1	87.5	5.4	73.2	6.5
毒死蜱	97.9	7.7	94.6	8.3	101.7	8.0
环氧七氯	106.4	5.4	95.8	2.8	95.9	6.3
γ-氯丹	98.2	9.4	92.5	2.3	84.6	5.9
α-硫丹	92.3	7.2	96.3	2.7	93.5	0.0
α-氯丹	102.0	6.8	89.4	2.2	86.6	4.8
p,p'-DDE	112.8	7.0	97.2	2.6	96.2	7.9
狄氏剂	108.9	7.2	96.4	2.0	93.9	8.3
异狄氏剂	96.6	7.5	95.0	4.0	105.5	6.0
β-硫丹	90.0	4.8	94.7	5.9	78.9	7.4
p,p'-DDD	94.3	4.4	98.6	1.0	97.0	8.1
硫丹硫酸酯	101.9	5.0	111.4	10.6	81.1	3.6
p,p'-DDT	110.5	3.5	95.4	2.8	102.8	1.1
联苯菊酯	105.6	9.0	99.4	1.5	98.3	3.0
甲氧滴滴涕	125.0	10.3	89.9	5.1	103.4	3.1
λ-氯氟氰菊酯	129.8	9.2	117.3	10.7	102.1	9.1
顺式氯菊酯	99.3	9.9	99.7	2.0	101.3	1.5
反式氯菊酯	100.1	4.5	100.0	1.8	98.7	4.8
顺式氰戊菊酯	105.4	8.5	88.7	7.2	96.1	2.6

注：引自 J. You 等. Arch. Environ. Contam. Toxicol, 2004, 47：141～147。

化、转溶、乳化、浓缩造成的损失，固定相处理样品的比容量大，提取净化效率较高。

2. 基质固相分散过程

MSPD 步骤包括试样的均质化、装柱、干扰物质的洗脱、目标物洗脱等过程（图 9-19）。

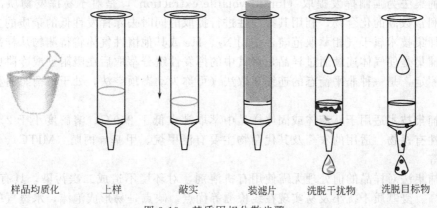

样品均质化　　上样　　　敲实　　装滤片　洗脱干扰物　洗脱目标物

图 9-19　基质固相分散步骤

（1）样品均质化　样品均质化就是将样品与填料混合于研钵中，用玻璃杵将其捣碎成近乎均质的分散系统以装柱层析。

MSPD 是一种微量农药残留萃取技术，通常样品用量少于 1g，样品与填料适合的比例为

1∶4，比值取决于具体的样品类型，如含水量高的蔬菜样品就需要更多的填料，有时还可通过添加无水 Na_2SO_4 等帮助均质化。样品量的多少还取决于仪器的检测限，典型的样品用量为0.5g，填料用量为2g。

填料颗粒大小对处理效果影响较大，颗粒太小（3～20μm）时，洗脱时间变长，而且堵塞MSPD 柱。粒径在 40～100μm 的填料，比较适于 MSPD 应用。

（2）装柱　基质固相分散尚无专用的色谱柱，目前用得较多的是玻璃色谱微柱，一般规格为 10mm(内径)×100mm。样品均质成能自由流动的粉体后，转入底端装有滤片的色谱柱中，轻轻地敲打色谱柱，使混合物均匀紧实地沉积于滤片上，填加约 1cm 高无水 Na_2SO_4，上盖一片滤片，用玻璃杆将滤片推紧，压实即可。

（3）干扰物的洗脱　洗脱杂质的溶剂用量一般为 1～2ml/100mg 填料，流速应控制在能使溶剂与样品混合物充分接触 1～2min。如果洗脱溶剂不溶于水，在洗脱待测物前，基质必须经过干燥处理。具体可在减压条件下，用热的 N_2 或 CO_2 气流吹干样品，如果待测物容易挥发，则用离心干燥比较合适。

（4）待测物的洗脱　与待测物能够发生多种作用的溶剂是最理想的洗脱溶剂，同时必须适于后续检测方法的要求。如对于气相色谱检测，则应尽可能选用易挥发的溶剂。检测前若需要衍生或浓缩，洗脱液的选择则还要考虑待测物溶剂的沸点大小等因素。

一般洗脱液用量为 250μl/100mg 基质，流速对重现性影响极大，如果用单一溶剂洗脱，洗脱液的流速应保证其与基质接触时间在 1～4min。

3. 基质固相分散应用实例

MSPD 目前主要用于蔬菜、水果等新鲜样品中农药残留的提取处理。Fernandaz 将此技术用于蔬菜和水果中 13 种氨基甲酸酯类农药的液相色谱分析，以 C_8 为分散剂，用二氯甲烷/乙腈混合液淋洗，平均回收率为 64%～106%，相对标准偏差为 5%～15%。Furusawa 报道动物脂肪中艾氏剂、狄氏剂、DDT、DDE 和 DDD 检测方法，以酸性氧化铝为分散剂的 MSPD 萃取、庚烷淋洗，HPLC-DAD 测定，5 种有机氯农药的回收率为 84%～98%，变异系数<5%。Viana 用 MSPD 萃取，检测蔬菜中 9 种农药残留，研究表明，弗罗里硅土和二氯甲烷是最适合的组合。样品提取液经进一步 SPE 净化，用 GC-MS 测定。

十、吹扫捕集法（purge-and-trap）

1. 吹扫捕集的原理

吹扫捕集法为强制挥发提取（forced volatile extraction），是对于易挥发物质，特别是蒸气压或亨利常数高的化合物，利用其挥发性进行提取的同时去除挥发性低的杂质的方法。

吹扫捕集技术属于气相萃取范畴，是用 N_2、He 或其他惰性气体将待测物从样品中抽提出来。吹扫捕集是使气体连续通过样品，将其中的挥发性组分萃取后在吸附剂或冷阱中捕集，再进行分析测定，是一种非平衡态的连续萃取法（可称为动态顶空法，处于平衡态时称为静态顶空法）。

吹扫捕集技术适用于从液体或固体样品中萃取沸点低于 200℃、溶解度小于 2% 的挥发性或半挥发性有机物。适用的农药及其代谢物主要有溴甲烷、甲基异丙腈（MITC）、氧化乙烯、氧化丙烯等。

吹扫捕集法对样品的前处理无需使用有机溶剂，对环境不造成二次污染，具有取样量少、富集效率高、受基质干扰小及易实现在线检测等优点。缺点是易形成泡沫，水蒸气的吹出不利于吸附，还会对火焰类检测器产生淬火作用。

2. 吹扫捕集法的操作

吹扫捕集过程为用 N_2、He 或其他惰性气体以一定流量通过液体或固体样品进行吹扫，吹出的痕量挥发性组分经冷阱中的吸附剂吸附，再加热脱附后进入气相色谱系统完成检测。由于气体的吹扫，破坏了密闭容器中气、液两相的平衡，使挥发性组分不断从液相进入气相而被吹扫出来，从而使更多的挥发组分逸出到气相，因此比静态顶空法能测量更低的痕量组分（表 9-12）。

表 9-12 吹扫捕集与静态顶空法的比较

项　目	吹扫捕集法	静态顶空法	项　目	吹扫捕集法	静态顶空法
高挥发性化合物	能	能	重复样品	不需要	需要
低挥发性化合物	能	不能	方法线性范围	宽	有限
方法检测限	$1\mu g/L$	$10\sim100\mu g/L$	目标化合物数量	<80	$40\sim50$

吹扫捕集气相色谱法分析流程如图 9-20 所示。

①取一定量的样品，加入吹扫瓶中；②将经过硅胶、分子筛和活性炭干燥净化的吹扫气，以一定的流量通入吹扫瓶中，以吹脱出挥发性组分；③吹脱出的组分被保留在吸附剂或冷阱中；④打开六通阀，把吸附管置于气相色谱的分析流路；⑤加热吸附管进行脱附，挥发性组分被吹出并进入气相色谱柱；⑥进行气相色谱分析。

3. 影响吹扫效率的因素

吹扫效率是指吹扫捕集待测组分的回收率，影响因素主要有吹扫温度、样品溶解度、吹扫气流速及流量、捕集效率和解吸温度和时间等。

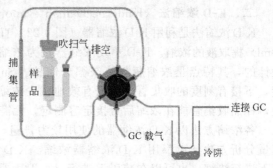

图 9-20　吹扫捕集提取分析系统

（1）吹扫温度　提高吹扫温度，相当于提高蒸气压，因此吹扫效率提高。在吹扫水溶性高的组分时，吹扫温度对吹扫效率的影响更大。但是温度过高，带出的水蒸气量增加，不利于后续的吸附，给非极性气相色谱分离也带来困难，还会造成火焰类检测器的淬火。因此一般选取 50℃ 为常用温度，对高沸点、强极性组分，可以适当提高吹扫温度。

（2）样品溶解度　样品组分溶解度越高，其吹扫效率越低。盐效应能够改变样品组分的溶解度，通常盐的含量可加至 15％～30％，不同的盐对吹扫效率的影响不尽相同。

（3）吹扫气流速及吹扫时间　吹扫气的体积等于吹扫气流速与吹扫时间的乘积。通常用控制气体体积来选择合适的吹出效率。气体总体积越大，吹出效率越高，但体积太大对后面的捕集不利，会将捕集在吸附剂或冷阱中的待测物吹失，因此，一般控制在 400～500ml 之间。

（4）捕集效率　吹出物在吸附剂或冷阱中被捕集，捕集效率对吹扫效率影响较大。冷阱温度直接影响捕集效率，选择合适的捕集温度可以得到最大的捕集效率。

（5）解吸温度及时间　一个快速升温和重复性好的解吸温度是吹扫捕集气相色谱分析的关键，它影响整个分析方法的准确度和重复性。较高的解吸温度能够更好地将挥发物送入气相色谱柱，得到窄的色谱峰。因此，一般选择较高的解吸温度，对于水中的有机物，解吸温度通常采用 200℃。在解吸温度确定后，解吸时间越短越好，以便得到峰形对称的色谱峰。

第三节　浓　缩

农药残留量一般均在 mg/kg 水平以下，而常规溶剂提取法所用溶剂的量相对较大，因此样品提取液中的残留农药，其浓度通常很低，在作净化和检测时，必须首先进行浓缩（concentration），使检测溶液中待测物达到分析仪器灵敏度以上的浓度。常用的浓缩方法有减压旋转蒸发法、K-D 浓缩法、氮气吹干法等。一些新的提取方法，如固相提取、吹扫捕集法等可

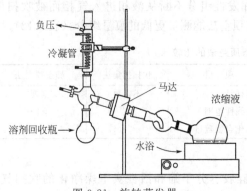

图 9-21　旋转蒸发器

同时实现样品浓缩。

一、减压旋转蒸发法（vacuum rotary evaporation）

减压旋转蒸发法利用旋转蒸发器（图 9-21）在较低温度下使大体积（50～500ml）提取液得到快速浓缩，操作方便，但残留农药容易损失，且样品还需转移、定容。

旋转蒸发器是为提高浓缩效率而设计的，其原理是利用旋转浓缩瓶对浓缩液起搅拌作用，并在瓶壁上形成液膜，扩大蒸发面积，同时又通过减压使溶剂的沸点降低，从而达到高效率浓缩的目的。

二、K-D 浓缩法（Kuderna-Danish evaporative concentration）

K-D 浓缩法是利用 K-D 浓缩器（图 9-22）直接浓缩到刻度试管中，适合于中等体积（10～50ml）提取液的浓缩。K-D 蒸发浓缩器是为浓缩易挥发性溶剂而设计的，其特点是浓缩瓶与施奈德分馏柱（Snyder column）连接，下接有刻度的收集管，可以有效地减少浓缩过程中农药的损失，样品收集管能在浓缩后直接定容测定，无需转移样品。

各浓缩方法以 K-D 浓缩器的使用较为普遍，各国标准农药残留量分析方法，大都用 K-D 浓缩器浓缩。K-D 浓缩器可以在常压下进行浓缩，也可以在减压下进行（一般丙酮、二氯甲烷等溶剂宜在常压下浓缩，而苯等溶剂只可适当减压进行），但真空度不宜太低，否则沸点太低，提取液浓缩过快，容易使样品带出造成损失。K-D 浓缩器的水浴温度不宜过高，一般以不超过80℃为好。为了提高浓缩速度，K-D 瓶也可以用金属套空气浴加热（但温度不能超过沸点）。使用时，样品提取液量为浓缩瓶体积的40%～60%。为减少农药损失，应在使用前用1ml有机溶剂将柱子预湿。然后，将刻度收集管放入水浴中加热，注意不要将水浸过刻度试管接口，而 K-D 浓缩瓶的圆底部分正好处于水浴的蒸汽上。加热沸腾后，溶剂蒸出，施奈德柱可以防止部分溶剂冲出，

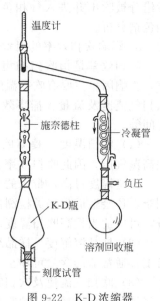

图 9-22　K-D 浓缩器

同时一部分冷却下来的溶剂又能回流洗净器壁上的农药，使农药随溶剂回到蒸馏瓶中。浓缩后的溶液留在底部的刻度试管中，溶液不必进行转移，K-D 瓶也不需洗涤，定容后进行净化或检测。

和减压旋转蒸发浓缩一样，K-D 浓缩法也要注意溶剂爆沸的问题。可在提取液瓶中加入几粒预先用正己烷回流洗净的20～40目金刚砂，也可以用沸石，但由于沸石为多孔性物质，作高度浓缩时易招致农药的损失。高度浓缩时（一般指浓缩到500μl以下）采用两球的小型施奈德柱为好，以保证农药损失最少。对于净化后溶液的浓缩，必须更加警惕，因为提取物中油脂等杂质已经很少，必要时可以加入几微升不干扰分析的抑蒸剂，如乙二醇、硬脂酸和石蜡等，以避免农药损失。为了考察样品的浓缩过程，也可以单独进行标准农药的浓缩回收率试验，一般以达到90%以上回收率为宜。

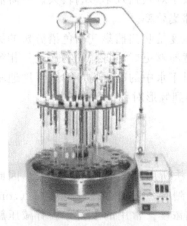

图 9-23　氮吹仪

三、氮气吹干法 (nitrogen drying)

氮气吹干法是直接利用氮气流轻缓吹拂提取液，加速溶剂的蒸发速度来浓缩样品，适合于小体积低蒸气压样品的浓缩。

氮气吹干法是实验室常用浓缩方法之一，为了加快溶剂的蒸发，一般在吹气的同时用水浴适当加热。氮吹仪如图 9-23 所示。

第四节　净　化

利用有机溶剂提取样品中的农药时，同时会将脂肪、蜡质、色素等杂质一起提取出来，故必须将农药与上述杂质进行分离。这种分离杂质的方法就是净化（cleanup）。净化主要是利用分析物与基质中干扰物质理化特性的差异，将干扰物质的量减少到不干扰目标残留农药正常检测的水平。一般来说，方法检测限越低，要消除的干扰杂质就越多，对净化的要求也越高。

一、杂质类型

了解农药残留分析样品中常见干扰性杂质的性质对选择合适的净化方法非常有用。表 9-13 列出了农产品农药残留分析中主要的干扰杂质。

表 9-13　农药残留分析中常见的干扰杂质

类　别	化 合 物	类　别	化 合 物
脂类	蜡质、脂肪、油脂	木质素	酚类及其衍生物
色素	叶绿素、叶黄素、花青素	萜类	单萜、倍半萜、二萜等
氨基酸衍生物	蛋白质、肽、生物碱、氨基酸	环境污染物	各种有机物、矿物、硫、多氯联苯、邻苯二
碳水化合物	糖、淀粉、醇		甲酸酯、碳氢化合物等

脂或烃类物质在动植物产品中大量存在。由于脂类物质溶于许多常用有机溶剂，所以易出现在粗提物中。虽然脂类物质不易挥发，但由于量大，在气相色谱分析中可能堵塞进样口和柱子，改变色谱性能，还会缓慢地降解为易挥发物质而干扰检测。

色素会对比色和分光光度分析有影响。肽类和氨基酸通常含有氮和硫，对使用 N-或 S-选择性检测器会产生干扰。碳水化合物无色、不挥发，且在有机溶剂中溶解度较低，会对低挥发性和高水溶性农药的分析造成困难。木质素和碳水化合物差不多，但可以降解为酚类物质，从而影响某些农药（如氨基甲酸酯类和苯氧羧酸类）的酚代谢物的分析。有些维生素的理化性质与很多农药的性质相近，因而也会产生干扰。

环境中的非农药污染物对农药残留分析干扰很大。例如，硫对气相色谱的电子捕获和火焰光度检测器都有响应。多氯联苯和邻苯二甲酸酯不仅来自于室外环境，在实验室内使用的溶剂包装如塑料管、塑料瓶盖等材料中也含有这些物质，会对有机氯农药残留分析产生干扰。

二、净化方法

农药残留量分析中净化方法较多。在第九章提取技术中，有些集提取与净化于一体的方法已作了详细介绍，如固相萃取、固相微萃取等，为避免重复，本章不再赘述。

1. 柱色谱净化

柱色谱净化（column chromatography）是一种普遍应用的方法。前面介绍的固相提取法就是简化的柱色谱技术，也具有净化的功能。柱色谱法的基本原理是将提取液中的农药与杂质一起通过一根适宜的吸附柱，使它们被吸附在具表面活性的吸附剂上，然后用适当极性的溶剂来淋洗，农药一般先被淋洗出来，而脂肪、蜡质和色素等杂质留在吸附柱上，从而达到分离、净化的目的。

随着高灵敏度检测方法的出现，样品不断微量化，柱色谱净化吸附剂的用量越来越少，仅用 2~3g，有的甚至用 0.5g 来净化样品，微量色谱柱一般内径为 5mm，淋洗液 10ml 左右。

（1）弗罗里硅土柱　弗罗里硅土（Florisil）是农药残留分析净化中最常用的吸附剂，也称硅镁吸附剂，主要由硫酸镁与硅酸钠作用生成的沉淀物经过过滤、干燥而得。弗罗里硅土是多孔性、具很大比表面积的固体颗粒，比表面积达 297m²/g。弗罗里硅土要经过 650℃ 的高温加热 1~3h 活化处理，才能提高对杂质的吸附能力。普通商品仅通过 110℃ 或 260℃ 温度活化，初次使用前应先在 650℃ 温度下重新加热一次。处理后的弗罗里硅土贮放在干燥器中能维持 4d 活性，过期后使用前应在 130℃ 加热过夜，也可一直保存在 130℃ 的烘箱中备用。

弗罗里硅土的活性可以通过测定其表面积值来加以控制。Mills 提出一种简便的方法测定弗罗里硅土的活性。据估算认为，1g 弗罗里硅土能吸附相对分子质量为 200 的化合物 100mg 则活性较合适。一般选用月桂酸作为被吸附的物质，通过测定月桂酸被弗罗里硅土吸附的量，求出弗罗里硅土的活性。利用月桂酸作被吸附物有很多优点，因为它的相对分子质量在 200 左右，是一个固体，比较容易提纯，很容易溶于己烷中，用酸碱滴定方法可以直接被测定。具体测定步骤如下：

准确称取 2.0000g 弗罗里硅土，放入 125ml 三角瓶中，在 130℃ 下活化过夜，冷却到室温，加入 20.0ml 月桂酸溶液（内含月桂酸 400mg），塞上塞子，摇荡 15min，待吸附剂沉降后，用 10.0ml 移液管移出 10ml 月桂酸溶液到另一个 125ml 三角瓶中（注意避免吸入弗罗里硅土），加入 50ml 中性乙醇及 3 滴酚酞指示剂，用 0.05mol/L 的氢氧化钠溶液滴定，求出 1g 弗罗里硅土吸附月桂酸的质量（mg），即所谓月桂酸值（lauric acid value），通常以 LA 表示。

一般要求弗罗里硅土的 LA 为 110 以上，而市售的弗罗里硅土的 LA 值为 75~116 不等。LA 值越低的弗罗里硅土，其硫酸钠含量就越高，范围在 0.15%~2.4% 之间。通常可以用水洗涤以去除硫酸钠，然后再在 650℃ 温度下活化 5h，这样处理后，月桂酸值就可以达到要求。弗罗里硅土的 LA 值偏低时，也可以加大弗罗里硅土用量来达到净化的目的。

对于内径 1.5cm 的 10g 弗罗里硅土色谱柱，用 100ml 6% 乙醚/石油醚来淋洗，被淋洗出的农药有艾氏剂、六六六各种异构体、p,p'-滴滴涕、o,p-滴滴涕、p,p'-滴滴滴、p,p'-滴滴依、七氯、环氧七氯、三氯杀螨醇、五氯硝基苯和三硫磷等。用 15% 乙醚-石油醚淋洗出来的农药有狄氏剂、异狄氏剂、螨卵酯、马拉松、对硫磷、甲基对硫磷和苯硫磷等。

1972 年，Mills 等提出了一种弗罗里硅土色谱柱的淋洗体系，有 A、B、C 三种淋洗液：

A 液——二氯甲烷-正己烷（1:4）

B 液——三氯甲烷-乙腈-正己烷（50:0.35:49.65）

C 液——三氯甲烷-乙腈-正己烷（50:1.5:48.5）

这种淋洗系统淋洗液的极性依次增强，因而把被淋洗出来的农药按照极性大小分为三组。当用 A 液淋洗时，γ-六六六、艾氏剂、α-六六六、β-六六六、p,p'-滴滴涕、p,p'-滴滴滴、p,p'-滴滴依、七氯、五氯硝基苯等被淋洗出来；继续用 B 液淋洗时，极性大一些的农药，如二氯萘醌、狄氏剂、异狄氏剂、乙硫磷、环氧七氯、甲基对硫磷等被淋洗出来；最后用 C 液淋洗，极性的敌菌丹、克菌丹、二嗪磷和马拉硫磷等农药被淋洗出来，一般回收率都在 90% 以上。

应该指出，弗罗里硅土的淋洗剂还有其他各种体系，但每种体系采用前都应做回收试验确定回收率。

（2）氧化铝柱　氧化铝（alumina）不如弗罗里硅土那样常用，但价格便宜，也是一种比较重要的吸附剂。氧化铝有酸性、中性、碱性之分，可根据农药的性质选用。有机氯、有机磷农药在碱性条件下易分解，用中性或酸性氧化铝；均三氮苯类除草剂则使用碱性氧化铝。氧化铝最大的特点就是淋洗液用量较少，但一般由于氧化铝的活性比弗罗里硅土要大得多，因而农药在柱中不易被淋洗下来，当用强极性溶剂时，农药与杂质又会同时被淋洗下来，所以在应用前必须将氧化铝进行去活处理。

先将市售的吸附色谱用氧化铝（中性或酸性）在 130℃ 左右活化 4h 以上，然后加入相当于 5%～10% 质量的蒸馏水，在研钵中仔细混合，倒入瓶中盖紧，放置过夜使活性一致。

用 10% 乙醚/正己烷 100ml 淋洗，从含 5% 水的 10g 氧化铝柱中定量回收的有乙硫磷、对硫磷、马拉硫磷、苯硫磷、二嗪磷、氯硫磷、艾氏剂、滴滴涕、滴滴依、滴滴滴、狄氏剂、异狄氏剂、林丹和七氯等。对于极性较强的一些有机磷农药，也可以用 2% 丙酮/正己烷淋洗液。

（3）硅胶柱　硅胶（silica gel）是硅酸钠溶液中加入盐酸制得的溶胶沉淀物，经部分脱水而得无定形的多孔固体。硅胶柱色谱在样品净化中使用很普遍，能有效地去除糖等极性杂质，特别是对 N-甲基氨基甲酸酯农药不会像在弗罗里硅土或氧化铝中那样不稳定。硅胶通常也需活化处理去除残余水分，使用前再加入一定量的水分以调节其吸附性能。由于硅胶的吸附能力与其表面的硅羟基数目有关，一般在活化时温度不宜超过 170℃，以 100～110℃ 为宜。操作时，一般硅胶的量为 5～50g，含水量在 0～10% 之间，初始用弱极性溶剂淋洗，如戊烷或己烷，洗脱弱极性化合物，然后逐渐增加溶剂的极性，洗脱极性较强的化合物。糖等强极性化合物一般用甲醇等强极性溶剂也难以洗脱下来。

（4）活性炭柱　活性炭对植物色素有很强的吸附作用。活性炭（active carbon）柱色谱一般很少单独使用，经常与弗罗里硅土及氧化铝按一定比例配合使用。将活性炭与 5～10 倍量的弗罗里硅土和氧化镁及助滤剂 Celite 545 等混合，用乙腈-苯（1∶1）作淋洗剂，能有效地净化许多有机磷农药。

2. 凝胶色谱净化

凝胶色谱是 20 世纪 60 年代初发展起来的一种快速、简便的分离分析技术。凝胶色谱是指混合物随流动相流经装有凝胶作为固定相的色谱柱时，混合物中各物质因分子大小不同而被分离的技术。凝胶色谱的实质是筛分效应，故又称为体积排阻色谱（size exclusion chromatography，SEC）。根据所用凝胶的性质，凝胶色谱可以分为使用有机溶剂为流动相的凝胶渗透色谱（gel permeation chromatography，GPC）和使用水溶液作为流动相的凝胶过滤色谱（gel filtration chromatography，GFC）两大类。

凝胶过滤色谱适用于分析水溶液中的多肽、蛋白质、生物酶、寡聚或多聚核苷酸、多糖等生物分子；凝胶渗透色谱主要用于高聚物（如聚乙烯、聚丙烯、聚苯乙烯、聚氯乙烯等）的分子量测定。在多种多样的农药残留基体中存在着大量这类大分子杂质，它们在进行 GC 或 LC 测定时一般不能通过柱子，虽然不会对检测器产生反应，但由于堵塞进样阀和柱子，造成柱子寿命缩短和结果产生偏差，同时其降解物也可能影响到检测器。美国 EPA 规定，凡是土样（包括淤泥）提取液均要用凝胶渗透色谱作净化处理，去除脂肪、聚合物、共聚物、天然树脂、蛋白质、甾类等大分子化合物，以及细胞碎片和病毒粒子等杂质。

（1）基本原理　凝胶是一类具有三维空间的多孔网状结构的物质。凝胶可分为有机凝胶和无机凝胶两大类，有机凝胶又可分为均匀、半均匀和非均匀三种凝胶。均匀凝胶通过线性高分子交联或使用单体与交联剂共聚来制备，交联度都比较低，干胶外观透明，无孔度，易溶胀。半均匀凝胶是在良性溶剂中聚合生成，干胶呈半透明状，有一定的机械强度，并有小孔度，稍可溶胀。非均匀凝胶是在非良性溶剂中以高交联度聚合生成的小颗粒聚合物，干胶有大孔，呈白色不透明状，机械强度高，溶胀度小。无机凝胶按孔结构考虑皆属于非均匀凝胶。无机凝胶填料中，有硅胶和玻璃珠。有机凝胶中，主要有聚苯乙烯凝胶、聚乙酸乙烯酯凝胶、聚甲基丙烯酰胺凝胶等。

在凝胶色谱分离中，溶质与凝胶之间并不产生作用，而是根据凝胶内部孔径的大小，对溶质分子按照分子的大小进行分离。当具有不同分子大小的样品通过多孔性凝胶固定相时，样品中的大分子不能进入凝胶孔洞而完全被排阻，只能沿多孔凝胶粒子之间的空隙通过色谱柱；中等大小的分子能进入到凝胶中一些适当的孔洞中，但不能进入更小的微孔，在柱中受到滞留，较慢地从柱中洗脱出来；小分子可进入凝胶的绝大部分孔穴，在柱中受到更强的滞留，会更慢地被洗脱出来。

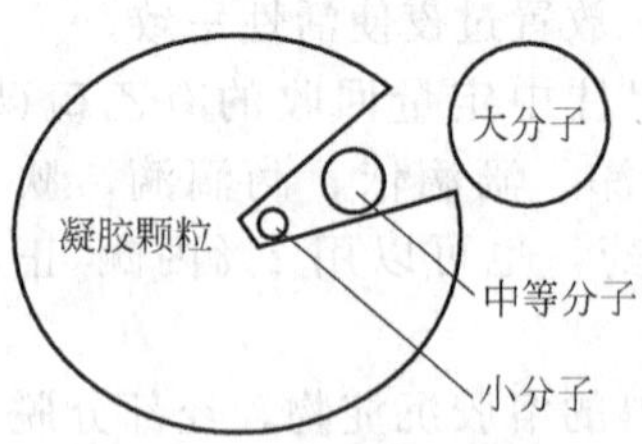

图 9-24　凝胶孔中的溶质分子

溶质分子与凝胶分子间的关系可用图 9-24 表示。从图 9-24 可见，凝胶分子分离溶质分子有一个分子量范围，当溶质分子量大于或小于该凝胶的分离范围时，在该凝胶柱内都得不到有效分离。不同凝胶产品均有自己的分离范围，因此，必须针对分离溶质分子量的大小，正确选择凝胶型号。

（2）固定相　凝胶色谱固定相，依据其机械强度的不同可分为软质凝胶、半刚性凝胶和刚性凝胶三类。凝胶是产生排阻作用的核心材料，使用时应选择和搭配具有不同粒度和不同孔径的凝胶材料，以获得最佳的分离效果。农药残留样品净化中最常用的凝胶渗透色谱填料是各种不同孔径大小和粒子大小的苯乙烯-二乙烯苯共聚物（SD-VB），如 Bio beads SX-3，通过控制其聚合时的交联度来获得所需孔径的凝胶粒子。

（3）流动相　所选用的溶剂对待测物应有良好的溶解度，并对凝胶有一定的膨胀力，不能使每克凝胶的膨胀体积超过 2.5ml 的溶剂不能用于 GPC。表 9-14 列出了不同溶剂对 Bio beads SX-3 的膨胀因子（swelling factor）。在农药残留分析中，淋洗剂一般用二氯甲烷、二氯甲烷-环戊烷（1∶1，体积比）或乙酸乙酯-环戊烷（1∶1，体积比）等。

表 9-14　用于 Bio beads SX-3 的不同溶剂的膨胀因子/(ml/g)

溶　剂	0.5h 后	18h 后	溶　剂	0.5h 后	18h 后
四氢呋喃	5.45	5.45	二氯甲烷-环己烷(15∶85,体积比)	4.35	4.40
二氯甲烷-环己烷(50∶50,体积比)	5.35	5.35	乙酸乙酯	3.75	3.75
甲苯	5.35	5.35	环己烷	2.00	2.65
二氯甲烷-己烷(50∶50,体积比)	4.85	4.85			

注：引自 M. J. Shepherd，1984。

（4）操作　为了使色谱柱能容纳一定量的杂质并使之与待测物分开，通常采用内径在 1.5～2.5cm 的玻璃柱，柱内凝胶高度不低于 20cm。凝胶经过所选用的洗脱剂浸泡适当时间后进行湿法装柱，柱中的凝胶应始终保持在溶剂中。

① 溶胀　商品凝胶是干燥的颗粒，使用前需要在洗脱液中充分溶胀一至数天。如在沸水浴中将湿凝胶悬浮液逐渐升温到近沸，则溶胀时间可以缩短到 1～2h。凝胶的溶胀一定要完全，否则会导致色谱柱的不均匀。热法溶胀还可杀死凝胶中产生的细菌，脱掉凝胶中的气泡。

② 装柱　由于凝胶的分离是靠筛分作用，所以凝胶的填充要求很高，必须要使整个填充柱非常均匀。凝胶在装柱前，可用水浮选法除去凝胶中的单体、粉末及杂质，并可用真空泵抽气排除凝胶中的气泡。

色谱柱一般选用玻璃或有机玻璃材料，在柱的两端皆有平整的筛网或筛板。将柱垂直固定，加入少量流动相以排除柱中底端的气泡，再加入一些流动相于柱中约 1/4 高度。柱顶部连接一个漏斗，颈直径约为柱颈的一半，然后在搅拌下缓慢、均匀、连续地加入已经脱气处理的凝胶悬浮液，同时打开色谱柱的毛细管出口，维持适当的流速，凝胶颗粒将逐层水平式上升，在柱中均匀地沉积，直到所需高度为止。最后去除漏斗，用较小的滤纸片轻轻盖住凝胶床的表面，再用大量洗脱剂将凝胶床洗涤一段时间。图 9-25 为装柱示意图。

③ 柱均匀性检测　凝胶色谱的分离效果主要决定于色谱柱装填得是否均匀，在对样品进行分离之前，必须对色谱柱进行均匀性检查。由于凝胶在色谱柱中是半透明的，检查时可在柱旁放一支与柱平行的日光灯，用肉眼观察柱内是否有"纹路"或气泡。也可向色谱柱内加入有

色大分子等，加入物质的分子量应在凝胶柱的分离范围，如果观察到柱内谱带窄、均匀、平整，即说明色谱柱性能良好；如果色带出现不规则、杂乱、很宽时，必须重新装填凝胶柱。

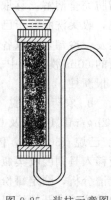

图 9-25　装柱示意图

④ 上样　凝胶柱装好后，一定要用流动相进行很好的平衡处理，才能上样。为了防止样品中的一些沉淀物污染色谱柱，一般在上柱前将样品过滤或离心。样品溶液的浓度应该尽可能地大一些，如果样品的溶解度与温度有关，必须将样品适当稀释，并使样品温度与色谱柱的温度一致。当一切准备就绪，即可上样，原则是要使样品柱塞尽量地窄和平整。

打开色谱柱活塞，让流动相与凝胶床刚好平行，关闭出口。用滴管吸取样品溶液沿柱壁轻轻地加入到色谱柱中，打开流出口，使样品液渗入凝胶床内。当样品液面恰与凝胶床表面水平时，再次加入少量的洗脱剂冲洗管壁。重复操作几次，每一次的关键是既要使样品恰好全部渗入凝胶床，又不致使凝胶床面干燥而发生裂缝，随后可慢慢逐步加大洗脱剂的量进行洗脱。整个过程一定要仔细，避免破坏凝胶柱的床层。

⑤ 冲洗　加完样品后，可将色谱床与洗脱液贮瓶及收集器连接，设置适当的流速，定量、分段收集洗脱液。然后根据溶质分子的性质，选择光学、化学或生物学方法进行定性和定量测定。

⑥ 再生　由于凝胶色谱中凝胶与溶质分子间原则上不会发生任何作用，因此在一次分离完成后，用流动相稍加平衡即可进行下一次的色谱操作。但在实际应用中，常有一定的污染物污染凝胶。对已沉积于凝胶床表面的不溶物，可把表层凝胶去掉，再适当补充一些新的溶胀胶，并进行重新平衡处理；如果整个柱有微量污染，可用 0.5mol/L NaCl 溶液洗脱。在通常情况下，一根凝胶柱可连续使用半年以上。

凝胶柱若经多次使用后，其色泽改变，流速减低，表面有污渍等就要对其进行再生处理。凝胶的再生是指用适当的方法除去凝胶中的污染物，使其恢复原来的性质。对于聚丙烯酰胺和琼脂糖凝胶，常用盐溶液浸泡，然后用水洗至中性。

⑦ 保存　经常使用的凝胶以湿态保存为主，加少许氯仿、苯酚或硝基苯等化学物质，可避免凝胶床染菌，使色谱柱放置几个月至一年。

(5) GPC柱的标定　由于试验中各种条件不尽相同，柱子在使用前通常需要进行标定。柱的标定是指确定分离物质的洗脱体积，在净化上则指确定杂质和待测物的洗脱体积。一根柱子只要保持凝胶、溶剂等条件不变，一般只需标定一次。

以美国 FDA "食品中有机氯农药残留检测方法" 为例，GPC柱的制备及标定方法如下。

① GPC柱的制备　称取 33g Bio-Beads SX-3 树脂微球于 400ml 烧杯中，加入 150ml 二氯甲烷/己烷（50∶50，体积比），用玻璃棒轻轻搅拌。取 25mm（内径）×300mm 玻璃柱一根，保持柱子直立，固定一端柱塞于距底部约 25mm 处，将浆状物不断加入柱中，直至全部微球加入且完全沉淀。微球下沉后，将另一柱塞装入，使液体排尽，压缩两头的柱塞，使分别与柱端距离相等，并使柱床约 200mm 高。将柱接到 GPC 溶剂系统，将溶剂由底部泵至柱顶，直至气泡全部排出。调节系统流量为 5ml/min。检查柱压，通过移动柱塞，调节柱压为 49.03～68.65kPa（0.5～0.7kgf/cm²），抽吸溶剂使 GPC 系统平衡。若流量改变，再调节至 5ml/min。

② 标定　标定的程序包括：奶油脂肪溶液的洗脱；有机氯和有机磷农药的洗脱；奶油脂肪溶液中加入农药后的洗脱等。

a. 脂肪的洗脱　将奶油熔融，用滤纸滤入一适当容器中。称取 5g 加热过滤后的奶油（不含水层），加入 25ml 具塞量筒中，用二氯甲烷/己烷（50∶50，体积比）稀释至 25ml，混合使脂肪完全溶解。移取 5ml 脂肪溶液注入 GPC 柱上，用二氯甲烷/己烷（50∶50，体积比）洗脱，收集洗脱液于已知质量的烧杯中，每 10ml 收集一份，共收集 100ml（即 10 份）。将溶剂蒸发，冷却，称取各烧杯质量，计算每 10ml 洗脱液洗出的脂肪量。98％的脂肪应该洗脱在前面的 60ml 洗脱液中。如果 5％以上脂肪出现在稍后的 60～70ml 洗脱液中，应废弃此柱，制备一根新柱。

b. 农药的洗脱　制备含有 1.2μg/ml 乙硫磷、0.4μg/ml 二嗪磷、0.4μg/ml 环氧七氯、0.2μg/ml 氯硝胺及 0.6μg/ml 狄氏剂的混合标准溶液，移取 5ml 注入 GPC 柱中，用二氯甲烷/己烷（50∶50，体积比）洗脱。每 10ml 收集一份，共收集 160ml（即 16 份）。将每份收集液移入具刻度收集瓶的 K-D 浓缩器中，加入 50ml 己烷及 2～3 片沸石，浓缩至 10ml。用气相色谱分析，测定每份收集液中的各种农药质量。若二嗪磷及乙硫磷在 50～60ml 或 60～70ml 的洗脱液中开始流出，氯硝胺在 90～100ml 洗脱液中开始流出，表示 GPC 柱正常。

从上面两步中，通过测定脂肪和混合农药的洗脱液，可决定应弃去的体积（通常为 60ml）及应收集的体积（通常为 100ml），其目的是想弃去尽可能多的脂肪，回收尽可能多的农药，供随后的标定步骤及试样净化参考。

c. 脂肪试样中农药的洗脱　称取 2g 加热过滤的奶油于 10ml 已知质量的具塞量筒中，加入 5ml 上述农药混合标准溶液，用二氯甲烷/己烷（50∶50，体积比）定容，混合至脂肪溶解。移取 5ml 注入 GPC 柱上，用 160ml 二氯甲烷/己烷（50∶50，体积比）洗脱。按上述结果确定弃去和收集的洗脱液体积，把收集液移入接有 10ml 接收瓶的 K-D 浓缩器中，加入 50ml 己烷及 2～3 片沸石，浓缩至 10ml。用气相色谱分析，计算回收率。正常柱的二嗪磷、对硫磷及乙硫磷的回收率应在 80％以上；有机氯农药的回收率应在 95％以上。

图 9-26　自动凝胶净化装置

（6）自动化装置　使用凝胶渗透色谱作净化处理不会有不可逆保留问题，一根柱子可以重复使用上千次，而且目标物和杂质的洗脱体积能保持相对恒定，这是实现凝胶净化技术自动化的基本条件。自动化主要表现在采用计算机控制，缩短流出时间，准确自动收集所需组分的洗脱体积以及自动浓缩。目前，已有商业化凝胶渗透色谱自动净化装置面市，可同时处理 60 个样，非常方便、快速（图 9-26）。

3. 液液分配法

液液分配净化法（liquid-liquid partition）的原理和操作都和前章介绍的液液提取完全一样。比如，农药与脂肪、蜡质、色素等一起被己烷提取后，再用一种极性溶剂，如乙腈与其共同振摇时，由于农药的极性比脂肪、蜡质、色素等要大一些，因而大部分被乙腈所提取，经几次提取后，农药几乎可以完全地与脂肪等杂质分离，从而达到净化的目的。

在应用液液分配净化时，要注意农药的 p 值在不同溶剂对中的分布情况是不相同的。对异辛烷-80％丙酮、戊烷-90％乙醇、正己烷-乙腈、异辛烷-二甲基甲酰胺、异辛烷-85％二甲基甲酰胺、己烷-90％二甲基亚砜等 6 种溶剂对的研究结果表明，在异辛烷-80％丙酮、戊烷-90％乙醇溶剂对中，各种农药的 p 值很分散。这种情况有利于对不同农药的分离或是单残留样品的净化。在己烷-乙腈、异辛烷-二甲基甲酰胺等溶剂对中，大部分的农药 p 值均较小，特别是在异辛烷-二甲基甲酰胺溶剂对中，约有 3/4 的农药 p 值小于 0.21，这样的 p 值有利于农药残留量分析中的净化。对于异辛烷-85％二甲基甲酰胺等溶剂对，大部分的农药 p 值增加，平均增大 4 倍。同样在异辛烷-80%丙酮溶剂对中，有一半农药的 p 值在 0.6 以上，这说明当极性溶剂的亲水性增强时，则农药在非极性溶剂中的溶解度也就增大。

比较典型的己烷-二甲基甲酰胺溶剂对液液分配净化的操作步骤如下：

取己烷提取的含脂肪等杂质的农药样品的提取液 25ml，用预先经己烷饱和过的二甲基甲酰胺在分液漏斗中提取 3 次，每次 10ml。合并二甲基甲酰胺提取液，放入另一个分液漏斗中，再另用 10ml 己烷洗涤提取液，以除去少量残留脂肪。静置分层后，分出己烷层。另用 10ml 二甲基甲酰胺提取分出的己烷层。合并 40ml 二甲基甲酰胺提取液，放入 500ml 分液漏斗中，加入 200ml 2%硫酸钠溶液及 10ml 己烷。剧烈振摇 2min，静置 20min，弃去二甲基甲酰胺水溶液。被净化的农药转入己烷溶液中，供仪器检测。

4. 吹扫共馏法

吹扫共馏法（sweep codistillation）是从水样或不易挥发的基质中提取挥发性分析物的方法，以除去挥发性较低的杂质。

在惰性气体和溶剂蒸气流的作用下，吹扫共馏法使农药从脂类和其他低挥发性共提取物中挥发出来，然后通过冷凝或吸附柱将其收集，使农药与杂质得到分离。这一技术最早是由 Storherr 等（1965）应用于有机磷酸酯农药的净化。把提取物溶于适当的溶剂（如乙酸乙酯）中，由进样口注入分馏管的内管中，残留农药在一定的温度下被强制挥发，随载气和溶剂蒸气流经装有硅烷化玻璃棉或玻璃珠的外管，最后进入装有弗罗里硅土吸附剂的收集管中，而油脂等低挥发性物质则留在分馏管外管的玻璃棉（珠）上。取下收集管，用适当溶剂洗脱农药用于测定，或直接与 GC 连接，通过瞬间加热解吸用于分析（图 9-27）。

近年，随着对共馏温度、载气流速、冷凝回收控制技术的提高，这一方法对动植物样品中有机氯、有机磷、三嗪类和其他农药，试验显示有很好的回收率。可以说，只要所测农药有一定的挥发性和热稳定性，就可采用这一技术进行净化。

5. 其他净化方法

（1）磺化法　磺化法是利用脂肪、蜡质等杂质与浓硫酸的磺化作用，生成极性很强的物质而与农药进行分离的。油脂类与硫酸的磺化反应式如下：

$$
\begin{array}{c}
CH_3-(CH_2)_n-COO-CH_2 \\
| \\
CH_3-(CH_2)_n-COO-CH \\
| \\
CH_3-(CH_2)_n-COO-CH_2
\end{array}
\xrightarrow{H_2SO_4}
\begin{array}{c}
HO_3S-CH_2-(CH_2)_n-COO-CH_2 \\
| \\
HO_3S-CH_2-(CH_2)_n-COO-CH \\
| \\
HO_3S-CH_2-(CH_2)_n-COO-CH_2
\end{array}
$$

按加酸的方式不同，磺化法可分为液液分配磺化法和柱色谱磺化法。

① 液液分配磺化法　在盛有待净化液（石油醚为溶剂）的分液漏斗中，加入相当于待净化液体积 10%量的浓硫酸，剧烈振摇 1min（期间注意放气，放气时漏斗口不能面向操作者及其他人），静置分层。弃去硫酸层，如法重复操作数次（通常 2~4 次），直至浓硫酸和石油醚两相皆呈无色透明状止。然后向石油醚净化液中加入其体积 50%的 2% Na_2SO_4 水溶液，剧烈振摇 2min，静置分层。弃去下层水相，上层石油醚相如法重复操作数次，直至净化液呈中性止（通常 2~4次）。石油醚净化液经无水 Na_2SO_4 的脱水，定容后供仪器检测。

② 柱色谱磺化法　在微型玻璃色谱柱〔5mm（内径）×200mm〕中，自下而上依次填装少许玻璃棉、2cm 无水 Na_2SO_4、酸性硅藻土（10g 硅藻土、3ml 20%发烟硫酸、3ml 浓硫酸，充分拌匀）、2cm 无水 Na_2SO_4。准确量取待净化液

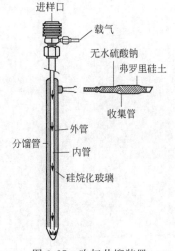

图 9-27　吹扫共馏装置

1ml，倾入柱中，用正己烷淋洗，收集淋出液并定容，供仪器检测。

（2）低温冷冻净化法　低温冷冻法的基本原理是动植物组织中的脂肪和蜡质在低温下的丙酮溶液中形成结晶沉淀析出，而农药则留在冷的丙酮溶液中，经过滤达到分离净化的目的。这对动植物样品很典型，即用丙酮提取后放入－70℃环境，脂类和某些色素就会沉淀出来。此法可以替代多脂肪样品净化中的液-液分配。

（3）凝结剂沉淀法　使用凝结剂将杂质沉淀的净化方法称为凝结剂沉淀法。对于极性强、在水中有一定溶解度的农药，如有机磷、氨基甲酸酯或其他含氮农药，可用此法。凝结剂由氯化铵与磷酸铵一定比例配制而成，可使样品中蛋白质等杂质沉淀。净化时将样品提取液浓缩后，溶于一定浓度的丙酮水溶液中，加入凝结剂，使干扰物质沉淀，过滤除去。其他沉淀剂如醋酸铅等亦可使用。

习题与思考题

1. 简述索氏提取法的提取原理、特点和适用范围。
2. 简述固相萃取提取法的提取原理、特点和适用范围。
3. 简述固相微萃取提取法的提取原理、特点和适用范围。
4. 简述超临界流体萃取的提取原理、特点和适用范围。
5. 简述加速溶剂萃取的提取方法。
6. 简述超声波萃取的提取原理。
7. 简述基质固相分散萃取的特点和操作步骤。
8. 简述吹扫捕集技术的原理。
9. 简述残留农药的 3 种浓缩方法及其特点。
10. 简述农产品农药残留分析中主要的干扰杂质。
11. 柱色谱净化主要针对的杂质类型有哪些？
12. 凝胶渗透色谱的净化原理是什么？
13. 液液分配净化法排除的杂质有哪些？操作注意事项有哪些？
14. 磺化法、低温冷冻和凝结剂沉淀法的依据是什么？

第十章　残留农药的检测

农药残留的主要检测方法是带有高灵敏度、高选择性检测器的气相色谱法、高效液相色谱法、高效薄层色谱法等。近年来，随着对快速检测方法的需求，生物测定技术，包括酶抑制技术、酶联免疫技术和生物传感器技术等，以其简单、快速、特异性强、样品量少而得到迅速发展。但是，本章介绍的酶抑制法和免疫分析法仍只能达到定性和半定量的水平，只能作为农副产品中有机磷和氨基甲酸酯类农药残留是否超标的初筛方法，还无法取代精确度较高的气相色谱、高效液相色谱和高效薄层色谱方法。

由于气相色谱法和高效液相色谱法也是农药常量分析的主要方法，其方法原理在本教材第一部分已做过介绍，本章仅介绍其在残留分析中的应用，而对高效薄层色谱法、酶抑制技术和酶联免疫技术将做较详细的介绍。

第一节　气相色谱法（GC）

一、有机氯农药残留的检测

有机氯农药一般指分子中含有氯元素的农药，如百菌清（chlorothalonil）、五氯硝基苯（PCNB）、氯氰菊酯、2,4-D 等，但含有其他卤族元素的农药如溴氰菊酯等，因其物理化学性质与有机氯相近，一般也采用相同的检测方法。对有机氯农药残留的分析，一般采用电子捕获检测器。该检测器对有机氯农药具有很高的灵敏度和选择性，最小检测量可达 $10^{-11} \sim 10^{-14}$ g。但对于其他卤化物，含硫、含氮化合物以及过氧化物、硝基化合物、多环芳烃、共轭羰基化合物等杂质，也具有很高的灵敏度和选择性，所以在前处理中需要对样品进行严格净化。

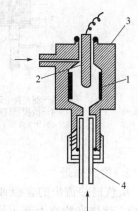

图 10-1　电子捕获
检测器示意图
1—放射源；2—阳极；3—池体
（阴极）；4—色谱柱

1. 电子捕获检测器（ECD）的结构

电子捕获检测器的结构示意图见图 10-1。检测器池体作阴极，池体内侧装有放射源（^{63}Ni）和一根不锈钢棒作阳极。阳极和阴极间用陶瓷或聚四氟乙烯绝缘。在阴阳极之间施加脉冲电压。从色谱柱逸出的载气和样品组分从阳极棒中进入检测池。

2. 检测原理

进样前，载气 N_2 被放射源释放的 β 射线电离，生成正离子和电子，电子在电场作用下奔向阳极，在大量电子向阳极运动的过程中有一部分又与正离子复合，达到平衡时自由电子的量保持恒定，就形成检测器的基流。

进样后，有机卤农药捕获池中自由电子，于是基流降低，形成电流倒峰。倒峰愈大，表明进入检测池的有机卤农药的量愈大。因此通过测量峰信号的大小达到对农药组分定量的目的。

需要说明的是，在信号记录系统中将电流变化与基流比值的绝对值作为记录信号，因此在记录仪上看到的色谱峰是正峰而不是倒峰。另外本检测器使用脉冲电压的目的是为了减小电场对电子的加速运动，使电子能有更多机会与农药分子接触，保证进入检测器的所有农药分子能捕获电子而被检测，从而保证检测器的准确性。此外，ECD 检测器中有放射源，非从事放射性工作的专业人员不能随便拆装检测器，检测器污染后可以通过提高温度或多次进纯溶剂冲洗的方法解决。

3. 应用实例

【例1】 苹果和土壤中硫丹的残留检测　电子捕获检测器（ECD）；色谱柱：2m（长）×3mm（内径）玻璃柱，内填2%OV-17＋2%QF-1/Gas Chrom Q（80～100目）；检测器温度：色谱柱200℃，检测室260℃，进样口240℃；载气：氮气（≥99.99%），2.2kg/cm³；保留时间：α-硫丹为8.45min，β-硫丹为15.54min，硫丹硫酸酯为24.74min；最低检出浓度：α-硫丹为0.01mg/kg，β-硫丹为0.02mg/kg，硫丹硫酸酯为0.03mg/kg；苹果中添加浓度为0.05～0.50mg/kg，回收率分别为：α-硫丹82.8%～90.8%、β-硫丹88.7%～96.4%、硫丹硫酸酯95.2%～97.4%。

二、有机磷农药残留的检测

有机磷农药残留检测的主要应用是带火焰光度检测器（FPD）、氮磷检测器（NPD）或质谱检测器（MSD）的气相色谱法。

1. 火焰光度检测器（FPD）的结构

火焰光度检测器（FPD）的结构见图10-2，主要由氢火焰和光度测定两部分组成。氢火焰部分开始为单火焰，为了弥补单火焰的缺点，1978年开发了双火焰FPD，包括燃烧气 H_2 和 O_2 入口、火焰喷嘴、燃烧室和石英窗等；光度测定部分包括滤光片、光电倍增管等。载气先在检测器下部火焰中与氧气混合，进入火焰喷嘴，喷嘴周围的小孔供给过量的氢气（富氢焰），点燃后可形成一稳定的火焰。

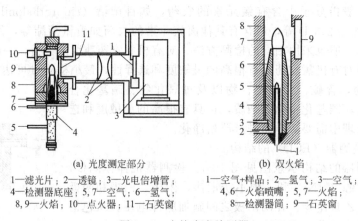

(a) 光度测定部分　　　　　(b) 双火焰

1—滤光片；2—透镜；3—光电倍增管；
4—检测器底座；5,7—空气；6—氢气；
8,9—火焰；10—点火器；11—石英窗

1—空气+样品；2—氢气；3—空气；
4,6—火焰喷嘴；5,7—火焰；
8—检测器筒；9—石英窗

图10-2　火焰光度检测器

2. 检测原理

从色谱柱流出的含硫或含磷化合物在下部火焰中燃烧后，生成小分子燃烧产物如 S_2 或 HPO，燃烧产物在上部火焰中再燃烧时，从低能态变成高能态，如硫化合物可生成激发态的 S_2^* 分子，当它回到基态时，发射出350～430nm的特征光谱，在394nm的最大波长处借助滤光片测定其光强，从而测得化合物的含量。反应式如下：

$$2RS+(2+x)O_2 \longrightarrow xCO_2+2SO_2$$
$$2SO_2+4H_2 \longrightarrow 4H_2O+S_2$$
$$S_2 \longrightarrow S_2^* （化学发光）$$

含磷有机物在火焰中首先氧化成磷的氧化物，再被周围的氢气还原成HPO，这一被激发的含磷碎片回到基态时发射出特征波长的光，最大波长为526nm。借助滤光片测定其光强，从而测得化合物的含量。

在FPD的光度测定部分中，光电倍增管的作用是将光信号转变成电信号，输送到记录仪上。注意操作中要根据测定对象更换滤光片。

3. 检测实例

【例 2】 敌瘟磷的残留测定 火焰光度检测器（FPD-P）；色谱柱：150cm（长）×3.2mm（内径）玻璃柱；担体：Chromsorb W HP，80～100 目；固定液：10%OV-3；柱温 260℃，检测器 280℃，进样口 280℃；载气：氮气（≥99.99%），80ml/min；燃烧气：氢气 72ml/min，空气 52ml/min；保留时间 1min；最低检出浓度：粮食为 0.02mg/kg，稻壳和植株为 0.04mg/kg，土壤为 0.01mg/kg，水为 0.05mg/L；回收率：添加 0.1～0.5mg/kg，粮食回收率为 86.3%，植株 81.3%，稻壳 89.4%，土壤 94.2%，田水 91.0%。变异系数：稻米为 8.0%，稻壳、植株为 4.9%、6.0%，土壤及田水为 10.2%和 3.0%。

第二节 高效液相色谱法

氨基甲酸酯类农药大多极性强，在 GC 条件下不稳定。对于不发生热分解的氨基甲酸酯农药可直接用 GC 法测定，而对于易分解的氨基甲酸酯，要利用 GC 法测定必须进行前处理。将其水解后测定水解产物中的胺或酚部分，或是通过热稳定衍生化处理，测定其衍生物。高效液相色谱可以直接测定氨基甲酸酯类农药，常用 C_{18} 和 C_8 柱，流动相为甲醇-水或乙腈-水，检测器为紫外或荧光检测器。

【例 3】 亚乙基二硫代氨基甲酸酯类杀菌剂的代谢产物——亚乙基硫脲的测定。检测器：紫外检测器（UV，波长 233nm）；色谱柱：25cm×4.6mm 的不锈钢柱，内装 Spherisorb 5μ-C_{18}；流动相：甲醇/水（95/5，体积比）；柱温：40℃；流速：0.5ml/min；保留时间：约 8min；最小检测量：$1×10^{-9}$g；番茄和土壤中添加亚乙基硫脲 0.04～0.10mg/kg，回收率为 88.9%～89.2%；土壤中添加 0.05～0.10mg/kg，回收率为 85.0%～91.3%。

由于液相色谱的检测器灵敏度低，在农药残留分析中的应用不及气相色谱法广泛。

第三节 高效薄层色谱法

经典薄层色谱由于准确度和精密度较差，作为测定方法在农药分析中应用较少，主要作为农药经典分析方法如碘量法、紫外分光光度法等的前处理方法使用，但在农药残留分析中有较多应用。近 20 年来，随着自动点样仪、多级展开系统以及薄层扫描仪的相继出现，薄层色谱分析结果的准确性、精确性、重现性以及灵敏度大为提高。这种仪器化的薄层色谱（instrumental TLC）即为高效薄层色谱（high performance thin-layer chromatography，HPTLC），在残留农药的检测中已广泛应用。

一、HPTLC（与经典 TLC 相比）的特点

（1）分离效率高 由于吸附剂颗粒小，流动相展速慢，容易达到平衡，质量传递的阻滞可以忽略，从而使检出灵敏度及分离效率比普通薄层提高很多。表 10-1 列出了高效薄层板与普通薄层板的区别。

表 10-1 TLC 与 HPTLC 薄层性能的比较

特 性	TLC（普通薄层）	HPTLC（高效薄层）	特 性	TLC（普通薄层）	HPTLC（高效薄层）
平均粒度/μm	20	5	塔板高/μm	约 30	<12
涂层厚度/μm	250	100 或 200	有效板数	<600	约 5000
点样/μl	1～5	0.1～0.2	分离数	10	10～20
原点直径/mm	3～6	1～1.5	点样数	10	18 或 36
展开后斑点直径/mm	6～15	2～5	检测限		
展距/cm	10～15	3～6	吸光/ng	100～1000	10～100
分离时间/min	30～200	3～20	荧光/ng	1～100	0.1～10
试剂消耗/ml	50	5～10			

（2）高通量　在一块薄层板上同时可以分析将近 70 个样品，单位样品耗时少。

（3）低成本　在色谱展开过程中所用的有机溶剂一般只有 10ml 左右，分析成本低，环境污染小。

（4）重现性好　由于点样和定量都采用自动化操作，误差小，结果重现性好。

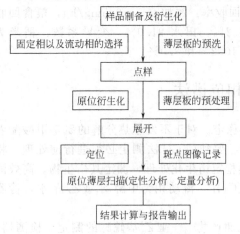

```
样品制备及衍生化
  ┌──────────┬──────────┐
固定相以及流动相的选择    薄层板的预洗
  └──────────┬──────────┘
        点样
  ┌──────────┬──────────┐
  原位衍生化      薄层板的预处理
  └──────────┬──────────┘
        展开
  ┌──────────┬──────────┐
     定位        斑点图像记录
  └──────────┬──────────┘
原位薄层扫描(定性分析、定量分析)
        │
   结果计算与报告输出
```

图 10-3　薄层色谱法操作流程图

二、高效薄层色谱（HPTLC）的操作流程

虽然高效薄层色谱法有较为昂贵的现代化仪器装备，但是其操作过程仍与经典薄层色谱法基本相同（图 10-3）。

1. 样品制备

与气相色谱和高效液相色谱法相比，高效薄层色谱法检测农药残留时，只对分离出的农药斑点进行检测，分离出的杂质对检测系统不会造成污染，因此有可能无需净化过程。

Cao HQ 等（2005）报道了利用高效薄层色谱法分析大白菜中吡虫啉、杀螟硫磷和对硫磷的残留量。样品用丙酮/石油醚（5∶3，体积比）超声波振荡提取，提取液浓缩后定容至 1ml，直接在硅胶 GF$_{254}$ 高效薄层板上点样，以正己烷/丙酮（7∶3，体积比）为展开剂，用薄层扫描仪在 287nm 波长下扫描分析。测得吡虫啉（$R_f=0.10$）、杀螟硫磷（$R_f=0.59$）和对硫磷（$R_f=0.70$）的最小检出量、添加回收率和变异系数均达到残留分析要求。

必须注意的是，杂质与残留农药必须完全分离是高效薄层色谱法检测的必要条件。

2. 点样

用半自动或全自动点样器（见图 10-4，图 10-5）点样，不仅可以控制点样次数、点样器在薄层上的停留时间以及点样器接触薄层的速度，还能避免手动点样时用力不均造成准确度的误差。

图 10-4　CAMAG LINOMAT 5 半自动点样器

图 10-5　CAMAG ATS4 全自动点样器

样品浓度小需要点样体积大时，用半自动点样器进行带状点样。先将样品吸在微量注射器中，开启仪器使薄层板在注射器针下定速移动，用氮气将溶液吹落到薄层上。全自动点样器由计算机编程控制，可随意设定点样参数，点样自动完成。

3. 展开

（1）CAMAG 水平展开室（图 10-6）　样品点在高效薄层板的两边，展开剂从两边向中心展开，因而分离的样品数可以增加一倍。此设备有 20cm×10cm 及 10cm×10cm 两种规格。

（2）CAMAG HPTLC VARIO 系统　为高效薄层色谱法快速优化色谱分离条件设计的展开室（图 10-7）。

将 10cm×10cm 的高效薄层板用刮板设备分割成 6 条，在设备的一端有 6 个溶剂槽，可以分别放置 6 种不同的展开剂；在设备的另一端有一个展开剂槽，但有 6 条相应于薄层的凹槽，

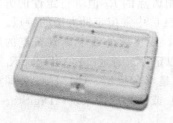

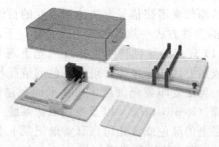

图 10-6　水平展开室　　　　　　　　　　图 10-7　CAMAG HPTLC VARIO 系统

可以设计 6 种不同的预平衡条件，包括不同的溶剂蒸气和相对湿度，这样可以同时选择最佳的展开剂和预平衡条件。

（3）自动多级展开　自动多级展开（automated multiple development，AMD）是瑞士 CAMAG 公司研制的分步梯度展开系统（图 10-8）。微机预编程序控制不仅增加了分离容量、改善了分离效果，而且可以用给定程序在同一薄层上分离极性相差极大的组分，在 HPTLC 板有限的 8cm 展距内可分离出 40 多种组分，其分离能力可同 HPLC 比拟，同时又保留了薄层色谱的优点。

不同于柱色谱技术的梯度分离，AMD 的梯度由溶解能力最强的溶液开始，并随每一步展开，溶液的溶解能力依次降低，展开距离较上一次提高。一般对于 20～25 步的展开，每一步展开，距离增加不超过 3mm。两步展开之间展开室内的溶剂被排光，用真空将薄层板抽干，并可在展开前进行气相预平衡。通过 AMD 可将展开斑点聚集在很窄的条带内（聚焦效应），典型的峰宽为 1mm，这也使得普通 TLC 无法分离的多组分混合样品能够得以分离。AMD 是一项重现性非常好的技术，其在农药分析及残留分析领域的应用目前已被国内外学者广泛关注。

4. 定位

在展开后的薄层板上对斑点进行定位的方法与传统方法基本一致，有光学检出法、蒸气检出法、试剂显色法等。其中光学检出法应用最多，一些残留农药在可见光下不能显色，但可吸收紫外线，在紫外灯（波长 254nm 或 365nm）下可显示不同颜色的斑点（图 10-9）。有些农药化合物吸收了较短波长的光，在瞬间发射出较照射光波长更长的光，而在色谱上显出不同颜色的荧光斑点，这种荧光斑点灵敏度高，在高效薄层板上检出灵敏度为 0.01ng，比紫外线的灵敏度高 50～100 倍，并且有很高的专属性。对于可见光、紫外线都不吸收，也没有合适的显色方法的化合物，可以用荧光猝灭技术进行检测，将样品点在含有无机荧光剂的薄层板上，展开后，挥去展开剂，置紫外灯下观察，被分离的化合物在发亮的背景上显示暗点，这是由于这些化合物减弱了吸附剂中荧光物质的紫外吸收强度，引起了荧光的猝灭。

图 10-8　薄层色谱全自动多级展开系统　　　　　图 10-9　CAMAG 紫外灯及灯箱

5. 定性分析

样品通过薄层分离，用适当方法定位后的斑点，常用斑点的 R_f 值、斑点的显色特性以及斑点的原位光谱扫描等方法达到定性的目的。其中，利用斑点的 R_f 值进行定性的方法与经典 TLC 的定性方法一致，在此不再赘述，下面只介绍 HPTLC 中常用定性方法的特点。

（1）斑点的显色特性　在自然光下观察斑点的颜色，或在紫外线下观察斑点的颜色或荧光，或用专属性显色剂后斑点显色的情况与对照比较可以定性。普通 TLC 可记录 R_f 值及斑点颜色，无法复印荧光斑点。保存平面色谱图的最佳方法是彩色摄影，CAMAG 公司生产的拍照系统（Reprostar 3）以及视频成像系统（Video Store）或数码成像系统（DigiStore 2）可以将薄层上的颜色或荧光斑点真实地记录下来（图 10-10）。

（2）斑点的原位光谱扫描

① 薄层色谱-紫外可见光谱扫描　根据斑点的性质在薄层扫描仪上用不同光源进行斑点的原位扫描，如为颜色斑点，选用钨灯为光源，从 400～780nm 扫描，如斑点有紫外吸收，则选用氘灯为光源，从 200～400nm 扫描，得到的斑点扫描光谱图与对照品的光谱图比较，为定性方法之一。

② 薄层色谱-三维光谱扫描　将吸光度（A)-比移值（R_f)-波长（λ）曲线作为坐标轴所绘制的三维立体图，称为三维光谱-薄层色谱图（3D-UV-TLC 或 3D-Vis-TLC）。Camag Ⅱ型以上的薄层扫描仪具有多波长扫描功能，在光源允许的范围内，可选择多达 9 种波长，依次自动扫描，而获得三维光谱-薄层色谱图。用不同颜色绘制的三维图，可以直观地看到各组分在不同波长下的吸光强度及其变化情况，以选择一定波长下同时测定样品中的各成分含量。

（3）薄层色谱与其他分析技术的联用　薄层色谱法除上述 R_f 值、显色特性及原位光谱扫描图可提供被分离物质的定性信息外，与其他分离分析技术联用（如 HPTLC-HPLC 联用，HPTLC-GC 联用），有利于对被分离物质进一步提供定性鉴别的特征图谱或数据。

6. 定量分析

经薄层色谱法分离得到的化合物斑点，在高效薄层色谱法中，一般直接用薄层扫描仪进行原位薄层扫描。直接定量薄层色谱扫描仪（图 10-11）用一束长宽可以调节的一定波长、一定强度的光照射到薄层斑点上进行整个斑点的扫描，测量通过斑点或被斑点反射的光束强度的变化达到定量目的，适用于滤纸、薄层或凝胶电泳板等色谱。将斑点的面积与已知量的对照品斑点的面积相比较，可以计算出样品中被测成分的含量。

图 10-10　DigiStore 2 数码成像系统　　　图 10-11　CAMAG TLC Scanner 3 薄层色谱扫描仪

HPTLC 通过采用扫描仪器而实现定量分析，每个斑点最低检出量可以达到 ng 级。目前市售的薄层色谱扫描仪均配有功能强大的管理软件，可以控制薄层色谱扫描仪的操作并进行扫描结果的数据处理以及分析报告的输出，符合 GLP/GMP 要求。

三、HPTLC 在农药残留分析中的应用

1. 拟除虫菊酯类农药残留检测

Ge S M 等（2004）曾报道用高效薄层色谱法分析蔬菜（青菜、空心菜、大豆和豆角）中溴氰菊酯、甲氰菊酯和联苯菊酯等 3 种拟除虫菊酯类农药的残留量。蔬菜样品用石油醚、丙酮及少量的无水硫酸钠超声波振荡提取，提取液过滤后，用无水硫酸钠脱水，氮气流缓慢吹至近干，丙酮定容后直接在高效薄层板上点样，先用环己烷/氯仿（2∶8，体积比）水平展开，再用环己烷/氯仿（4.5∶5.5，体积比）水平展开，薄层扫描定量。测得添加浓度为 $0.5\sim5.0mg/kg$ 时，蔬菜样品中 3 种拟除虫菊酯类农药的平均回收率为 $70.20\%\sim108.5\%$，变异系数为 $1.59\%\sim27.94\%$。色谱图见图 10-12。

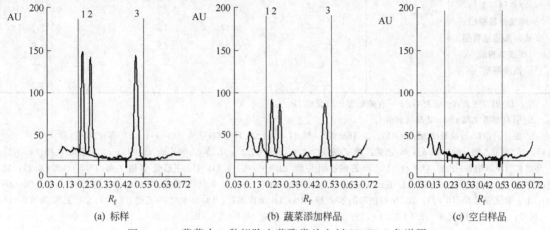

图 10-12　蔬菜中 3 种拟除虫菊酯类杀虫剂 HPTLC 色谱图
1—溴氰菊酯；2—甲氰菊酯；3—联苯菊酯

表 10-2 总结了不同拟除虫菊酯类杀虫剂及其代谢物在不同薄层色谱条件下的 R_f 值。

表 10-2　拟除虫菊酯杀虫剂及其代谢物的 TLC 分析

化　合　物	薄层板	展　开　剂　体　系　和　比　移　值				
		1	2	3	21	22
烯丙菊酯	A	0.18	—			
α-氯氰菊酯		0.35	0.11	—		
氯氰菊酯		0.45, 0.54, 0.49	0.13, 0.10	0.38		
溴氰菊酯		0.44	0.12	0.31		
氰戊菊酯		0.42, 0.40	0.08	0.42	0.78	0.72
4-羟基氰戊菊酯		—			0.62	0.41
氯菊酯		0.68, 0.59	0.30, 0.22			
		4	5	7	8	9
顺式氯菊酯	A(4,5,8,9)	0.84	0.93	0.60	0.80	0.66
反式氯菊酯	B(7)	0.84	0.92	0.68	0.66	0.92
4-羟基-顺式氯菊酯		0.55	—	—	—	—
4-羟基-反式氯菊酯		0.58	—	—	—	—
		6	10			
氯氰菊酯	A	0.85	—			
氯菊酯		0.80	—			
羟基氯菊酯		—	0.1~0.7			
		11	12	13	14	15
顺式氯菊酯	A	0.87	0.86	0.88	0.75	0.79
反式氯菊酯		0.82	0.79	0.85	0.75	0.69
顺式氯氰菊酯		0.57	0.64	0.83	0.48	0.46
反式氯氰菊酯		0.49	0.56	0.80	0.42	0.37
溴氰菊酯		0.53	0.60	0.82	0.45	0.44
氰戊菊酯		0.45	0.52	0.80	0.39	0.36

化 合 物	薄层板	展 开 剂 体 系 和 比 移 值				
		16	17	18	19	20
溴氰菊酯	A	0.57	0.66	0.92	0.63	0.89
2-羟基溴氰菊酯		0.37	0.48,0.57	0.78，0.93	0.41	0.65，0.66
4-羟基溴氰菊酯		0.24	0.41	0.72	0.33	0.51，0.54
5-羟基溴氰菊酯		—	0.47	0.76	0.38	0.72，0.74
反式羟基溴氰菊酯		—	0.39	0.61	0.24	0.60
顺式氯菊酯		0.68	—	—	—	—
氰戊菊酯		0.56				

注：1. 固定相：A—硅胶 G；B—含硝酸银的氧化铝 G。

2. 引自参考文献 Chen Z M (1996)。

3. 展开剂：1. 石油醚-乙醚（9：1）；2. 环己烷-甲苯（7：3）；3. 环己烷-甲苯（6：4）；4. 甲苯-乙醚-乙酸（7.5：2.5：0.1）；5. 氯仿-乙酸（9.5：0.5）；6. 乙酸乙酯-乙酸-水（7.0：0.4：0.4）；7. 苯-乙酸乙酯（6：1）；8. 正己烷-乙醚（10：1）；9. 环己烷（甲酸饱和）-乙醚（3：2）；10. 苯-乙酸乙酯-甲醇（1.5：0.5：0.1）；11. 正己烷-氯仿-乙酸（9.5：0.5：0.1）；12. 正己烷-苯（4.5：5.5）；13. 苯；14. 正己烷-氯仿-苯（4.5：0.5：5.0）；15. 正己烷-氯仿（7：3）；16. 正己烷-乙酸乙酯（4：10）；17. 苯-乙酸乙酯（6：1）；18. 甲酸饱和的苯-乙醚（10：3），2 次展开；19. 四氯化碳-乙醚（3：1）；20. 乙酸-苯（1：1），3 次展开；21. 苯-丙酮-乙酸（2.5：2.5：0.1）；22. 甲苯-乙醚-乙酸（7.5：2.5：0.1）。

2. 有机磷农药残留检测

M. Hamada 等（2003）报道了水体中毒死蜱、二嗪农、倍硫磷、杀扑磷、保棉磷、氧乐果、甲胺磷等 7 种有机磷杀虫剂残留的高效薄层色谱分析方法。样品通过 SPE 固相提取，点样于硅胶 $60F_{254}$ 色谱板上，用正己烷/丙酮（75：35，体积比）展开，薄层扫描（波长为 220nm）定量。薄层扫描色谱图见图 10-13，7 种供试有机磷杀虫剂的线性范围为 $100 \sim 2000ng$，相关系数大于 0.999，添加回收率为 $94\% \sim 102\%$，变异系数为 $0.7\% \sim 4.9\%$。

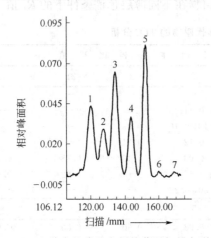

图 10-13 7 种有机磷杀虫剂的薄层扫描色谱图
1—毒死蜱；2—二嗪农；3—倍硫磷；4—杀扑磷；
5—保棉磷；6—氧乐果；7—甲胺磷

3. 氨基甲酸酯类农药残留检测

F. Tang 等（2005）报道用高效薄层色谱法分析蔬菜（马铃薯和冬瓜）中抗蚜威、灭多威、西维因和克百威等 4 种氨基甲酸酯类农药的残留量。蔬菜样品用石油醚/二氯甲烷（1：1，体积比）超声波振荡提取，提取液浓缩近干，用丙酮定容至 1ml 后直接在高效薄层板上点样；先用甲苯/丙酮（8：2，体积比）展开（展距 45mm），再用二氯甲烷/丙酮（8：2，体积比）二次展开（展距 70mm），薄层扫描仪定量测定。该方法下，添加浓度为 $1.0 \sim 5.0mg/kg$ 时，蔬菜样品中 4 种氨基甲酸酯类农药的平均回收率为 $70.05\% \sim 103.7\%$，变异系数为 $1.59\% \sim 26.49\%$。供试农药添加样品色谱图见图 10-14。

4. 其他农药残留量的检测

M. Hamada（2002）报道了饮用水中苯脲类除草剂残留量的 HPTLC 分析方法。利谷隆、草不隆、异丙隆、噻唑隆、绿麦隆、伏草隆、敌草隆等 7 种苯脲类除草剂在二醇基改性硅胶薄层上用水/丙酮/甲醇（6：1：3，体积比）作为展开剂；在氨基改性硅胶板上用氯仿/丙酮（4：1，体积比）作为展开剂，在硅胶板上用苯/三乙烷基胺/丙酮（15：3：2，体积比）作为

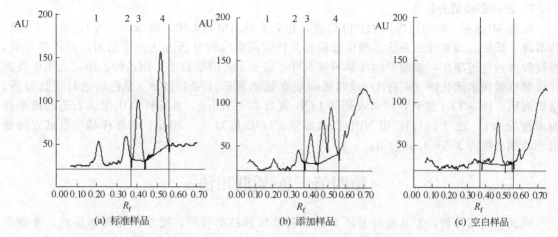

(a) 标准样品　　　　　　　　(b) 添加样品　　　　　　　　(c) 空白样品

图 10-14　蔬菜（冬瓜）中 4 种氨基甲酸酯类杀虫剂 HPTLC 色谱图

1—灭多威；2—抗蚜威；3—克百威；4—西维因

展开剂。色谱展开后的农药斑点经双波长扫描（245nm 和 265nm）后进行定性定量分析。供试农药的线性范围为 50～2500ng，相关系数为 0.996～0.999。水中的除草剂通过 C_{18} SPE 固相提取，经 HPTLC 检测，方法的添加回收率为 87%～102%。

樊玮等（2005）研究了三环唑、戊唑醇、氯苯嘧啶醇、三唑酮、异菌脲等 5 种杀菌剂的薄层分离条件，并对蔬菜（黄瓜等）中三环唑、氯苯嘧啶醇、异菌脲残留分析的 HPTLC 方法进行了评价（表 10-3）。通过展开剂的筛选，以正己烷/丙酮（6∶4，体积比）为展开剂，异菌脲、三唑酮、三环唑、氯苯嘧啶醇、戊唑醇等 5 种杀菌剂实现良好的分离（图 10-15）。

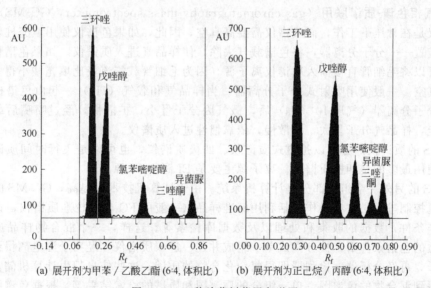

(a) 展开剂为甲苯／乙酸乙酯 (6:4, 体积比)　　　(b) 展开剂为正己烷／丙醇 (6:4, 体积比)

图 10-15　5 种杀菌剂薄层色谱图

表 10-3　供试农药 R_f 值、回归方程、相关系数、最低检测限

农药品种	最大吸收波长/nm	R_f 值	回归方程	相关系数/r	最低检测限/(ng/斑点)
氯苯嘧啶醇	221	0.60	$Y = 4.197 + 0.657x - 0.000x^2$	0.9996	10
三环唑	213	0.21	$Y = 1.978 + 1.306x - 0.001x^2$	0.9998	5.0
异菌脲	220	0.89	$Y = 0.342 + 0.474x$	0.9993	15

5. 农药多残留分析

S. L. Moraes（2003）应用 HPTLC 法，建立了番茄中莠去津、西维因、克百威、枯草隆、敌草隆、乐果、抑霉唑、杀线威和甲胺磷等 9 种农药多残留分析方法。样品用乙酸乙酯提取，经凝胶渗透色谱净化，浓缩后的样品溶液点样于硅胶 F_{254} 薄层板上，用乙酸乙酯或二氯甲烷展开，邻甲苯胺加碘化钾（o-TKI）或四氟硼酸重氮硝基苯（NBDTFB）显色后进行定量分析。结果表明，用 o-TKI 显色，供试农药的 LOD 值为 12～125ng，番茄样品中供试农药的最小检测浓度为 1.1～32.3 ng/μl；用 NBDTFB 显色，LOD 值为 60～70ng，番茄样品中供试农药的最小检测浓度为 3.5～4.3ng/μl。

第四节　色-质联用法

农药多残留分析，尤其是背景不详的农药残留样品的分析，要求仪器既能定性，又能定量，更重要的是同时具有较强的多组分分离能力。质谱仪是一种很好的定性鉴定用仪器，对混合物的分析无能为力。色谱仪的分离效率高，但进行定性分析需要标准品，而且由于不同化合物可能具有相同的色谱保留值，对未知化合物定性有一定难度。二者结合起来，则能发挥各自专长，使分离和鉴定同时进行。因此，早在 20 世纪 60 年代就开始了气相色谱-质谱联用技术的研究，并出现了早期的气相色谱-质谱联用仪。在 70 年代末，这种联用仪器已经达到很高的水平，同时开始研究液相色谱-质谱联用技术。在 80 年代后期，大气压电离技术的出现，使液相色谱-质谱联用仪水平提高到一个新的阶段。为了增加未知物分析的结构信息，为了增加分析的选择性，采用串联质谱法（质谱-质谱联用），也是目前质谱仪发展的一个方向。也就是说，目前的质谱仪是以各种各样的联用方式工作的。因此，本节将简要介绍色谱-质谱联用技术。

一、气相色谱-质谱联用（gas chromatography-mass spectrometer，GC-MS）

色谱仪是在常压下工作，而质谱仪需要高真空，因此，如果色谱仪使用填充柱，必须经过一种接口装置——分子分离器，将色谱载气去除，使样品气进入质谱仪。如果色谱仪使用毛细管柱，则可以将毛细管直接插入质谱仪离子源，因为毛细管载气流量比填充柱小得多，不会破坏质谱仪真空。一般使用喷射式分子分离器。当样品气和载气（He）一起由色谱柱流出（常压）进入分子分离器（气压 10^{-2} Pa）后，载气因分子量小，扩散快，经过喷嘴后载气很快扩散并被抽走，样品气分子量大，扩散慢，依靠惯性进入质谱仪。

GC-MS 的质谱仪部分可以是磁式质谱仪、四极质谱仪，也可以是飞行时间质谱仪和离子阱。目前使用最多的是四极质谱仪。离子源主要是 EI 源和 CI 源。

GC-MS 的另外一个组成部分是计算机系统。由于计算机技术的提高，GC-MS 的主要操作都由计算机控制进行，这些操作包括利用标准样品（一般用 FC-43）校准质谱仪，设置色谱和质谱的工作条件，数据的收集和处理以及数据库检索等。这样，一个混合物样品进入色谱仪后，在合适的色谱条件下，被分离成单一组成并逐一进入质谱仪，经离子源电离得到具有样品信息的离子，再经分析器、检测器即得每个化合物的质谱。这些信息都由计算机储存，根据需要，可以得到混合物的色谱图、单一组分的质谱图和质谱的检索结果等。根据色谱图还可以进行定量分析。因此，GC-MS 是农药多残留和背景不详样品定性、定量分析的有力工具。

另外，GC-MS 的数据系统中有专门的农药库、毒品库等。

二、液相色谱-质谱联用（liquid chromatography mass spectrometer，LC-MS）

大部分农药可用 GC-MS 检测，但对极性或热不稳定性、分子量较大或不易气化的农药需要采用液相色谱-质谱（LC-MS）联用技术。连接 LC 和 MS 的接口装置（同时也是电离源）的主要作用是去除溶剂并使样品离子化。早期曾经使用过的接口装置有传送带接口、热喷雾接口、粒子束接口等十余种，这些接口装置都存在一定的缺点，因而都没有得到广泛推广。20世纪 80 年代，大气压电离源用作 LC 和 MS 联用的接口装置和电离装置之后，使得 LC-MS 联用技术提高了一大步。目前，几乎所有的 LC-MS 联用仪都使用大气压电离源作为接口装置和离子源。大气压电离源（atmosphere pressure ionization，API）包括电喷雾电离源（electrospray ionization，ESI）、大气压化学电离源（atmospheric pressure chemicel Ionization，APCI）和大气压光电离（APPI）三种，其中电喷雾源应用最为广泛。电喷雾质谱的电离接口示意图见图 10-16。

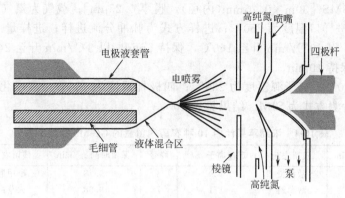

图 10-16　电喷雾质谱的电离接口示意图

如图 10-16 所示，在毛细管管口加一高电压，作用于经喷雾头进入离子化室的溶液，再将 3～6kV 的电压加到毛细管和相对的电极之间，电压导致毛细管末端的液滴表面的电荷增强，高电压导致液体表面分裂和多电荷液滴的形成，与毛细管相对的电极携带的正或负电荷以产生正或负电荷液滴。对于电喷雾的整体而言，带电液滴的形成是整个电喷雾过程的第一步，而接下来的离子化是进行电喷雾分析的关键。

在分析中，带有样品的色谱流动相通过 3～6kV 高压的喷口喷出，生成带电液滴，经干燥气除去溶剂后，带电离子通过小孔进入质量分析器。传统的电喷雾接口只适用于流动相流速为 1～5μl/min 的体系，因此电喷雾接口主要适用于微柱液相色谱。同时由于离子可以带多电荷，使得高分子物质的质荷比落入大多数四极杆或磁质量分析器的分析范围（质荷比小于 4000），从而可分析分子量高达几十万道尔顿（Da）的物质。

电喷雾离子化是从去除溶剂后的带电液滴形成离子的过程，适用于容易在溶液中形成离子的样品或极性化合物。因具有多电荷能力，所以其分析的分子量范围很大，既可用于小分子分析，又可用于多肽、蛋白质和寡聚核苷酸分析。APCI 是在大气压下利用电晕放电来使气相样品和流动相电离的一种离子化技术，要求样品有一定的挥发性，适用于非极性或低、中等极性的化合物。由于极少形成多电荷离子，分析的分子量范围受到质量分析器质量范围的限制。APPI 是用紫外灯取代 APCI 的电晕放电，利用光化作用将气相中的样品电离的离子化技术，适用于非极性化合物。由于大气压电离源是独立于高真空状态的质量分析器之外的，故不同大气压电离源之间的切换非常方便。

随着现代技术的发展，电喷雾与串联质谱（MS-MS）相连，即能为化合物提供很多结构信息。

三、在农药残留分析中的应用

色-质联用尤其适合于农药多残留分析。质谱法的优点是能在多种农药残留物同时存在的情况下对其进行定性定量分析，仅用气相色谱法检测需要多个检测器，而色-质联用一般只需一次提取和一次检测即可。

色-质联用也特别适合检测农药等污染物在大气、水、土壤等环境中的迁移行为。GC-MS或 LC-MS 法，在农药鉴定过程中除具有结构相似物的鉴别能力，还可以直接进行复杂物分析，由此简化了许多制样过程，避免了因提取净化操作导致的样品损失，使一些超低浓度样品分析成为可能。

1. 浓缩苹果汁中 10 种农药残留量的 GC-MS 检测

取浓缩苹果汁样品，用等量蒸馏水进行稀释，用硅藻土柱净化，用 160ml 三氯甲烷-正己烷（1:1）淋洗，将流出液浓缩至近干，用正己烷定容，用 GC-MS 分析。

色谱柱为 DB-5MS [30m×0.25mm(内径)，膜厚 0.25μm]；载气为氮气（99.999%）；柱流速为 1ml/min；进样口温度为 250℃；进样方式为脉冲分流进样；进样量 1μl；柱温程序是在 80℃ 保持 1min，以 10℃/min 升至 160℃，保持 5min，以 3℃/min 升至 240℃，再以 25℃/min 升至 280℃，保持 10min。

接口温度为 280℃；离子源温度为 230℃；四极杆温度为 150℃；离子化方法 EI；电子能量为 70eV；质谱检测方式为 SIM。结果见表 10-4。

表 10-4　浓缩苹果汁中 10 种农药残留量的 GC-MS 检测结果

峰号	保留时间 t_R/min	残留农药	定量离子 m/z	峰号	保留时间 t_R/min	残留农药	定量离子 m/z
1	7.22	敌敌畏	109	6	9.78	乙酰甲胺磷	136
2	8.60	敌草腈	171	7	9.98	灭草敌	128
3	8.72	茵草敌	128	8	11.21	邻苯基苯酚	170
4	9.73	丁草敌	146	9	11.62	禾草敌	126
5	9.75	速灭磷	127	10	11.67	异丙威	121

2. 13 种氨基甲酸酯类农药残留的 LC-MS 检测

在橙样中添加 13 种氨基甲酸酯类农药 1mg/kg，进行多残留分析方法的研究。将样品与 C8 键合相基质充分混合，转移至 9mm 内径的玻璃管中，用 10ml 二氯甲烷-乙腈（60:40）洗脱，洗脱液用氮气吹干浓缩至 0.5ml，进样分析。

色谱柱为 Spherisorb C8[150mm×4.6mm(内径)，3μm 粒径]。APCI 流动相为甲醇水。梯度为 50% 甲醇（保持 5min）→5min 内线性增加至 60% 甲醇（保持 5min）→5min 内线性增加至 90% 甲醇（保持 7min），流速 1.0ml/min。ESI 流动相为 50% 甲醇（保持 15min）→5min 内线性增加至 70% 甲醇（保持 5min）→5min 内线性增加至 90% 甲醇（保持 5min），流速 0.5ml/min。进样量为 5μl。

APCI 源正离子模式质谱条件：气化温度 325℃；雾化气为氮气，4.1×10^{5}Pa；干燥气为氮气，流速 4L/min，温度 350℃；毛细管电压 4000V；corona 电流为 4μA。APCI-corona 电流为 25μA。

ESI 源正离子模式质谱条件：干燥气体温度 350℃，流速 13L/min；雾化气为氮气，206.84kPa(30psi)；毛细管电压 4000V；ESI-毛细管电压为 3500V。13 种氨基甲酸酯的色谱图见图 10-17。

四、在农药常量分析中的应用

我国农业部农药检定所和各省级农药检定所在用色-质联用分离和鉴定农药方面做了不少工作。如为了防治棉铃虫，施用某种杀虫剂后，棉花出现了药害，经过色-质联用测定证明，杀虫剂中含有少量 2,4-D 丁酯除草剂。另外某地在防治棉花蚜虫过程中发现，10% 吡虫啉乳油和 3% 克百威颗粒剂使用后效果很差，有的甚至没有效果。经用色-质联用测定，所谓 10% 吡虫啉乳油乃是 1% 甲胺磷，3% 克百威颗粒剂不含克百威，只是沙子上载有萘酚类染料制成的假药。

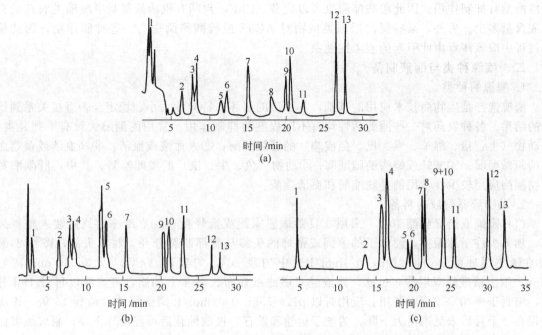

图 10-17　橙样中添加 1mg/kg 13 种氨基甲酯酯类农药的离子流色谱图

(a) LC-APCI-MS 正离子模式；(b) LC-ESI-MS 负离子模式；(c) LC-ESI-MS 正离子模式

1—草氨酰；2—速灭威；3—残杀威；4—呋喃丹；5—甲萘威；6—杀虫丹；7—异丙威；8—抗蚜威；
9—仲丁威；10—乙霉威；11—灭虫威；12—苯氧威；13—禾草丹

五、在农药毒物分析中的应用

20 世纪 90 年代初，色-质联用技术开始用于因误服或接触农药造成中毒的事件的检测。2000 年 5 月，某市发生一起突发性食物中毒事件，运用气相色谱-质谱联用技术测定中毒者呕吐物中含有对硫磷，对症下药后及时挽救了患者的生命。色-质联用技术在人畜急性中毒检测中具有定性准确、无需标准品等优点，今后在中毒等突发事件中可作为一种有效的判定手段。

随着质谱技术的发展，色-质联用技术已逐步发展成为分析未知物的有效手段。色-质联用技术比传统的色谱技术在痕量分析中优势更明显。化合物的质谱图及色谱的保留时间联合定性优于色谱的保留时间单一定性，用色谱时间和质谱指纹数据对化合物进行分析，最大限度地保证了分析的可靠性，提高了实验的准确度。

第五节　酶 抑 制 法

一、检测原理

利用有机磷和氨基甲酸酯类农药对动物体内乙酰胆碱酯酶（AChE）具有抑制作用的原理，在乙酰胆碱酯酶及其底物（乙酰胆碱）的共存体系中加入农产品样品提取液（样品中含有水），如果样品中不含有机磷或氨基甲酸酯类农药，酶的活性就不被抑制，乙酰胆碱就会被酶水解，水解产物与加入的显色剂反应就会产生颜色；反之，如果试样提取液中含有一定量的有机磷或氨基甲酸酯类农药，酶的活性就被抑制，试样中加入的底物就不能被酶水解，从而不显色。用目测颜色的变化或分光光度计测定吸光度值，计算出抑制率，就可以判断出样品中农药残留的情况。

AChE 属于丝氨酸为中心的酶类，羧酸酯酶（非特异性酯酶的一种）与 AChE 类似，同样以丝氨酸残基作为活动中心，因此对 AChE 有抑制作用的有机磷和氨基甲酸酯类农药同样对羧酸酯酶有抑制作用。因此羧酸酯酶也可以代替 AChE，判断有机磷或氨基甲酸酯类农药的有无或含量多少。另外，某些氯代烟碱类似物对 AChE 或羧酸酯酶也有一些抑制作用，因此检测过程中应该注意由此引起的假阳性现象。

二、酶源种类与酶液制备

1. 酶源的种类

酶源选择是生物酶技术应用的基础，其性质的好坏、特异性大小、稳定与否直接关系到检测的结果。各种农药对一些酶的活性均有不同程度的抑制作用。常用的酯酶大致有下列几类：①动物（牛、猪、绵羊、猴、鼠、兔或鸡）的肝脏酯酶；②人血浆或血清；③马血清或黄鳝血中的胆碱酯酶；④蜜蜂或蝇头的脑酯酶；⑤动物（兔、牛、鼠）的羧酸酯酶。其中，肝酯酶和植物酯酶应用较少，常用的是脑酯酶和血清酯酶。

2. 动物酶源酶液的制备

（1）家蝇或蜜蜂脑酯酶液 采用 3 日龄敏感家蝇或蜜蜂在 −20℃ 冷冻致死后装入塑料袋中，加入少许干冰振摇，硬化了的家蝇或蜜蜂的头部与胸部断裂分开，收集头部，按 0.24g/ml 在磷酸缓冲液（pH＝7.5，0.1mol/L）中匀浆 30s，匀浆液（4℃）以 3500r/min 离心 5min，取上清液经双层纱布过滤，滤液经双层滤纸在布氏漏斗上抽滤，将滤液以每管 1ml 分装，密封于 −20℃ 冰箱中备用。应用时以 pH＝7.5、0.02mol/L 磷酸缓冲液稀释 15 倍。该酶液保存 3 个月后未见酶活力下降。为便于运输和贮存，提取纯化后可经冷冻干燥，制成纯度比较高、稳定性更好的酶粉。

（2）动物血清酯酶 将刚抽取的动物（马、鸡）血清注入无抗凝剂的试管（15～25ml）中，封口后在 37℃ 恒温箱内放置 3h。使血液凝固，淡黄色血清慢慢渗出，用吸管将血清吸入离心管中，以 3000r/min 离心 5～10min，取上清液分装后在 −20℃ 冷冻保存，使用时以蒸馏水稀释。

三、酶的基质及显色反应类型

1. 酶的基质

酶抑制剂显色反应可使用的基质（底物）和显色剂很多，各种乙酰胆碱（ACh）、乙酸萘酯以及其他羧酸酯、乙酸羟基吲哚及其衍生物均可作为酶的基质，其中 α-N-苯酰基-DL-精氨酸-对硝基苯胺盐酸盐（BAPNA）只适用于胰酶。

2. 显色反应类型

根据酶的底物和显色机理不同，酶抑制显色反应大致可分为以下几种类型。

（1）乙酰胆碱-溴百里酚蓝显色 利用底物水解产物的酸碱性变化，并借 pH 指示剂显色。

$$乙酰胆碱 + H_2O \xrightarrow{酶} 胆碱 + 乙酸$$

溴百里酚蓝变色范围 pH 6.2（黄色）～7.6（蓝色），酶作用的底板部位为有乙酸的部位，pH＜6.2，呈现黄色，而被农药斑点作用的部位为无乙酸的部位，pH＞7.6，呈现蓝色。

（2）乙酸-β-萘酯-固蓝 B 盐显色反应法 利用底物水解产物与显色剂作用完成显色反应。

$$乙酸-\beta-萘酯 + H_2O \xrightarrow{酶} \beta-萘酯 + 乙酸$$
$$\beta-萘酯 + 固蓝 B 盐 \longrightarrow 偶氮化合物（呈紫红色）$$

（3）乙酸羟基吲哚显色法 利用底物水解产物氧化显色。

$$乙酸羟基吲哚 + H_2O \xrightarrow{酶} 吲哚酚 + 乙酸$$
$$吲哚酚 + O_2 \longrightarrow 靛蓝（呈蓝色）$$

（4）乙酸靛酯显色法 利用发色基质水解产物显色。

$$乙酸靛酯 + H_2O \xrightarrow{酶} 靛酚蓝（蓝色） + 乙酸$$

实验表明，乙酰胆碱-溴百里酚蓝显色法灵敏度不高，故很少使用。而乙酸萘酯-固蓝 B 盐、乙酸靛酯、吲哚乙酸酯及其衍生物为基质的羧酸酶显色法，由于灵敏度高，适用性广，酶源、基质、显色剂较容易获得，而被广泛应用。影响酯酶法显色的灵敏性的因素是多方面的，取决于酶源和基质的种类，以及两者适宜的配比。不同的酶与基质配合使用，其检测限不尽相同。

四、检测方法

1. 比色法

我国农业部农药检定所利用酶抑制产生的显色反应，通过分光光度计比色测定酶的抑制率，以测定有机磷和氨基甲酸酯类农药残留量。

蔬菜样品的制备通常取 1g 样品剪碎于试管中，加 0.55～1ml 甲醇，快速振摇 2min，将提取液倒入比色皿，取 20μl 进行测定。

AChE 抑制率的测定：在 5ml 尖底离心管中加 0.18ml pH7.5 的 0.02mol/L 磷酸缓冲液，对照管加 0.02ml 甲醇，测定管加 0.02ml 蔬菜样本提取液，然后分别加入 0.2ml 酶液；30℃水浴保温 20min 后，各加入 0.1ml 碘化乙酰硫代胆碱液 AtchI（浓度为 0.01mol/L），继续培养 15min，最后加入终止剂 3.6ml 硝基苯甲酸 DTNB-乙醇溶液，用分光光度计在 412nm 下测吸光度值。空白管和对照管则以缓冲液代替酶液。

酶抑制法只能检测对 AChE 具抑制作用的有机磷和氨基甲酸酯类农药，对其他类型农药造成的污染则无法检出，而且方法的灵敏度通常较低，如对伏杀磷、水胺硫磷、涕灭威，有时还有假阳性。

2. 速测卡法

速测卡见图 10-18，以滤纸作载体，白纸片上载有乙酰胆碱酯酶和基质，红纸片载有显色剂。

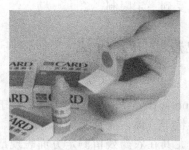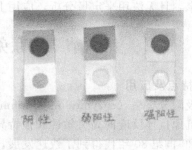

图 10-18　速测卡及其实验结果

当空白样品加于白纸片上，在酶作用下，乙酰胆碱与水发生水解，水解产物与显色剂反应产生颜色。当含有有机磷和氨基甲酸酯类农药的样品加于白纸片上时，抑制了乙酰胆碱酯酶的活性，使这种酶不能被水解，从而无显色反应。因此白色药片变成蓝色，说明农药残留无或在检出限下；白色药片不变蓝，说明含有超出检出限的农药。

（1）整体测定法　选取有代表性的蔬菜样品，擦去表面泥土，剪成 1cm 左右见方碎片，取 5g 放入带盖瓶中，加入 10ml 纯净水或 0.1mol/L pH7.5 的磷酸缓冲液［水与菜叶的比例以（1：1）～（1：2）为宜］，震摇 50 次，静置 2min 以上。取一片速测卡，用白色药片蘸取提取液，放置 10min 以上进行预反应，有条件时在 37℃恒温装置中放置 10min。预反应后的药片表面必须保持湿润。将速测卡对折，用手捏 3min 或用恒温装置恒温 3min，使红色药片与白色药片叠合发生反应。每批测定应设一个纯净水或缓冲液的空白对照卡。

（2）表面测定法　擦去蔬菜表面泥土，滴 2～3 滴洗脱液在蔬菜表面，用另一片蔬菜在滴液处轻轻摩擦。取一片速测卡，将蔬菜上的液滴滴在白色药片上。放置 10min 以上进行预反应，有条件时在 37℃恒温装置中放置 10min。预反应后的药片表面必须保持湿润。将速测卡对折，用手捏 3min 或用恒温装置恒温 3min，使红色药片与白色药片叠合发生反应。每批测定应设一个洗脱液的空白对照卡。

3. 固相酶速测技术

固相酶速测技术是一项采用固定化乙酰胆碱酯酶对农药残留快速测定的新技术。通过把乙酰胆碱酯酶固定在一种特殊的、不会和其活性部位发生反应的载体上面，不仅可以排除杂质对酶活性的影响，使灵敏度提高 100 倍以上，而且还增加了酶的稳定性，便于贮存。乙酰胆碱酯酶通过一种蛋白质模板（如明胶、血清蛋白、血红蛋白等）作为中间体，以固定在一种特定的支持物上（如玻璃试管、小玻璃球或塑料球等），酶的固定是在与其支持物相接触的瞬间完成的。将固定好的酶放入一容器中，该容器是一个封闭的管，酶及其支撑物可以连接在封闭试管的塞子上，以便于同被测样品的接触。用于检测的显色剂是 ELLMAN（Biol Pharmaco，1961，7：88～95），对用于乙酰胆碱的二硫代双硝基苯甲酸显色。当固定化酶不具有活性时，反应呈黄色，如果存在对酶起抑制作用的农药，反应颜色不会发生变化。此外，也可用一些常用的具有显色反应的显色剂。

五、酶抑制技术存在的问题

酶是一种生物催化剂，属特异性蛋白质，酶促反应有十分严格的条件，其反应速率受温度、酸碱度、环境中离子、酶抑制剂等因素的影响。另外，酶的固定与贮存、酶的浓度、反应底物剂量、显色剂的选配及稳定等都会影响测试结果，而这些条件的控制与掌握，不是一般速测环境所能确保的，所以测试结果就难有重现性，也会出现差错，况且有的方法配套设备多，测试时间长，手续烦琐。因此，在测定过程中应尽量避免这些环境因素所带来的影响，以求测定结果准确。

现有的酶速测技术所测定样品和农药种类有限，一般只能针对有机磷和氨基甲酸酯类农药，应用面较窄，且无法用来定量分析，应用上受到一定限制。

第六节 酶联免疫吸附分析法

一、方法特点及应用

酶联免疫吸附分析法（enzyme linked immuno-sorbent assay，ELISA）属于免疫测定技术的一种，它集抗原抗体反应的高灵敏性和强特异性于一体，表现出简单、快速、灵敏和选择性高等优势，在 20 世纪 80 年代得到了快速发展，尤其在农药残留测定方面表现最为活跃。采用 ELISA 法不仅可以定性，而且可以定量，使用多孔滴定板，一次可进行大批量样品的测定。已商品化的筛选农药残留的 EIASA 试剂盒种类很多，不仅能用于各种食品和多种环境样品中的杀虫剂、杀菌剂、除草剂分析，而且也能检测多种环境污染物，如多氯联苯、多环芳烃，以及黄曲霉素等多种天然毒素。但是 ELISA 一次只能检测单一农药或结构近似的少数几种农药，不能解决农药多残留分析问题。而且抗体制备难度较大，目前抗体数量还较少；分析会受到特异性或非特异性的干扰；如果在不能肯定试样中农药品种的情况下，检测具有一定的盲目性；此外有可能出现假阳性或假阴性现象等等。随着技术的日趋成熟，ELISA 在农药残留速测中的应用会得到新的发展。

二、ELISA 的原理

酶联免疫吸附测定法的原理是样品提取液中的农药与已知数量的酶联剂竞争有限数量的抗体吸附位点，为了观察测定结果，往往加入底物和显色剂，以产生颜色变化，根据样品和标准物质的颜色或吸光度之差就可以计算出样品中农药的含量。ELISA 分为直接 ELISA 法和间接 ELISA 法 2 种。

1. 直接 ELISA

直接 ELISA 也有 2 种方法。第一种如图 10-19 所示，首先将抗原固定（或称包被）在聚苯乙烯反应板孔内壁，然后加入待测抗原（待测样品）和酶标记抗体。固相抗原与待测游离抗原竞争有限量的酶标记抗体，反应后洗去可溶性的游离抗原与抗体的结合物，加入酶作用底物，测定固相抗原与抗体结合物上的酶活性，便可以得到待测抗原的量。酶反应活性与待测抗原的量呈负相关。

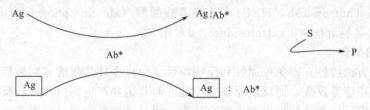

图 10-19　固相非均相 ELISA 直接法（1）

Ag —固相抗原；Ag—游离抗原；Ab *—酶标抗体；S—酶作用底物；P—酶作用产物

第二种如图 10-20 所示，首先固定抗体，然后同时加入待测抗原（样品）和酶标记抗原，待测抗原与酶标记抗原竞争有限量的固相抗体，反应后测定固相抗体与酶标记抗原结合物上的酶活性，便可得到待测抗原的量。酶活性强度与待测抗原浓度呈负相关。

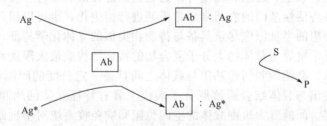

图 10-20　固相非均相 ELISA 直接法（2）

Ab — 固相抗原；Ag—游离抗原；Ag *—酶标抗体；S—酶作用底物；P—酶作用产物

2. 间接 ELISA

间接 ELISA 法如图 10-21 所示，首先固定抗原，然后加入待测抗原（样品）和抗体（称第一抗体，即待测抗原的抗体），固相抗原与待测抗原竞争有限量的第一抗体，反应后洗去游离的结合物，再加入酶标记的第二抗体（以第一抗体为抗原的酶标记抗体），反应后洗去酶标记的游离抗体，测定结合物上的酶活性。酶活性强度与待测抗原浓度呈负相关。

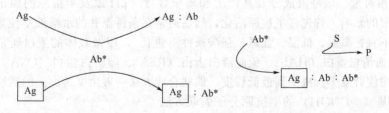

图 10-21　固相非均相间接 ELISA

Ag —固相抗原；Ag—游离抗原；Ab—酶标抗体；Ab *—酶作用底物；S—酶作用底物；P—酶作用产物

三、ELISA 方法的建立

ELISA 方法的建立包括待测农药、滴定板和酶的选择、半抗原合成、人工抗原合成、抗体制备和样品前处理方法及质量控制等。

1. 待测农药和滴定板的选择

ELISA 只能检测单一农药或结构近似的少数几种农药，不能解决农药多残留分析问题。ELISA 使用的固相载体有聚苯乙烯微量滴定板、聚苯乙烯球和醋酸纤维素膜等。通常采用聚苯乙烯微量滴定板（40孔或98孔）。滴定板预先用蒸馏水冲洗，晾干。该法广泛使用的酶有辣根过氧化物酶（horseradish，HRP）、碱性磷酸酯酶（alnaline phosphatase，AKP）、脲酶（urease）和 β-半乳糖苷酶（β-galactosidase，β-Gal）等。

2. 半抗原的制备

抗原具有两方面特性，即免疫原性和反应原性。免疫原性是指能够刺激机体产生抗体或能诱导机体产生免疫应答反应，而反应原性是指能够与其诱导产生的抗体进行反应的特性。既具有免疫原性又具有反应原性的抗原称为完全抗原，而只具有反应原性没有免疫原性的抗原称不完全抗原，也称半抗原。

抗原免疫原性与分子的大小密切相关。凡具有免疫原性的物质分子量常大于 10000u，而一般农药的分子量小于 1000u，因此单独农药分子一般不具备刺激动物产生抗体的能力，即不能刺激动物产生针对农药原决定簇的特异性抗体。因此，农药必须与大分子载体偶联后才具有免疫原性。但要实现与大分子物质的偶联，半抗原分子上必须要具备能共价结合到载体上的一个活性基团，如氨基、羧基、羟基和巯基等。这些基团能在温和条件下直接或间接地与载体蛋白结合，对多数不具备活性基团的农药则通常需要进行衍生化，也可以用其他代谢及降解产物作为半抗原。一般理想的半抗原应尽量具备与待测物类似的立体化学特征，以减少免疫交叉污染，而且应尽量保证半抗原与载体的大分子复合物的特征结构能最大限度地被免疫活性细胞所识别。要达到这一点，必须做到活性基团与载体之间具备一定长度的间隔臂，一般为 4～6 个碳链长度，目的是突出与载体结合后抗原分子表面上具有特征立体结构和免疫活性的化学基团，突出抗原决定簇。间隔臂太短则载体的空间位阻影响免疫系统对半抗原的识别；过长则可能因氢键使半抗原发生折叠。间隔臂应为非极性，除供偶联的活性基团外，不能具有如苯环等其他高免疫活性的结构。由于免疫系统对载体远端的结构识别最活，间隔臂应远离待测物的特征结构部分和官能团，这样有利于高选择性和高亲和性抗体的产生。所以，在待测物衍生化制备半抗原中，对某些活性基团进行选择性保护和去保护是常用的合成手段。另外在半抗原设计上应考虑到农药的母体结构和有毒理学意义的代谢物，还应注意突出特定农药的结构或一类农药中共有的结构部分。

3. 人工免疫抗原的合成

农药小分子半抗原与载体蛋白的偶联效果，会受到偶联物的浓度及其相对比例、偶联剂的有效浓度及其相对量、缓冲液成分及其纯度和离子强度、pH 以及半抗原的稳定性、可溶性和理化特性等因素的影响。首先将半抗原活化，然后通常在条件温和的水溶液中使半抗原与载体蛋白共价结合（不宜在高温、低温、强碱、强酸条件下进行），用做载体的蛋白通常有牛血清白蛋白（BSA）、人血清白蛋白（HAS）、兔血清白蛋白（RSA）、卵清白蛋白（OVA）等。选择载体蛋白应尽量考虑使背景干扰减少到最低程度。偶联合成方法一般由半抗原上的活性基团所决定。

（1）有羧基（—COOH）的半抗原分子偶联方法

① 碳二亚胺法（EDC）

$$
\underset{\text{(EDC)}}{HP-\overset{\overset{\displaystyle O}{\|}}{C}-OH + R^1N=C=NR_2} \longrightarrow HP-\overset{\overset{\displaystyle O}{\|}}{C}-O-C\overset{\overset{\displaystyle NHR^1}{}}{\underset{NR^2}{}} \overset{H_2N-Pr}{\longrightarrow} HP-\overset{\overset{\displaystyle O}{\|}}{C}-NH-Pr + R^1NH-\overset{\overset{\displaystyle O}{\|}}{C}-NHR^2
$$

式中，HP 和 Pr 分别代表半抗原和蛋白质，EDC 使羧基和氨基间脱水形成酰胺键，半抗原上的羧基先与 EDC 反应生成一个中间物，然后再与蛋白质上的氨基反应形成半抗原与蛋白质的结合物。

② 混合酸酐法

$$HP-\overset{O}{\overset{\|}{C}}-OH+Cl-\overset{O}{\overset{\|}{C}}-O-CH_2CH(CH_3)_2 \longrightarrow HP-\overset{O}{\overset{\|}{C}}-O-\overset{O}{\overset{\|}{C}}OCH_2CH(CH_3)_2$$

半抗原上的羧基在正丁胺存在下与氯甲酸丁酯反应，形成混合酸酐的中间物，再与蛋白质的氨基反应，形成半抗原与蛋白质的结合物。

（2）含氨基（—NHS）的半抗原分子偶联方法

① 戊二醛法

$$HP-NH_2+H-\overset{O}{\overset{\|}{C}}(CH_2)_3\overset{O}{\overset{\|}{C}}-H+H_2N-Pr \longrightarrow HP-N=CH(CH_2)_3CH-N=Pr+H_2O$$

双功能试剂戊二醛的两个醛基分别与半抗原和蛋白质上的氨基形成 Schitt 键（$-N=C\big\langle$），在半抗原和蛋白质间引入一个 5C 桥。戊二醛受光照、温度和碱性的影响，可能发生聚合而减弱交联能力，因此最好使用新鲜的戊二醛或适当增加用量。

② 重氮化法　用于活性基团，是芳香氨基的半抗原。芳香氨基与 $NaNO_2$ 和 HCl 反应得到的重氮盐可直接接到蛋白质酪氨酸羧基的邻位上，形成一个偶氮化合物。

（3）具有羟基活性基团的半抗原偶联方法（琥珀酸酐法）

$$HP-OH+O\overset{\overset{O}{\overset{\|}{C}}-CH_2}{\underset{\underset{O}{\overset{\|}{C}}-CH_2}{}} \xrightarrow{\text{无水吡啶}} HP-O-\overset{O}{\overset{\|}{C}}-CH_2CH_2-\overset{O}{\overset{\|}{C}}-OH \xrightarrow{H_2N-Pr} HP-O-\overset{O}{\overset{\|}{C}}-CH_2CH_2-\overset{O}{\overset{\|}{C}}-NH-Pr+H_2O$$

半抗原的羟基与琥珀酸酐在无水吡啶中反应生成一个琥珀酸半酯，这个带有羧基的中间体，再经过碳二胺法或混合酸酐法与蛋白质氨基结合，在半抗原与蛋白质载体之间插入一个琥珀酰基。

（4）具有苯酚基活性基团的半抗原偶联方法

先将半抗原上的苯酚基与一氯醋酸钠反应得到一个带羧基的衍生物，再用碳二亚胺法或混合酸酐法与蛋白质的氨基结合。结合反应完成后，应将反应产物转移至透析袋中，在生理盐水或磷酸盐缓冲液中充分透析，或用凝胶色谱法去除未反应的半抗原。结合物的纯化对功能基鉴定和获得高质量的抗体十分必要，因此透析时间要长（3~7 天），并要换透析液。

结合到载体上的半抗原分子与载体蛋白质的分子比称为半抗原结合比。半抗原结合比过高或过低均会影响抗体的生成，一般以 5~15 为宜。常用半抗原结合比的测定法为紫外分光光度法，是根据半抗原-复合物在紫外区域的吸收约等于游离蛋白和半抗原的吸光值的简单加和的特点，通过三者在 260nm 和 280nm 的吸光度值推算其可能的结合比。

4. 农药抗体制备

抗体（Ab, antibody）是动物机体某些活性细胞在某些物质（抗原）刺激下产生，并能与这些物质特异性结合的一类活性物质。由于哺乳动物体内产生的抗体主要分布于体液中，尤其是血清中，因此，常将抗血清作为抗体的同义词，将抗原抗体反应称为血清学反应。实际上抗血清表示从免疫动物体液或免疫细胞培养液中分离得到的原血清或培养液上清液；抗体则表示抗血清中能与抗原特异性结合的物质。

（1）多克隆抗体技术　多克隆抗体是由许多 B 淋巴细胞克隆产生的混合抗体。将 4~6 个月的雌性实验用白兔作为免疫动物，在每千克体重几十微克到十几毫克范围内设定 2~3 个免疫剂量进行动物免疫。初次免疫时需加入等量福氏完全佐剂，以提高抗原的免疫原性。每隔 1 周、2 周、1 个月或 2 个月背部皮内或大腿肌内注射，一般 8~9 次，在最后一次免疫后 7 天采血测试效价。采用 ELISA 法或琼扩法测效价。抗体效价是指抗体和抗原发生可见反应的最大稀释度，稀释度越大，效价越高。当血清抗体达到一定效价后采血。采血必须是无菌操作，离心取血清在-20℃保存。采用多克隆抗体方法具有生产成本低、方法简便等特点，但是其抗体的特异性不够强，会随着动物种类及个体差异而有变化，生产数量上也会受到一定的限制，不利于批量生产。

（2）杂交瘤技术　单克隆抗体是指由一个B淋巴细胞分化增殖的浆细胞产生的针对单一抗原决定簇的抗体。虽然单克隆抗体对设备要求相对较高，技术相对复杂，且成本也高，但是其特异性强，交叉反应少，并且便于大规模批量化生产。其方法首先是用免疫抗原免疫实验用鼠，然后取免疫鼠脾细胞与骨髓瘤细胞杂交进行克隆化繁殖培养，最后筛选出能稳定分泌产生特异性抗农药的单克隆抗体的细胞株，并分离鉴定其产生的特异性抗体，测定其效价，筛选出的稳定细胞株若进行体外一定环境条件下的繁殖培养，可批量生产单克隆抗体。

5. 方法的选择

按是否要分离带酶的免疫复合物和游离的酶结合物，将酶免疫分析法分为均一（homogenous）和不均一（hetergenous）两大类。多数酶免疫分析法属于不均一的，需要用固相载体作为吸附剂，且需要分离结合的和游离的酶标记复合物，这种方法称为酶联免疫吸附分析法（ELISA）。将ELISA用于农药抗原的测定方法大致分为以下五种类型。

（1）酶标抗原直接竞争抑制法　将特异性农药（抗原）包被于固相载体，然后将待测农药抗原与酶标记的已知量抗原混合温育，具有相同抗原决定簇的待测农药和酶标记农药竞争性地结合固相抗体，分离游离的和结合的酶标记免疫复合物，加入酶反应底物，根据显色程度判定待测农药的含量。

（2）酶标抗体直接竞争抑制法　将抗原包被于固相载体，待测抗原与酶标记的已知量抗体同时混合温育。由于固相抗原和待测抗原具有相同的抗原决定簇，因此彼此竞争地与酶标抗体作用形成免疫复合物，然后加入酶反应底物，据显色程度来判定待测农药的含量。

（3）酶标抗体间接竞争抑制法　用抗原致敏固相载体后，同时加入特异性抗体和待测抗原，使固相抗原与样品抗原竞争性地结合抗体，分离固相和液相后加入酶标记的第二抗体，加入底物，据其显色程度判定其样品抗原含量。

（4）双抗体夹心法　抗体包被固相载体，加入待测抗原使其与过量的固相抗体结合，温育洗涤再加入过量的酶标记相同的抗体，分离固相和游离相的化合物，加反应底物显色来求出样品中抗原的含量。

（5）间接夹心法　将样品中的抗原AgX结合于过量的固相抗体，温育洗涤加入过量的同种抗体（第一抗体），再温育洗涤后加入酶标第二抗体，最后加入底物反应，据显色程度确定待测抗原含量。

6. 试验条件的选择

特异性强、灵敏度高是ELISA法的一大优点。要获得理想的试验效果，除了试验材料这一重要因素之外，检测时的各种试验条件也非常重要。各种不同类型的ELISA以及不同的标记方法，其免疫反应的条件均不完全相同，所以必须做预备试验，摸索出针对特定检测对象和既定试验方案的一整套基本参数，包括选择载体表面吸附抗原或抗体以及酶结合物的最适浓度和反应时间，并根据酶催化反应的动力学，选择酶反应的适宜温度和时间、温育洗涤等操作条件。

（1）确定酶结合的最适浓度　通过单因子空白试验，将酶标化合物作1:100、1:200、1:400系列等比稀释，以能产生光密度为1.0的稀释度为化合物最适宜使用浓度。

（2）确定包被物质的最适浓度　结合酶标化合物的适宜使用浓度，采用单因子空白试验，将包被物质作1:10、1:20、1:40系列等比稀释，以致敏吸附载体能产生光密度为1.0的稀释度为包被物的最适浓度。

（3）防止交叉反应　农药残留ELISA检测与蛋白质ELISA检测一样，样品往往会产生交叉反应，尤其是进行种类繁多的样本分析时。

（4）防止酶的变性 一些酶抑制因子如有机物、金属离子和 pH 可以引起酶的变性，在进行直接 ELISA 法分析时会影响分析结果。因此，在进行样本前处理时，使用的溶液必须考虑其影响抗体对分析物识别的可能性，并尽量使其影响程度降为最小。

7. 分析质量控制

（1）准确度 通过添加回收率试验进行评价，一般应为 70%～120%。

（2）精密度 免疫测定的标准曲线比较复杂，在 ELISA 实验中，常采用批内和批间误差来表示其精密度。重复性试验的允许变异系数：样品中待测物含量低于 1×10^{-6}，$CV \leqslant 12.5\%$；含量低于 0.1×10^{-6}，$CV \leqslant 25\%$；含量低于 0.01×10^{-6}，$CV \leqslant 100\%$。

（3）灵敏度 灵敏度系指该法能检测出待测抗原的最低量，即最小检出量。在 ELISA 中，可用测"0"标准管的光密度值来确定。测定 10 个或 10 个以上"0"标准管，求出光密度值的平均数 (X)，再减去两倍标准差 (SD)，从标准曲线上查出对应于光密度值 $X-2SD$ 的浓度，即为灵敏度。

（4）方法的特异性 一个免疫测定系统的方法特异性取决于待测物与其他物质的交叉反应。含有与待测物相近结构的物质可能存在交叉反应，使测定结果偏高，导致假阳性。一般使用样品中可能出现的结构相似或相关农药进行交叉试验，用交叉反应评价方法的特异性。在竞争结合分析中，不同物质（竞争物）的交叉反应率可用下式计算：

$$交叉反应率 = I_{50}(竞争物)/I_{50}(待测物) \times 100\%$$

式中，I_{50} 为竞争和抑制反应中产生 50% 最大抑制率的待测物或竞争物浓度，一般针对某一特定组分的测定方法对其他物质的交叉反应率不得高于 2%～10%。

（5）比较分析 免疫分析使用生物试剂（抗体和酶），样品基质成分复杂，易受诸多不确定因素的影响，所以新建立的免疫测定方法需要与现代分析方法，如 GC 或 HPLC 进行相关性的验证。

四、在农药残留分析中的应用

（1）现场快速筛选水中甲草胺残留的超标样品 方法检测范围为 $0.2 \sim 80 \mu g/kg$，将 $0.5 \mu g/kg$ 作为阈值，低于此含量的样品不需再用仪器分析，减少了带回实验室的样品数量，从而节约了人力、物力和时间。

（2）对常规方法难以检测的农药也能测定 对极性强、难挥发、热不稳定、易分解、具有同分异构体的农药，用免疫分析方法进行测定。如对百草枯，采用单克隆抗体，可测土壤粗提取物，样品不需纯化，最低检测限 $0.2 mg/kg$。

（3）作为环境检测方法监控 2,4-D 对自来水和地下水的污染情况 2,4-D 在水中的最大允许残留限量为 $0.1 mg/L$，而免疫分析法的最低检出浓度可达 $5 \mu g/L$，因此水样不需前处理即可直接测定。

免疫方法最适合于水样的检测，现有 1/3 的免疫分析方法用于检测水中除草剂，因为水通常比其他基质要洁净得多，干扰小；但不适合测定分子非常小的或对水极不稳定的农药分子。

第七节 生物传感器

生物传感器法在农药残留速测技术中具有优异的选择性、较高的灵敏度和一定的现场检测能力，而且有可能不用试剂，在组分复杂的试样中快速和连续测定被分析物。

一、生物传感器的原理

生物传感器（biosensor）是指由生物识别元件和信号转换器两大部分组成，对特定种类物质或生物活性物质具有选择性和可逆响应的分析装置。生物识别元件又称感受器，由具有分子识别能力的生物活性物质（如酶、微生物、动植物组织切片）构成。信号转换器（如热敏电阻、光纤等）是一个电化学、光学或热敏检测元件。传感器的生物敏感层与复杂样品中特定的目标分析物之间，如酶与底物、抗原与抗体、外源凝集素与糖、核酸与其互补片段之间的识别反应会产生一些物理化学信号（如光、热、声、质量、颜色、电化学等）的变化，这些变化通过不同原理的感受器（如光敏管、压电装置、光极、热敏电阻、离子选择电极等）转换成第二信号（通常为电信号），从而达到分析检测的目的。

二、生物传感器的分类和在农药残留分析中的应用

按生物识别元件的不同，生物传感器可分为酶传感器、免疫传感器、微生物传感器、细胞器传感器、组织传感器、受体传感器等；按信号转换器的不同可分为化学传感器、光导纤维生物传感器、半导体器件生物传感器等。

1. 电化学生物传感器

生物传感器中信号的测量主要有电化学式和光化学式两种。目前，胆碱酯酶-电化学生物传感器在农药残留测定中应用较多。电化学生物传感器可分为电位型和安培型两种。

（1）电位型生物传感器　电位型传感器是根据离子选择性膜两边电解质浓度或组成的差异所产生的电位差来测定物质浓度的，生物识别元件中的酶往往是固定化的。

（2）安培型生物传感器　安培型生物传感器根据在胆碱氧化酶 ChoD 的酶促反应中生成的过氧化氢或消耗的氧量来测定胆碱，从而间接测定有机磷农药。胆碱酯酶可溶于溶液中，也可固定在电极表面，但酶经固定化以后，检出限会有所升高。将 AChE 和 ChoD 共同固定在尼龙膜上，可用于测定土壤、湖水中的马拉硫磷。

2. 免疫传感器

免疫传感器利用抗体和抗原之间的免疫化学反应，能灵敏地检测低分子量的半抗原，如激素、农药、毒素等，还能灵敏地检测高分子量的多重病毒、细菌甚至细胞。

抗体中有对抗原结构进行特殊识别、结合的部位，根据"匙-锁"模型，抗体可与其独特的抗原高度专一地可逆结合，其间有静电力、氢键、范德华力和疏水作用。将抗体固定在固相载体上，可以从复杂的基质中富集抗原污染物，达到测定污染物浓度的目的。免疫传感器可分为压电型、电化学型、光学型和热学型等。

由于抗原或半抗体之间的相互作用不能直接转换为可分析的数量信号，对于小分子的农药来讲更是如此，因此，通过分析物与抗体的反应进行间接检测就需要对分子进行标记，这使免疫传感器在农药残留分析中的应用受到一定限制。

三、存在的问题

生物传感器作为一门实用性很强的高新技术，之所以备受人们的青睐，主要是在各个现代科学和技术领域里有潜在的应用前景。但迄今为止，除少数的生物传感器应用于实际测定外，生物传感器还存在着急需解决的问题，如一些生物识别元件长期稳定性、可靠性、一致性等方面还不理想，目前存在的主要问题是分析结果的稳定性和使用寿命；批量生产尚待建立，多数仍处于研究阶段。

第八节　生物测定法

生物测定法是将待测农药残留的样品使用于活体生物上，利用生物的反应信号确定残留量的方法。

在杀虫剂残留分析中，使用最多的指标生物为果蝇和蚊幼虫。方法是将样品提取浓缩后，不必纯化，直接采用药膜法，在标准化容器内形成药膜，接入果蝇，一定时间后检查死亡率。孙云沛（1981）报道利用果蝇做指示生物测定异狄氏剂的残留，在每瓶沉积 $0.2\sim1.5\mu g$ 的剂

量范围内，果蝇的死亡百分率和剂量在对数坐标纸上呈线性关系。利用蚊幼虫来测定杀虫剂在土壤或水中的残留量也十分方便（汪世泽等，1980）。测定水中的残留量，只要将水样浓缩至一定程度，即可直接利用浸虫法进行测定。

除草剂生物测定法是利用除草剂对植物生长的抑制作用和土壤中除草剂浓度与抑制效果之间的线性关系，判断除草剂在土壤中的残留量。

利用生物测定法进行除草剂的残留量分析应用最为广泛，主要原因之一是指示生物对许多除草剂品种十分敏感，最低检出限可达 0.01mg/L，而指示生物对杀虫剂、杀菌剂的敏感程度往往达不到微量分析的要求。此外，现代化分析手段日益完善、普及，用生物测定法进行杀虫剂、杀菌剂的残留分析现在已很少见。

利用生物测定法进行除草剂残留量分析的方法如下：

① 先选好指示植物（一般为玉米），将种子在 20℃水中浸泡 12h，然后于 28℃温室下催芽 36h，选根长 0.5~0.7cm 的种子待用。

② 将不含待测除草剂的净土分别配成含除草剂 0mg/kg、0.05mg/kg、0.125mg/kg、0.25mg/kg、0.5mg/kg、1.0mg/kg、2.0mg/kg、3.0mg/kg 的药土，分别装入 250ml 烧杯中，加水至饱和（含水量约 40%）。

③ 取根长在 0.5~0.7cm 的萌发玉米种子播入杯中，每杯 5 粒，覆土 3cm，在恒温箱中培养，定期测定主根长度，试验重复 3 次。

④ 作除草剂含量与根长的相关曲线。

⑤ 将待测土样采回并在实验室进行处理后，与相关曲线试验同时进行，量出主根长度后，在曲线上查出土样中除草剂的含量。

本方法与仪器分析相比，具有成本低、灵敏度高、方法简便和快速等优点，而且测出的残留量是具有生物活性的残留量。

习题与思考题

1. 试述 ECD 和 FPD 检测器检测农药残留的原理。
2. 简述 HPLC 检测农药残留的优缺点。
3. 简述 HPTLC 在农药残留检测中的优势和操作注意事项。
4. 简述气-质连用和液-质连用的接口装置的作用和原理。
5. 简述酶抑制法的操作和原理。
6. 简述 ELISA 方法的原理和建立方法需要考虑的因素。
7. 简述生物传感器在农药残留分析中的应用前景。

第三部分　数据处理

第十一章　数据处理

分析测试是科学技术的眼睛，也可以说是人类眼睛功能的扩展与延伸。在农药分析和残留分析中，各种分析测试方法的原理与步骤虽互不相同，但都是从研究的对象中采取一部分样品，利用一定的仪器和方法，通过分析工作者的劳动获取相应数据，以探索有关试样组成及含量的信息。为了获得准确的信息，必须对实验所得到的数据进行科学的处理，从而推定代表试样组分含量的最合理数值并判断其可靠程度。本部分主要介绍农药与残留分析的数据处理方法，以期正确报告实验结果。

第一节　准确度和精密度

在实际测量过程中，由于某些主观或客观的因素，测定结果必然有误差。误差是客观存在的，所以有必要了解误差产生的原因及出现的规律，从而采取相应措施减小误差。同时对实验数据进行归纳、取舍等一系列分析处理，判断最佳估计值及其可靠性，使检测结果更加接近客观真实值。与其他分析结果一样，农药分析、残留分析结果的优劣，通常用准确度和精密度表示。在农药分析中，习惯上也用回收率检验方法的准确度。

一、准确度及误差

准确度表示测定结果与真实值的接近程度。测定结果与真实值之间的差值称为误差。准确度的高低用误差（E）表示，误差越小，分析结果越接近真实值，准确度也越高。误差大小可用绝对误差（E_a）和相对误差（E_r）来表示。误差的计算结果一般保留 $1\sim2$ 位有效数字。

绝对误差（E_a）也简称误差，以测定值 χ 与真实值 T 之差表示。

$$E_a = \chi - T$$

相对误差（E_r）是绝对误差在真实值中所占的比例，通常用百分率表示。

$$E_r = \frac{E_r}{T} = \frac{\chi - T}{T}$$

【例1】　测定某农药中水分的含量，若测量值为 0.14%，标准值（即真实值）为 0.15%，测定的绝对误差和相对误差是多少？

解：
$$\text{绝对误差}(E_a) = 0.14\% - 0.15\% = -0.01\%$$

$$\text{相对误差}(E_r) = \frac{-0.01\%}{0.15\%} \times 100\% = -6.7\%$$

从例1可知，绝对误差有正有负，$\chi < T$ 为负误差，说明测定结果偏低；$\chi > T$ 为正误差，说明测定结果偏高。相对误差则反映出误差在真实值中所占的比例。可见用相对误差来衡量分析结果的准确度更为确切，所以其应用更为广泛。

对于多次测量，

$$E_a = \overline{\chi} - T \qquad\qquad E_r = \frac{\overline{\chi} - T}{T} \times 100\%$$

式中，$\overline{\chi} = \dfrac{\sum \chi_i}{n}$，为 n 次测量的平均值。

二、精密度及偏差

精密度是指多次重复测定同一样品所得的各个测定之间的相互接近程度。精密度的高低用偏差（d）衡量。偏差小，表示测定结果的重现性好，即个别测定值之间相互比较接近，精密度高。偏差的计算结果一般保留 1~2 位有效数字。偏差常用以下几种方式表示。

1. 绝对偏差、相对偏差、平均偏差及相对平均偏差

绝对偏差 d_i 也简称偏差，用个别测定值 χ_i 与算术平均值 $\overline{\chi}$ 之差表示。

$$d_i = \chi_i - \overline{\chi} \qquad (i=1,2,\cdots,n)$$

绝对偏差 d_i 在平均值中所占的比例为相对偏差 d_r，常用百分率表示。

$$d_r = \frac{d_i}{\chi} \times 100\%$$

平均偏差 $\overline{d}$ 为各次偏差绝对值的平均值，即

$$\overline{d} = \frac{|d_1| + |d_2| + \cdots + |d_n|}{n} = \frac{\sum\limits_{i=1}^{n} |d_i|}{n}$$

相对平均偏差 $\overline{d}_r$ 是平均偏差在平均值中所占的比例，常用百分率表示。

$$\overline{d}_r = \frac{\overline{d}}{\chi} \times 100\%$$

平均偏差和相对平均偏差均可用来表示一组测定值的离散程度。所测的平行数据越分散，平均偏差或相对平均偏差就越大，分析的精密度就越低；相反，平行数据越接近，平均偏差或相对平均偏差就越小，分析的精密度就越高。

2. 标准偏差

标准偏差 S 也称均方根偏差，标准偏差越小，精密度越高。当测定次数趋于无限大时，总体标准偏差 σ 可表示为：

$$\sigma = \sqrt{\frac{\sum\limits_{i=1}^{n}(\chi_i - \mu)^2}{n}}$$

式中，μ 代表总体平均值，这里的 n 通常指大于 30 次的测定。在实际工作中，对有限测定次数（$n<20$）时的标准偏差用 S 表示：

$$S = \sqrt{\frac{\sum\limits_{i=1}^{n}(\chi - \overline{\chi})^2}{n-1}} = \sqrt{\frac{\sum\limits_{i=1}^{n} d_i^2}{n-1}}$$

式中，$n-1$ 称为自由度，以 f 表示，表示独立变化的偏差数目。

相对标准偏差 RSD（也称变异系数，用 CV 表示），是指标准偏差在平均值中所占的比例，常用百分率表示。

$$RSD = CV = \frac{S}{\chi} \times 100\%$$

用统计方法处理分析数据得到的标准偏差和相对标准偏差，二者均可更灵敏地反映一组平行测定数据的精密度。

【例 2】 测定敌敌畏乳油中酸度含量时，5 次测定的数据分别为：0.505%，0.502%，0.496%，0.499%，0.498%。计算测定的平均偏差、相对平均偏差、标准偏差和相对标准偏差。

解：
$$\overline{x} = \left(\frac{0.505 + 0.502 + 0.496 + 0.499 + 0.498}{5}\right)\% = 0.500\%$$

$$\overline{d}=\frac{|-0.005|+|-0.002|+0.004+0.001+0.002}{5}\%=0.0028\%$$

$$\overline{d}_r=\frac{\overline{d}}{\overline{\chi}}\times100\%=\frac{0.0028}{0.500}\times100\%=0.56\%$$

$$S=\sqrt{\frac{(-0.005)^2+(-0.002)^2+0.004^2+0.001^2+0.002^2}{5-1}}\%=0.0035\%$$

$$RSD=\frac{S}{\overline{\chi}}\times100\%=\frac{0.0035}{0.500}\times100\%=0.70\%$$

3. 准确度与精密度的关系

准确度表示的是测定结果与真实值之间的符合程度；精密度则表示平行测定值之间的符合程度，即测定结果的重现性。精密度是保证准确度的先决条件，精密度差说明测定结果的重现性差，所得结果不可靠；但是精密度高的不一定准确度也高。只有从精密度和准确度两个方面综合衡量测定结果的优劣，二者都高的测定结果才是可信的。

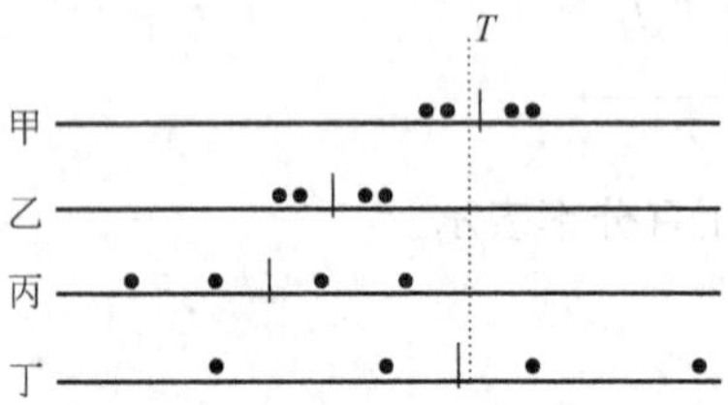

图 11-1　4 位实验者对同一样品的测定结果相对于真实值 T 的位置

●单次测量值；｜平均值

准确度与精密度的关系可用图 11-1 表示。图中标出甲、乙、丙、丁 4 位实验者对同一样品的测定结果相对于真实值 T 的位置。由图 11-1 可知，甲所测结果的精密度和准确度都高，结果可靠；乙所测结果的精密度高而准确度低，说明在测定过程中存在系统误差；丙所测结果的精密度和准确度均不高，结果自然不可靠；丁所得结果的精密度非常差，尽管由于较大的正、负误差恰好相互抵消而使平均值接近真实值，但并不能说明其测定的准确度高，显然丁的结果只是偶然的巧合，并不可靠。

为了保证分析的质量，分析数据必须具备一定的准确度和精密度。

三、方法的准确度及回收率

用所选定的分析方法对已知组分的标准样（背景值 $\overline{x_0}=0$）进行分析；或对人工配制的已知组分的混配样（背景值 $\overline{x_0}=0$）进行分析；或在已分析过的试样（背景值 $\overline{x_0}>0$）中加入一定量的该组分再进行分析，从分析结果（实测值 $\overline{\chi}$）观察已知量（添加值 T）的检出状况称为回收试验。回收试验可用于检查方法的准确度，已知量的检出状况用回收率表示。

$$回收率=\frac{实测值\overline{\chi}-背景值\overline{x_0}}{添加值\,T}\times100\%$$

回收率越接近 100%，方法的准确度越高。一般认为回收率在 95%～105% 间时比较满意。

【例3】　测定标准样品对硫磷乳油，其含量的三次测定结果分别为：50.40%、50.25%、50.15%。已知样品中对硫磷乳油的真实值为 50.20%，求测定结果的回收率是多少。

解：

$$\overline{\chi}=\frac{50.40+50.25+50.15}{3}\times100\%=50.27\%$$

$$回收率=\frac{50.27\%}{50.20\%}\times100\%=100.1\%$$

注：在实际工作中，通常把标准样品的含量和基准物质的含量视为"真实值"。

第二节　误差的来源及减免方法

误差按其来源和性质可分为系统误差和随机误差两类。

一、随机误差（或称偶然误差）

在分析测定过程中，不可避免地会受到一些无法控制的不确定因素的影响而造成误差，称为随机误差。这种误差可大可小，可正可负，很难找到原因，无法测量。从单次测定值来看，随机误差是无规律的，但随着重复测定次数的增加，随机误差的算术平均值将逐渐趋于零。因此，适当增加平行测定次数（一般做3～5次平行测定即可，当分析结果的准确度要求较高时，可增至10次左右），用以减小随机误差。

二、系统误差（或称可测误差）

系统误差是指分析过程中由于某种固定因素引起的误差，它常使测定结果偏高或偏低，在同一条件下重复测定时可重复出现，且其影响比较固定，大小也有一定的规律。一般情况下，系统误差可通过适当的措施来减小或校正，从而提高分析结果的准确度。

1. 系统误差的主要来源

（1）方法误差　由于分析方法本身的缺陷或不够完善所产生的误差。如在分析测定过程中不能完全消除干扰成分的影响，或反应不完全等，使测定结果偏高或偏低。

（2）仪器和试剂误差　由于所用仪器本身不够准确及所用试剂纯度不够所引起的误差。

（3）操作误差　指在正常分析测试过程中由于操作者习惯上或主观因素所造成的误差。

2. 系统误差的校正方法

（1）对照实验　选用公认的标准方法与所采用的方法进行比较，找出校正系数，消除方法误差；或用所选定的方法对已知组分含量的标准试样进行多次测定，将测定值与标准值比较，找出校正系数，进而校正试样的分析结果。

（2）空白试验　由试剂、蒸馏水及容器引入杂质等造成的系统误差可通过空白试验加以消除。方法是在不加试样的条件下，按照试样的分析步骤和测定条件进行分析试验，所得结果称为空白值，最后再从试样分析结果中扣除空白值。空白值不应过大，否则会引起很大的测定误差。若空白值较大时，应通过提纯试剂和改用适当的器皿来消除误差。

（3）仪器校正　对精度校准的仪器，当方法的允许误差大于1‰时，一般都不必校正。如果在特定的要求下，相对误差必须较小时，则应根据具体要求，对测量仪器和容量器皿进行校正，直至精度达到方法误差所允许的范围之内。但做一般分析工作时，使用合格的商品仪器，因厂方已作过检验，可不必进行校正。

第三节　有限数据的统计处理

一、有效数字及运算规则

1. 有效数字

有效数字是以数字来表示工作中能测量到的数据。在记录测量数据时，根据仪器的精密程度可保留一位估计值，因此，有效数字的最后一位数字一般是不定值。

2. 有效数字的运算规则

测量数据的运算，必须遵循一定的计算规则。首先在计算前应对所有数据就其位数进行修约，即统一保留适当位数的有效数字，对多余部分必须舍弃。修约时应遵循"四舍六入五成双"的原则，即拟舍弃数字≤4时舍去；拟舍弃数字≥6时，拟舍弃数字舍弃后，向前一位数字加1；拟舍弃数字等于5且5后的数字为0时，则使保留数字的尾数成双数（偶数，包括0），即若5的前一位为奇数就加1为偶数，若5的前一位为偶数则此偶数值不变，但若5后还有任何非0数字时，则不管5前是奇数还是偶数，都必须在5前的数字上加1。这一方法使5的前一位成双数，这样由五舍或五入引起的误差可以互相抵消。

当几个数据加减时，计算结果的绝对误差应与加减的各数中绝对误差最大者相符。也就是说应以参加运算的各数字中小数点后位数最少的（即绝对误差最大的）那个数字为依据，且先修约后计算。

【例 4】 $2.386+5.2+14.56=?$

解：$2.386+5.2+4.56=2.4+5.2+14.6=22.2$

因为在上述数据中 5.2 的绝对误差最大（±0.1），其小数点后位数最少（一位），所以应与 5.2 的小数位数相同。

当几个数据相乘除时，计算结果的相对误差应与参加运算的各数字中相对误差最大者相近，也就是说，计算结果的保留是以各数中有效数字位数最少的（即相对误差最大的）数字为依据，先修约后计算。

【例 5】 $0.0120\times25.25\times1.05780=?$

解：$0.0120\times25.25\times1.05780=0.0120\times25.2\times1.06=0.320$

由于 0.0120 的相对误差最大 $\dfrac{\pm0.0001}{0.0120}=\pm0.8\%$，最后所得 0.320 的相对误差 $\dfrac{\pm0.001}{0.320}$ $\pm0.3\%$，与前者相呼应。修约时也可多保留一位"安全数字"，但最终结果的位数仍然以有效数字位数最少的数字为依据。

另外，表示准确度和精密度时，有效数字取 1～2 位，如求 E、d、S、S_r 等。

二、置信区间与置信概率

在实际测定分析中，为了评价测定结果的可靠性，人们总希望能够估计实际有限次测定的平均值与真实值的接近程度，即在测量值附近估计出真实值可能存在的范围（置信区间）以及试样含量落在此范围内的概率（置信概率），从而说明分析结果的可靠程度。

随机误差的正态分布规律表明，只有在无限多次的测定中才能找到总体平均值 μ 和标准偏差 σ。在实际分析中多为有限次测定，因而只能用有限次（$n<20$）测定的平均值 $\bar{x}$ 和标准偏差 S 来估计。由此引起的误差可用校正系数 t 来补偿。

$$\pm t=(\bar{x}-\mu)\frac{tS}{\sqrt{n}},\ 则\ \mu=\bar{x}\pm\frac{tS}{\sqrt{n}} \tag{11-1}$$

由式(11-1) 可知，总体平均值 μ 将落在 $\left|\bar{x}-\dfrac{tS}{\sqrt{n}},\ \bar{x}+\dfrac{tS}{\sqrt{n}}\right|$ 区间内，即落在平均值 $\bar{x}$ 附近的某个区间内。μ 所在的 $\left|\bar{x}-\dfrac{tS}{\sqrt{n}},\ \bar{x}+\dfrac{tS}{\sqrt{n}}\right|$ 区间称为置信区间。把测定值在置信区间内出现的概率称为置信概率（P），也称置信度。测量的精密度越高，S 越小，这个区间就越小，平均值 $\bar{x}$ 和总体平均值 μ 就越接近，平均值的可靠性就越大。因此用置信区间表示分析结果更合理。

校正系数 t 既与置信概率 P 有关，又与计算标准偏差 S 时的自由度 f 有关，表 11-1 是不同 P、f 时的 t 值分布表。由表 11-1 可知，t 值随测定次数的增加而减少，随置信概率的提高而增大。

比较两个或多个分析结果的准确程度，应在同一置信概率下进行，同一置信概率下，测定较精确的置信区间小。表 11-2 是 4 种样品的重复测定值及依据式(11-1)求出的置信概率为 95％时每种样本的置信区间。

从表 11-2 可知，测定的每种样本都有各自的置信区间，且每一置信区间都集中到样品的平均值上，但每个置信区间的宽度却与样本的测定次数和标准偏差有关。其中 D 的置信区间最宽，原因是根据两次测定值求得，这种估计的准确程度因 t 值（12.71）很大而使置信区间的范围变宽。因此，当测定次数较少时，可适当增加测定次数，缩小置信区间，从而使测定值的平均值 $\bar{x}$ 与总体平均值 μ 更接近。

表 11-1　t 值分布表

实验次数	自由度(f)	置　信　概　率				
n	$n-1$	50%	90%	95%	99%	99.5%
2	1	1.00	6.31	12.71	63.66	127.3
3	2	0.82	2.92	4.30	9.93	14.09
4	3	0.76	2.35	3.18	5.84	7.45
5	4	0.74	2.13	2.78	4.60	5.60
6	5	0.73	2.02	2.57	4.03	4.77
7	6	0.72	1.94	2.45	3.71	4.32
8	7	0.71	1.90	2.37	3.50	4.03
9	8	0.71	1.86	2.31	3.36	3.83
10	9	0.70	1.83	2.26	3.25	3.69
11	10	0.70	1.81	2.23	3.17	3.58
16	15	0.69	1.75	2.13	2.95	3.25
21	20	0.69	1.73	2.09	2.85	3.15
26	25	0.68	1.71	2.06	2.79	3.08
∞	∞	0.65	1.65	1.96	2.58	2.81

表 11-2　4 种样本的重复测定值和置信区间（95%）

样本	n	χ_i	$\bar{x}$	S	t	μ
A	6	20.6,20.5,20.7,20.6,20.8,21.0	20.7	0.18	2.57	20.7±0.2
B	6	20.0,20.5,20.5,20.0,20.2,20.8	20.6	0.28	2.57	20.6±0.3
C	4	20.6,20.9,21.1,21.0	20.9	0.22	3.18	20.9±0.4
D	2	20.8,20.6	20.7	0.14	12.71	20.7±1.3

【例 6】　某农药中氰乐果含量的测定结果为：$\bar{x}=21.30\%$；$S=0.06$；$n=4$。求置信概率分别为 95% 和 99% 时平均值的置信区间。

解：当 $n=4$，$f=3$，$P=95\%$ 时，查表 11-1，$t=3.18$，所以

$$\mu=21.30\pm\frac{3.18\times0.06}{\sqrt{4}}=(21.30\pm0.10)\%$$

当 $n=4$，$f=3$，$P=99\%$ 时，查表 11-1，$t=5.84$，所以

$$\mu=21.30\pm\frac{5.84\times0.06}{\sqrt{4}}=(21.30\pm0.18)\%$$

置信概率的高低反映测定值的可靠程度，置信区间的大小反映测定值的精度。由例 6 可知，置信概率越高，置信区间越宽。但过高的置信概率往往失去实用价值。如果推断为农药中氰乐果含量在 0～100% 之间，其置信概率为 100%，判断完全正确，但却因置信区间过宽而失去实用价值。在测定中通常取 95% 的置信概率，即有 95% 的把握判断总体平均值 μ 在此区间内。

三、可疑值的取舍

可疑值也称离群值，是指对同一样品进行多次重复测定时，常有个别值比其他同组测定值明显地偏大或偏小。若确实由于实验技术上的过失或实际过程中的失误所致，则应将该值舍去；否则不能随意地剔除或保留，必须通过统计检验决定可疑值的取舍。可疑值的取舍常用 Q 检验法和 Grubbs 检验法。

1.Q 检验法

Q 检验法适于 3～10 次的测定，依据所要求的置信概率，按照下列步骤检验：

① 将数据从小到大排列，计算极差 R；

② 算出可疑值与其最邻近数据之差；

③ 按下式计算舍弃商 $Q_{计}$：

$$Q_{计} = \frac{|x_{可疑} - x_{相邻}|}{R} = \frac{|x_{可疑} - x_{相邻}|}{x_n - x_1}$$

④ 根据测定次数 n 和指定置信概率查 Q 值表（表 11-3），可得 $Q_{表}$。

⑤ 比较 $Q_{计}$ 与 $Q_{表}$。若 $Q_{计} > Q_{表}$，则舍弃可疑值，否则应保留。

表 11-3　Q 值表

置信概率 P ＼ 测定次数 n	3	4	5	6	7	8	9	10
0.90	0.94	0.76	0.64	0.56	0.51	0.47	0.44	0.41
0.95	1.53	1.05	0.86	0.76	0.69	0.64	0.60	0.58

【例 7】 某样品的 5 次测定值分别为 0.1041mol/L、0.1048mol/L、0.1042mol/L、0.1040mol/L、0.1043mol/L。问其中的 0.1048 是否舍弃（置信概率 90%）？若第 6 次测定值为 0.1042，则 0.1048 如何处置？

解： 将数据依次排列：0.1040，0.1041，0.1042，0.1043，0.1048

$R = 0.1048 - 0.1040 = 0.0008$　则　$Q_{计} = \dfrac{0.1048 - 0.1043}{0.0008} = 0.62$

查表 11-3，当 $n = 5$ 时，$Q_{0.90} = 0.64$

$0.62 < 0.64$　　　　　　　所以 0.1048 应予保留。

当 $n = 6$ 时，$Q_{计}$ 仍为 0.62，而 $Q_{0.90} = 0.56$，

$Q_{计} > Q_{0.90}$，那么 0.1048 应予舍弃。

为了提高判断的准确度，有时当 $Q_{计}$ 与 $Q_{表}$ 比较接近时，最好再做一次测定，以决定可疑值的取舍。

2. Grubbs 检验法（G 检验法）

G 检验法步骤如下：

① 将数据从小到大依次排列，计算包括可疑值在内的该组数据的平均值 $\bar{x}$ 和标准偏差 S；

表 11-4　Grubbs 检验法的临界值

测定次数	置信概率		测定次数	置信概率	
	95%	99%		95%	99%
3	1.15	1.15	15	2.55	2.81
4	1.48	1.50	16	2.59	2.85
5	1.71	1.76	17	2.62	2.89
6	1.89	1.87	18	2.65	2.98
7	2.02	2.14	19	2.68	2.97
8	2.13	2.27	20	2.71	3.00
9	2.21	2.39	21	2.78	3.03
10	2.23	2.48	22	2.76	3.06
11	2.36	2.56	23	2.78	3.09
12	2.41	2.54	24	2.80	3.11
13	2.46	3.70	25	2.82	3.14
14	2.51	2.76			

② 算出可疑值与平均值之差，计算 $G_计$，$G_计 = \dfrac{|x_{可疑} - \bar{x}|}{S}$；

③ 依测定次数和指定置信概率查 G 值表（表 11-4），当 $G_计 > G_表$，则舍弃可疑值，否则保留。

由于 G 检验法引入了平均值 $\bar{x}$ 和标准偏差 S，计算量较大，但与 Q 检验法相比较，判断的准确性较高。

【例 8】 测得某辛硫磷乳油的含量分别为：39.58%、39.48%、39.47%、39.50%、39.62%、39.38% 和 39.80%。问其中的 39.80% 是否舍弃？求平均值、平均偏差、标准偏差以及置信概率分别为 95% 和 99% 的平均值的置信区间。

解：现依 G 检验法决定可疑值的取舍。将数据从小到大排列：39.38%，39.45%，39.47%，39.50%，39.58%，39.62%，39.80%。

$$\bar{x} = \left(\frac{39.38 + 39.45 + 39.47 + 39.50 + 39.58 + 39.62 + 39.80}{7}\right)\% = 39.54\%$$

$$S = \sqrt{\frac{(-0.16)^2 + (-0.09)^2 + (-0.07)^2 + (-0.04)^2 + 0.04^2 + 0.08^2 + 0.26^2}{7-1}}\% = 0.14\%$$

$G_计 = \dfrac{39.80 - 39.56}{0.14} = 1.86$，查表 11-4，$n = 7$ 时，

$G_{0.95} = 2.02$，$G_计 < G_{0.95}$，所以 39.80 应保留。

$$\bar{d} = \frac{|-0.16| + |-0.09| + |-0.07| + |-0.04| + 0.04 + 0.08 + 0.26}{7}\% = 0.11\%$$

查表 11-1，当 $n = 7$，置信概率为 95% 时，$t = 2.45$

$$\mu = \left(39.54 \pm \frac{0.14 \times 2.45}{\sqrt{7}}\right)\% = (39.54 \pm 0.13)\%$$

$n = 7$，置信概率为 99% 时，$t = 3.71$

则 $$\mu = \left(39.54 \pm \frac{0.14 \times 3.71}{\sqrt{7}}\right)\% = (39.54 \pm 0.20)\%$$

按以上两种方法舍弃可疑值，能避免处理数据时的盲目性与任意性。值得注意的事，在实际测定中，舍弃一个可疑值后，应继续检验，至无可疑值为止。但是，舍弃的可疑值应是个别的、少量的，否则应从测试中查找原因。

四、标准曲线绘制

用吸光光度法、荧光光度法、原子吸收光度法、色谱分析法对某些成分进行分析时，常常需要制备一套具有一定梯度的系列标准溶液，测定其信号（吸光度、荧光强度、峰面积或峰高），绘制标准曲线。在正常情况下，此标准曲线应该是一条通过原点的直线，但在实际测定时，常出现某一、两点偏离直线的情况，这时用最小二乘方回归法绘制标准曲线，就能得到最合理的图形。

最小二乘法计算直线回归方程式的公式为：

$$y = ax = b$$
$$a = \frac{n\sum xy - \sum x \sum y}{n\sum x^2 - (\sum x)^2}$$
$$b = \frac{\sum x^2 \sum y - \sum x \sum xy}{n\sum x^2 - (\sum x)^2}$$

式中　　x——自变量；

　　　　y——因变量；

　　　　n——测定次数；

a——直线的斜率；

b——直线在 y 轴上的截距。

习题与思考题

1. 下列情况引起的误差属于哪种误差？若为系统误差，如何减免或消除？

(1) 天平盘被腐蚀；

(2) 待测试液未充分混匀；

(3) 读数时，发现微分标尺有些漂移；

(4) 试剂中含有微量杂质干扰主反应。

2. 根据有效数字修约规则，将下列数据修约到小数点后第三位。

3.1415　　0.51749　　15.4525　　0.3788　　0.362508

3. 测定某农药中新戊酸叔丁酯的含量，5 次测定结果分别为 67.48%、67.37%、67.47%、67.45%、67.42%。试求平均值 $\bar{x}$、平均偏差 $\bar{d}$、相对平均偏差 $\bar{d}_r$、标准偏差 S、相对标准偏差 S_r，置信概率分别为 90% 和 95% 的置信区间。

4. 某农药产品中福美双有效成分含量的 4 次平行分析结果为：1.65%、1.58%、1.59% 和 1.85%，分别用 Q 检验法和 G 检验法检验 1.85% 这个数据是否应舍去（$P=95\%$）。

5. 检验纯度为 95% 的草甘膦原药，测定结果为 $n=7$，$\bar{x}=94.65\%$，$S=0.34\%$，若 $P=95\%$，此原药是否合格？

第四部分　农药制剂分析方法准则与农药残留实验室质量控制

第十二章　农药制剂分析方法准则与农药残留实验室质量控制

第一节　国际农药分析协作委员会农药制剂分析方法准则

一、国际农药分析协作委员会简介

国际农药分析协作委员会（Collaborative International Pesticides Analytical Council，CIPAC）的前身是 CPAC，即欧洲农药分析协作委员会（1957），1970 年更名为 CIPAC，成为世界性组织。CIPAC 是一个非营利性组织，官方网址是 http://www.cipac.org。

CIPAC 的目标与任务是促进农药产品分析方法以及制剂的物理化学试验方法取得国际间一致，促进实验室内部规范操作程序，资助旨在促进上述领域工作的会议，颁布标准化分析方法，加强与其他组织间合作。CIPAC 的正式会员一般每个国家一个，此外吸收企业和科研单位的通讯员、观察员。

二、CIPAC 关于农药原药与制剂分析方法的准则与指南

农药制剂均有相应的 CIPAC 代码，我国也颁布了农药制剂国家标准（GB/T 19378—2003《农药剂型名称及代码》）。

CIPAC 手册颁布的分析方法分三级（F，P，T），F 级为获得全体成员国可以接受结果的方法；P 级为暂定方法（候选方法），即预期经过阶段性试验可以成为 F 级方法，或者是具有一定缺陷，然而却是目前所能获得的最好方法；T 级为暂行方法，属由于技术或其他原因尚不能在国际范围内进行协作研究然而却满足了某些特殊需要的方法。此外，CIPAC 手册中涉及的一些非正式出版发布的方法或者方法的某个部分可以通过 CIPAC 秘书处索取。

分析时选用的分析方法可以是标准分析方法，也可以是自行开发并验证用于质量控制的分析方法，或者使用实验室熟练掌握的且经常使用的分析方法。

三、分析方法的确证（method validation）

农药原药与制剂分析方法的确认资料应具备以下几方面内容：①在方法中被分析物质响应的线性范围。②分析方法精密度的评价。③分析方法准确度的证明。④赋形剂中无干扰物的证明。⑤被测定物质种类的确定。

1. 线性范围的考察

分析物质响应的线性范围，至少应大于分析物标明浓度的±20％；至少测定 3 个浓度，每个浓度测定两次；应附上此线性图、斜率、截距和相关系数等数据。测得的斜率可证明响应与分析物浓度之间有明显的相关性。在标明值±20％范围内，其结果不应与线性有显著偏离，即相关系数（y）应＞0.99，否则提交方法必须同时提供如何保持本方法有效性的说明，如故意使用不成线性响应的方法，也必须提出解释。

2. 精密度的考察

（1）化学分析　在此类准则中要求对重复性简单评价即可。至少做 5 次重复样品的测定，同时简单评价其结果，包括相对标准偏差 RSD。如认为合适，对测定中偏离数据可用 Dixons 或

Crubbs 试验检验，但要舍去某些结果时，必须明确指出，并应设法解释为何产生偏离的数据。

数据结果的合格性应以修改的 Horwitz 公式为依据：

$$RSDY < 2(1-0.51gC) \times 0.67$$

根据以上数值，可能得出如下结果：

被分析物/%	Horwitz RSDR	建议的 RSDY
100	2	1.34
50	2.22	1.49
20	2.55	1.71
10	2.83	1.90
5	3.14	2.10
2	3.60	2.41
1	4.0	2.68
0.25	4.93	3.30

（2）物理化学性能测定　当进行物理或物理化学性能测定时，必须测定其重复性，但无须遵守 Horwitz 公式。

3. 方法的准确度评价

评价方法的准确度至少需要实验室制备的（混配的已知含量的）4 个制剂进行测定，其结果可用 Student t 统计或其他适用方法检验。

一种方法的准确度可以从测定已知分析物含量的大量"样品"的结果中获得。这些样品由实验室制备，加入已知量的分析物（其数量根据方法要求）并带有助剂的混合物。加入的被分析物必须是已知有效成分含量的原药。在分析样品过程中应消除取样误差，并严格按照提出的方法，至少测定 4 个回收率，测得的数据可用下列办法处理：

① 计算回收率平均值和回收率的相对标准偏差。

② 对这些结果和评价重复性的结果进行 F 检验，以确定回收率结果的 RSD 与评价精密度结果之间无显著差异。

③ 如能达到②项对回收率结果，可用 Student t 检验，其目的是为证明获得回收率（平均值）与加入浓度之间的差异仅仅是偶然误差（无明显的系统误差）。

$$|t| = |(X-\mu)n/S|$$

式中　X——样品平均值；

　　　μ——真值；

　　　n——样品数量；

　　　S——标准偏差。

t 在不同自由度（$n-1$）的临界值在一般的统计表中列出。如果算得的 t 值未超过临界值，证明在给定的置信区间（置信度 95% 即可）没有显著系统误差。

上述表达式可再整理为平均数的置信区间，样品的真值是在此范围内：

$$\mu = X \pm t(S/n)^{1/2}$$

平均回收率应在以下的范围内：

有效成分/%	平均回收率/%
>10	98.0～102.0
1～10	97.0～103.0
<1	95.0～105.0

4. 非分析物质的干扰试验

在评价准确度时，通常包含非分析物质的干扰试验，因为赋形剂中的任何干扰物均会导致分析方法出现系统误差。然而分析时应同时测定不带赋形剂的空白样品，或证明其无干扰。如有干扰时需测定数量，样品色谱图和其他结果均应附上。当原药有效成分中有特定杂质时，必须证明在相同分析条件下此类杂质的响应值不应大于被分析物或内标物总峰高的 3％。如有此类偏离，必须在提交报告中说明其数据是否已经校正。

5. 方法的特异性

方法特异性应以被分析物质的特点来确定，通常对此类化合物进行质谱测定。在使用色谱法测定时，通常以此作为鉴别有效成分或确认分析标准品的方法。当制剂分析是根据其中一种方法时，不需要重复此项工作。

对创新的色谱法，必须确定其特异性，如使用质谱法，则可由质谱图来推断。

四、分析方法验证的程序

方法验证的重要性在于确定方法的应用范围与局限性，由质量控制样本确定结果的可接受范围，验证分析测定是否真实可靠。

方法验证可以分为 4 个阶段：验证前期预备（pre-validation）、验证各指标（validation）、研究其性能（performance check）、统计分析（statistical analysis）。但方法验证不是一个简单的过程，它可以是一个持续的、通过验证分析方法不断提高可靠性的手段。因此一个阶段性的分析方法验证的完成可意味着一个改善的新的验证过程的开始。

五、分析方法的扩展（extension）程序

详见图 12-1。

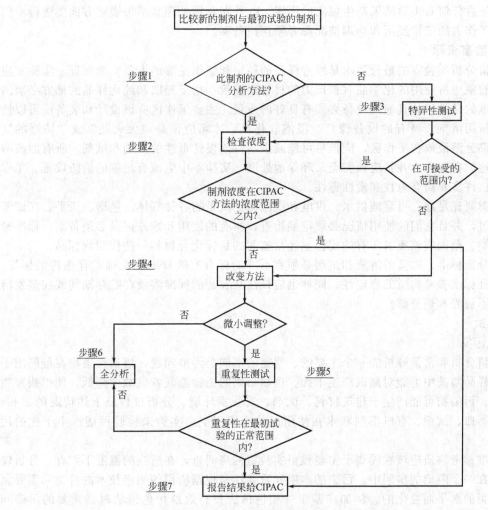

图 12-1 "分析方法的扩展程序"流程图

第二节　农药残留分析实验室 GLP 指南

在国际贸易中要达到公平性原则，这很大程度上依赖于分析结果的可靠性。在农药残留分析中，分析结果的可靠性不仅取决于可靠的分析方法，而且需要分析工作者的经验以及在农药分析中遵守良好的实验室规范（good laboratory practice，GLP）。良好实验室规范是包括试验、设计、实施、查验、记录、归档保存和报告等组织过程的一种质量体系，适用对象包括农药、兽药、工业化学品、食品/饲料添加剂等。良好实验室规范与分析工作者、实验室资源和测试本身这三个互相关联的部分有关。

一、分析工作者

农药残留分析包括取样、制备样本、提取、净化、仪器分析、定性定量分析、结果报告等一系列的操作过程，分析人员要掌握这些单元操作要具备分析化学的基本素质并且要经过一定的培训。因为待测物的浓度通常在 mg/kg 至 tg/kg 之间，要求每一步操作都特别仔细。

实验人员应该有一定的专业知识结构和实践经验，要经过专门的培训课程使之掌握良好的实验技能并能熟练而正确地使用操作分析仪器。分析工作者必须懂得农药残留分析的基本原则和分析质量保证系统的要求，必须了解分析方法的每一步骤的目的和按照规定的方法操作的重要性，同时注意任何对实验结果产生偏离的因素。此外在数据处理和结果表述方面要进行专门训练。分析工作者的工作经历和培训情况都必须存档备案。

二、实验室资源

农药残留分析实验室的最低要求是维持样品的稳定和提供足够的人身安全保证。实验室应该用对该实验室中所使用的化学品有抵抗力的材料来建筑，用于提取和纯化样品的地方必须满足溶剂实验室的条件，并且通风设备必须有良好的质量。主要工作区应该设计和装备成可以使用广泛的分析用溶剂。所有的设备像灯、浸泡软化机、冰箱应该是"无火花"或"防爆的"。只能有一少部分溶液放在工作区，应该尽可能减少高毒或慢性毒性的溶剂和试剂。所有的废溶剂应该安全地贮存起来，并且应该安全又环保地处理。实验室中应该有足够的消防设施。工作人员必须明白许多农药有急性和慢性毒性。

实验室需要充足地、可靠地供水、供电和供应保证质量的各种气体。色谱、天平、光谱等必须被检定过，并且它们的使用情况必须定期检查，所有的使用和维修记录必须备案。标准参考物质的种类、范围应该覆盖所有的实验室经常监测的目标化合物和一些代谢物标品。

所有的分析标准、贮备的溶液和试剂必须有干净的标有有效日期和正确贮存条件的标签，应该注意保证标准参考物质的稳定性，同样也应该注意农药的标准溶液在贮存期间或在蒸发溶剂浓缩期间不被光和热分解。

三、测试

1. 避免污染

农药残留分析和常量分析的一个主要的、明显的不同是污染问题，痕量污染物在最终用于测定的进样样品溶液中可能对测试产生干扰。例如结果的正偏差或者灵敏度降低，使得残留物不能被检出。污染物可能产生于建筑材料、试剂、实验室环境、分析过程或上述情况的加和，所有的玻璃器皿、试剂、有机溶剂和水在使用以前应该用空白实验来检验可能产生干扰的污染物。

农药标准参考物质应该在隔离于主要残留实验室的房间里，在适当的温度下贮存。分析仪器应该放置在一个隔离的房间中。污染的本质和重要性是根据所用的测定技术的种类和需要测定的农药残留的水平而变化的。例如在基于气相色谱法和高效液相色谱法时是重要的污染问题，可能在用光谱测定时就不是很重要，反之亦然。为了排除交叉污染，残留分析和制剂分析必须完全分开，并且由不同的实验人员来做每一项工作，样品的制备应该在一个与主残留实验室分开的地方。

2. 接收和贮存样品

接收样品时必须立即给样品一个唯一的样品代码，这个代码将跟随样品进行所有的分析过程直到报告结果。实验室接收的每一个样品应该带有分析要求方面的信息和要求的贮存条件，以及处理这些样品时潜在的危险信息。

在理想情况下，样品应该远离阳光直射，并且在几天内分析完。然而在很多情况下，样品在分析前可能需要贮存超过一年的时间，贮存样品的温度应该在−20℃左右。在这种温度下，残留的农药被酶分解的量是很低的。如果样品将被冷冻，分析用的样品应该在冷冻前进行提取。为了让在贮存期间水以冰的形式分离出来，必须注意保证所有的取样部分都被用于分析。

3. 标准操作规程（SOP）

所有的例行操作都应该有一个标准操作规程，一个标准操作规程应该包括所有的实验细节、应用信息、工作情况、可获得的测定限和计算结果的方法。任何偏离标准操作规程的操作必须记录，并且经分析主管人授权。

4. 方法的验证

方法的再现性和重复性必须通过对空白样本进行添加回收，或者可靠的基准物质，或者已知残留量的样本来确定，相对标准偏差应该小于20%。但是在低残留情况下，相对标准偏差将高一些。分析方法在它的开发使用中的情况，应该按照以下的标准进行检验。方法的平均回收率应该在70%～120%内。

5 确证实验

当为了常规目的的分析工作做完后，在报告样品中含有本来不应该含有的农药残留，且这种农药残留超过了MRL时，进行确证实验是特别重要的。首先分析工作应该用同样的方法重复一次，样品中可能含有非农药化学物质，这些物质在一些色谱方法中被误检为农药。另外，在定量确证实验中至少有另一种处理的方法，并且独立报告结果。在定性确证实验中至少应该使用一种可代替的技术，这种技术使用不同的物理化学性质和光谱数据。

6. 最低检测限（lower practical levels for the determination of residues of pesticides, LPL）

随着色谱系统的持续改善和分析方法的改进，更灵敏、更有选择性的检测器能使农药残留分析测量的量达到越来越低的水平，能否测定非常低水平的残留物在一些情况下是很重要的。

残留分析工作者经常需要测量样品中的残留量来建立或检测国际贸易中商品的污染物残留水平。在这种情况下，残留分析方法应该有足够的灵敏度，一般需要低于最大残留限量（MRL），以便测定可能存在于样品中的痕量残留物，但是不必低于MRL两个或更多个数量级的残留物，因为用来测定很低水平残留物的方法通常很难运用且花费时间和精力，增大物质投入。因此，对于任何样品可以规定一个LPL水平，这样有利于减小获得数据的技术困难并降低测试成本。

对于已登记的符合MRL的活性物质，它的LPL可以定义为MRL的一部分。LPL的设定可根据残留物浓度而改变。

MRL/(mg/kg)	LPL/(mg/kg)
≥5	0.5
0.5～5	0.1～0.5
0.05～0.5	0.02～0.1
<0.05	0.5×MRL

当 *MRL* 在分析方法的测定限附近时，*LPL* 也可设定在同等水平。

7. 结果表述

当结果有相等的可信度时，应该报告数值的算术平均值。通常对于常规目的的分析来说，小于 1mg/kg 的结果，应该近似为一位有效数字。从 1～10mg/kg 的结果应该近似为两位有效数字。"0"残留量应该报告为小于分析的测定限，而不是小于根据外推法计算出来的值。在复检过程中不得更改以前的测试结果。当通过测定几个样品或几次重复测定得到测试数值时，应该对结果进行科学评价并予以报告。

参 考 文 献

[1] 钱传范. 农药分析 [M]. 北京：北京农业大学出版社，1992.

[2] 岳永德主编. 农药残留分析. 北京：中国农业出版社，2004.

[3] 樊德方. 农药残留量分析与检测. 上海：上海科学技术文献出版社，1982.

[4] 商品农药采样方法. GB 1605—2001.

[5] 商品农药采样方法. GB 1605—79.

[6] 孙传经. 气相色谱分析原理与技术 [M]. 北京：化学工业出版社，1993.

[7] 傅若农. 色谱分析概论 [M]. 北京：化学工业出版社，2002.

[8] 赵欣昕，侯宇凯. 农药规格质量标准汇编 [M]. 北京：化学工业出版社，2002.

[9] 施奈德 L R，格莱克吉 J L，柯克兰 J J [美]. 实用高效液相色谱法的建立 [M]. 王杰，赵岚峰，王树力，丁浩译. 北京：科学出版社，2000.

[10] 许国旺. 现代实用气相色谱法 [M]. 北京：化学工业出版社，2004.

[11] 刘虎威. 气相色谱方法及应用 [M]. 北京：化学工业出版社，2000.

[12] 杜斌. 现代色谱技术 [M]. 郑州：河南医科大学出版社，2002.

[13] 沈阳化工研究院. 农药（月刊），2004～2006.

[14] 农业部农药检定所. 农药科学与管理（月刊），2005～2006.

[15] 江苏农药研究所. 现代农药（双月刊），2005.

[16] 北京有色金属研究总院、中国分析测试协会. 分析实验室（月刊），2006.

[17] 湖南化工研究院. 精细化工中间体（双月刊），2006.

[18] 李楠，钱传范. 手性农药对映异构体的分析. 农药，1998.

[19] 卢航，马云，刘惠君，刘维屏. 手性污染物的色谱分离与分析. 浙江大学学报（农业与生命科学版），2002，28(5)：585～590.

[20] 范瑞芳，色谱技术在农药手性拆分中的应用. 化学通报，2005，68.

[21] 王鹏，江树人，周志强. 反式氯氰菊酯对映异构体的分离. 应用化学，2004，21(1)：96～97.

[22] 杨丽萍，王立新，徐艳丽，钱宝英，高如瑜. 纤维素类手性固定相高效液相色谱法拆分三唑类手性化合物. 分析测试学报，2004，23(5)：25～28.

[23] 申刚义. 环糊精手性固定相的合成及对手性农药中间体的分离研究 [D]，2003.

[24] http://home.dlmedu.edu.cn/jwc/bestcourse/doc/05cp_shenghua_jiangyi2.doc. 第一章：生物化学实验基本技术.

[25] 叶纪明，张百臻. 高效毛细管电泳在农药分析中的应用. 农药科学与管理，1998，增刊

[26] 游静，劳文剑，王国俊. 高效毛细管电泳对农药手性拆分的进展. 分析测试技术与仪器，2001，7(2)：100～104.

[27] [瑞士] Pretsch E，比尔曼 P，阿佛尔特 C 著. 波谱数据表：有机化合物的结构解析. 荣国斌译. 上海：华东理工大学出版社，2002.

[28] 常建华，董绮功编著. 波谱原理及解析. 北京：科学出版社，2005.

[29] 赵瑶兴，孙祥玉编著. 有机分子结构光谱鉴定. 北京：科学出版社，2003.

[30] 冯金城编著. 有机化合物结构分析与鉴定. 北京：国防工业出版社，2003.

[31] 孔垂华，徐效华编著. 有机物的分离和结构鉴定. 北京：化学工业出版社，2003.

[32] 何美玉编著. 现代有机与生物质谱. 北京：北京大学出版社，2002.

[33] 苏克曼，潘铁英，张玉兰编著. 波谱解析法. 上海：华东理工大学出版社，2002.

[34] 范康年，陆靖，屠波等. 谱学导论. 北京：高等教育出版社，2001.

[35] 宁永成. 有机化合物结构鉴定与有机波谱学. 武汉：武汉大学出版社，2000.

[36] Meng L Z, Du C Q, Chen Y Y, et al. Preparation, Characterization and Behavior of Cellulose-Titanium(Ⅳ)Oxide Modified with Organosilicone. J Appl Polym Sci, 2002.

[37] 陈耀祖，涂亚平著. 有机质谱原理及应用. 北京：科学出版社，2001.

[38] Zhong Z L, Ikeda A, Shinkai S, et al. Creation of Novel chiral Cryptophanes by a Self-assembling Method Utilizing a pyridl-pd(Ⅱ) Interaction. Organic Letter, 2001.

[39] 唐英章. 现代食品安全检测技术. 北京：科学出版社，2004.

[40] 孟令芝主编. 有机波谱分析. 武汉：武汉大学出版社，2003.

[41] 张华主编. 现代有机波谱分析. 北京：化学工业出版社，2005.

[42] 谈天. 谱学方法在有机化学中的应用. 北京：高等教育出版社，1985.

[43] Liu Weiping, Gan Jianying, Schlenk Daniel, William A Jury. Enantioselectivity in environmental safety of current chiral insecticides, Environmental Sciences, 2005, 1: 102, 701~706.

[44] 林国强, 陈耀全, 陈新滋等. 手性合成——不对称反应及其应用. 北京: 科学出版社, 2000: 3.

[45] 徐逸楣. 光学活性农药开发的现状与展望. 农药译丛, 1998, 20(1): 6~16.

[46] Huhnerfuss H, Kallenborn R, Konig W A, Rimkus G. Organohalogen Comp, 1992, 10: 97~100.

[47] Imran A, Gupta V K. A boul-Enein. H. Y. Curr Science, 2003, 84(2): 152~156.

[48] 徐晓白, 戴树桂, 黄玉瑶. 典型化学污染物在环境中的变化和生态效应. 北京: 科学出版社, 1998.

[49] 牟树森, 青长乐. 环境土壤学: 农业环境保护专业用. 北京: 中国农业出版社, 1993.

[50] 王秋霞, 手性农药对映体在动物体内立体选择性行为的研究. 中国农业大学学位论文库, 2006.

[51] Lewis D L, Garrison A W, Wommack K E, et al. Nature, 1999, 401: 898~901.

[52] Zipper C, Nickel K, Angst W, et al. Complete microbial degradation of both enantiomers of the chiral herbicide mecoprop[(RS)-2-(4-chloro-2-methylphenoxy)propionic acid]in an enantioselective manner by Sphingomonas herbicidovorans sp. nov. Appl Environ Microbiol, 1996, 62: 4318~4322.

[53] Kallenborn R, Oehme M, Vetter W, et al. Enantiomer selective separation of toxaphene congeners isolated from seal blubber and obtained by synthesis. Chemosphere, 1994, 28(1): 89~98.

[54] Nickel K, Suter M J F, Kohler H P E. Involvement of two α-ketoglutarate-dependent dioxygenases in enantioselective degradation of (R)-and (S)-mecoprop by Sphingomonas herbicidovorans MH. J Bacteriol, 1997, 179: 6674~6679.

[55] Zipper C, Bunk M, Zehnder A J B. Enantioselective Uptake and Degradation of the Chiral Herbicide Dichlorprop [(RS)-2-(2,4-Dichlorophenoxy) propanoic acid] by Sphingomonas herbicidovorans MH. J Bacteriol, 1998, 180: 3368~3374.

[56] Park H D, Ka J O. Genetic and Phenotypic Diversity of Dichlorprop-Degrading Bacteria Isolated from Soils. J Microbiol, 2003, 3: 7~15.

[57] Romero E, Matallo M B, Pena A, et al. Dissipation of racemic mecoprop and dichlorprop and their pure R-enantiomers in three calcareous soils with and without peat addition. Environ Pollut, 2001, 111: 209~215.

[58] Williams G M, Harrison I, Carlick C A, et al. Changes in enantiomeric fraction as evidence of natural attenuation of mecoprop in a limestone aquifer. J Contam Hydrol, 2003, 64: 253~267.

[59] Garrison A W, Schmitt P, Martens D, et al. Enantiomeric selectivity in the environmental degradation of dichlorprop as determined by high-performance capillary electrophoresis. Environ Sci Technol, 1996, 30: 2449~2455.

[60] FDA Pesticide Analytical Manual Volume I: Multiresidue Methods.

[61] 董玉英, 孙成, 王晓栋等, 固相萃取技术在水体有机物分析中的应用. 环境科学进展, 1999, 7(4): 83~90.

[62] Lopez F J, Pitarch E, Egea S, et al. Gas chromatographic determination of organochlorine and organophosphorus pesticides in human fluids using solid phase microextraction. Analytica Chimica Acta, 2001, 433: 217~226.

[63] Poustka J, Holadova K. Hajsova J. Application of supercritical fluid extraction in multi-residue pesticide analysis of plant matrices. Eur Food Res Technol, 2003, 216: 68~74.

[64] 常春艳, 王云凤, 葛宝坤等. 利用快速溶剂萃取（ASE）法检测水果和蔬菜中有机氯农药残留. 口岸卫生控制, 2005, 9(6): 25~26.

[65] You J, Weston D P, Lydy M J. A Sonication Extraction Method for the Analysis of Pyrethroid, Organophosphate, and Organochlorine Pesticides from Sediment by Gas Chromatography with Electron-Capture Detection. Arch Environ Contam Toxicol, 2004, 47: 141~147.

[66] Ferrer C, Gomez M J, Garcia-Reyes J F. Determination of pesticide residues in olives and olive oil by matrix solid-phase dispersion followed by gas chromatography/mass spectrometry and liquid chromatography/tandem mass spectrometry. Journal of Chromatography A, 2005, 1069: 183~194.

[67] Shepherd M J. Size exclusion and gel chromatography: theory, methodology and applications to the clean-up of food samples for contaminant analysis//Gibert J. Analysis of food contaminants. London and New York: Elsenier applied science publishers, 1984.

[68] 李发生等. 丁酰胆碱酯酶传感器用于有机磷农药测定. 化学传感器, 1994, 14(2).

[69] 陆贴通等. 生物酶技术在农药残留快速检测中的应用进展. 上海环境科学, 2001, 20(10): 467.

[70] 默涛等. 农药残留量分析方法. 上海: 上海科学技术文献出版社, 1992.

[71] 钱传范等. 免疫检测技术在农药残留分析中的应用. 农药科学与管理, 1991, (4): 27~32.

[72] 杨国利. 酶免疫测定技术. 南京: 南京大学出版社, 1998.

[73] 于世林. 高效液相色谱方法与应用. 北京: 化学工业出版社, 2000.

[74] 查显才等. 农药残留研究进展. 北京: 中国农业出版社, 2003.

[75] 张乔编译. 农药污染物残留分析方法汇编. 北京：化学工业出版社，1990.

[76] Babic S，Kastelan-Macan M，Petrovic M. Water Sci Technol，1998，37：243～250.

[77] Babic S，Petrovic M，Kastelan-Macan M. J Chromatrogr A，1998，823：3～9.

[78] Bladek J，Rostkowski A，Miszczak M. J Chromatrogr A，1996，754：273～278.

[79] Cao H Q，Yue Y D，Hua R M，et al. J Planar Chromatogr —Mod TLC，2005，18：155～158.

[80] Futagamin K，Narazaki C，Kataoka Y，Shuto H，Oishi R. J Chtomatogr B Biomed Appl，1998，704：361～373.

[81] Ge S M，Tang F，Yue Y D，Hua R M，et al. J Planar Chromatogr —Mod TLC，2004，17：365～368.

[82] Hamada M，Wintersteiger R. J Biochem Biophys Methods，2002b，53：229.

[83] Hamada M，Wintersteiger R. J Planar Chromatogr —Mod TLC，2002a，15：11.

[84] Hamada M，Wintersteiger R. J Planar Chromatogr —Mod TLC，2003，16：4.

[85] Hauck H E，Schulz M. J Chromatogr Sci，2002，40：550.

[86] Husain S W，Kiarostami V，Morrovati M，et al. Acta Chromatogr，2003，13：208.

[87] Koeber R，Niessner R. Fresenius J Anal Chem，1996，354：464～469.

[88] Marutoiu C，Coman V，Vlassa M，Constantinescu R. J Liq Chromatogr Relat Technol，1998，21：2143～2149.

[89] Moraes S L，Rezende M O O，Nakagawa L E，Luchini L C，J Environ Sci Health B，2003，38：605.

[90] Perisic-Janjic N U，Djakovic T，Vojinovic-Milorador M. J Planar Chromatogr —Mod TLC，1994，7：72.

[91] Petrovic M，Babic S，Kastelan-Macan M. Croat Chem Acta，2000，73：197～207.

[92] Petrovic M，Kastelan-Macan M，Babic S. J Planar Chromatogr —Mod TLC，1998，11，353～356.

[93] Petrovic M，Kastelan-Macan M，Lazaric K，et al. J AOAC Int，1999，82：25～30.

[94] Rane K D，Mali B D，Garad M V，Patil V B. J Planar Chromatogr —Mod TLC，1998，11：74～76.

[95] Rawat J P，Bhardwaj M. Orient J Chem A，2000，16：53～58.

[96] Rezic I，Harvat A J M，Babic S，et al. Ultrasonics Sonochemistry，2005，12：477～481.

[97] Sharma A K，Sharma J D. J Environ Biol，1999，20：89～91.

[98] Tang F，Ge S M，Yue Y D，Hua R M，et al. J Planar Chromatogr —Mod TLC，2005，18：28～34.

[99] Vassileva-Alexandrova P，Neicheva A. J Planar Chromatogr —Mod TLC，1999，12：425～428.

[100] Zhang R，Yue Y D，Hua R M，et al. J Planar Chromatogr —Mod TLC，2003，16：127～130.

[101] HG/T 2467. 1—2003～HG/T 2467. 20—2003. 农药产品标准编写规范.

附　录

附录1　农药原药登记全组分分析试验报告编写的要求

以下为农业部农药鉴定所对农药原药登记全组分分析试验报告的编写要求。

一、报告格式要求

有封面、试验委托证书复印件、实验室声明、引言或摘要、目录、正文、附图等部分。封面上应以醒目大字标明样品名称、试验委托单位、承担单位和样品编号等项目，报告应有技术负责人批准签字、质量负责人签字、检验人员签字以及报告完成日期等，加盖单位公章以及骑缝章。正文使用宋体四号字（表格除外）打印，统一使用 A4 纸。

二、报告正文内容要求

1. 产品概要

原药有效成分基本物化参数：中文通用名称，国际（ISO）通用名称，CIPAC 数字代码，化学名称，结构式，实验式，相对分子质量，生物活性，熔点，蒸气压，分配系数，溶解度，稳定性等。若是新有效成分，应测定熔点、分配系数、溶解度、稳定性等物化参数。

2. 有效成分含量测定及结果（提供五批有代表性的样品）

包括方法提要，试剂和溶液，仪器，操作条件，测定步骤，计算，测试结果，标准品及样品色谱图。若是新有效成分，应做线性关系曲线、精密度和准确度数据。

3. 水分含量或加热减量测定结果

4. 不溶物含量测定结果

5. 酸碱度测定或 pH 值测定结果

6. 熔点测定结果

7. 灰分测定及结果

8. 有效成分定性报告及谱图

（1）红外光谱法及解析

（2）质谱法及解析

（3）核磁共振法及解析

（4）紫外光谱法及解析

（5）其他必要的定性方法，如元素分析等

9. 杂质

0.1％以上及微量对哺乳动物、环境有明显危害的杂质名称、结构式、含量及必要的定性报告。

（1）杂质定性报告并附谱图

① 一般杂质

GC-MS 法或 HPLC-MS 法及解析。

② 有害杂质（注释）

a. GC-MS 法或 HPLC-MS 法及解析

b. 核磁共振法及解析

c. 红外光谱法及解析

d. 紫外分光光度法及解析

（2）杂质定量报告

① 杂质标样制备过程

② 杂质定量（提供五批有代表性的样品）

有害杂质应采用标准样品定量，一般杂质可采用归一法定量。

包括方法提要，试剂和溶液，仪器，操作条件，测定步骤，计算，测试结果，标准品及样品色谱图。必要时，应做线性关系曲线、精密度和准确度数据。

10. 五批有代表性样品检测数据表

11. 其他

三、结论

① 对人类或（和）环境造成不能接受的危害；

② 影响加工制剂的质量，例如在贮存过程中造成有效成分的降解、包装件的变质或腐蚀应用器械；

③ 对作物有害或污染食品、作物等。

附录 2　某些农药产品中常出现的杂质（英文）

Impurities reported or likely to be present[①] in some pesticides

(From A. Ambrus with permission)

	Impurities		References[②]
Active ingredient	Specified	Found[③]	
Chemical name/formula of impurities	Max. Conc[④].	Concentration	
2,4-D			
2,7-dichloro-dioxins			
1,3,7,-trichloro-dioxins		12-23μg/kg[⑦]	Cochrane,
1,3,6,8/2,3,7,9-teterachlorodioxins		2-5μg/kg[⑧]	
2,3,7,9-tetrachlorodioxin	0.01mg/kg		CAG9
free phenols	3g/kg[⑤]		
free phenols;expressed as 2,4-dichlorophenol	5g/kg[⑥]		
Acephate			
$(CH_3O)_2P(O)NH_2$	5g/kg		FAO,Fukuto
$(CH_3O)_2P(S)NHC(O)CH_3$	1g/kg		
$(CH_3O)_2P(O)SCH_3$			
acetamid	1g/kg		
Alachlor			
2-chloro-2,6-diethylacetanilide	30g/kg		
Aldicarb			
aldicarb oxime[$(CH_3)_2C(SCH_3)CH$ =NOH]	4.0g/kg		FAO,Baron
$(CH_3)_2C(OC_2H_5)CH$ =NOCONHCH$_3$			
$(CH_3)_2C(SOCH_3)CH$ =NOCONHCH$_3$			
aldicarb nitrile[$(CH_3)_2C(SCH_3)CN$]	53.0g/kg		
$CH_3NHCONHCH_3$			
$CH_3NHCON(CONHCH_3)CH_3$			
$(CH_3)_2C(SCH_3)CH$ =NOCON(CONHCH$_3$)CH$_3$			
methyl isocyanate	12.5g/kg		
trimethylamine	12.5g/kg		
dimethylurea+trimethylbiuret	50g/kg		

Impurities			References[②]
Active ingredient	Specified	Found[③]	
Chemical name/formula of impurities	Max. Conc[④].	Concentration	
Aluminum phosphide			
arsenic	0.04g/kg		FAO,CAG1
Amitraz			
2,4-dimethylaniline	3g/kg	BP	CAG2
Bifenox			
2,4-dichlorophenol	3g/kg		
Butachlor			
2-chloro-2,6-diethylacetanilide	0.2g/kg		
dibutoxymethane	13g/kg		
butyl chloroacetate	10g/kg		
N-butoxymethyl-2-sec-butyl-2-chloro-6-ethylaceta nilide	14g/kg		
Carbaryl			
2-naphthol	0.05%		FAO
2-naphthyl methylcarbamate	0.05%		
Chlorothalonil			
hexachlorobenzene	0.1g/kg,0.3g/kg		CAG2,FAO
Chlorpyrifos			
sulfotep$[(C_2H_5O)_2P(S)]_2O]$		0.01%	CAG4[②]
		0.15%~0.65%	b:Turle
3,5,6-trichloropyridinol		<0.05%~0.57%	c:Allender
$(C_2H_5O)_2P(S)PYCl_2$(Cl are in 3,6 or 5,6 positions)			Baron
$(C_2H_5O)_2P(S)PYCl_3$(Cl are in 3,4,6;4,5,6positions)			
$(C_2H_5O)_2P(S)PYCl_4$			
$(C_2H_5O)(C_2H_5S)P(O)PYCl_3$			
Dacthal,DCPA			
hexachlorobenzene			
Deltamethrin			
deltamethrin risomer	101g/kg		
Diazinon			
$[(C_2H_5O)_2P(S)]_2O$(sulfotep)		0.3%~0.4%	a:.Vasques,
		<0.01%~0.53%	b:Turle
$(C_2H_5O)(C_2H_5S)_2PS$			Baron
$(C_2H_5O)_2(C_2H_5S)PS$			
$(C_2H_5O)_3PS$			
$(C_2H_5O)(C_2H_5S)_2PO$			
iso-diazinon			
PyrH			
$PyrP(S)(SC_2H_5)(OC_2H_5)$			
$(C_2H_5O)P(S)NHC(NH)CH(CH_3)_2$			
Dicamba			
$C_6H_3Cl_2OH$			Baron
$Cl_2C_6H_2(OH)COOH$			
$Cl_2C_6H_2(OCH_3)COOCH_3$			
$ClC_6H_3(OCH_3)COOH$			
$Cl_3C_6H(OCH_3)COOH$			
Dicofol			
o,o'-DDE,o,m'-DDE,o,p'-DDE,m,p'-DDE,p,p'-DDE, o,p'-chloro-DDT,p,p'-chloro-DDT	1g/kg	Up to 575g/kg dicofol[⑨]	Gillespie

Impurities			References[②]
Active ingredient	Specified	Found[③]	
Chemical name/formula of impurities	Max. Conc[④].	Concentration	
Dimethoate			
$(CH_3O)_2P(S)SH$			Baron
$(CH_3O)_2(CH_3S)PS$			
$(CH_3O)_3PS$			
$(CH_3O)_2P(S)SSP(S)(OCH_3)_2$			
$ClCH_2CONHCH_3$			
$(CH_3O)_2P(S)SCH_2CON(CH_3)_2$			
$(CH_3O)_2P(S)SCH_2COOH$			
$(CH_3O)CH_3(S)P(O)SCH_2CONHCH_3$			
$[(C_2H_5)_2P(S)]_2O$			CAG9[②]
$(CH_3O)_2P(O)SCH_2CONHCH_3$ (omethoate)	5g/kg		FAO,CAG9
Diuron			
tetrachloroazoxybenzene	2mg/kg		CAG7,
1,3-bis-(3,4-dichlorophenyl)urea			Blein,
3,3',4,4'-tetrachloroazoxybenzene	1mg/kg		NL
3,3',4,4'-tetrachloroazobenzene(TCAB)	10 20[a]mg/kg		CAG7[a],Singh
free amine salts	0.4%[④]		FAO
Glyphosate acid			
N-methyl-glyphosate	28g/kg		FAO
aminomethylphosphonic acid	17g/kg		
hydroxymethylphosphonic acid	12g/kg		
(phosphonomethylimino)di(acetic acid)	10g/kg		
Malathion			
$(CH_3O)_3P{=}S$			Baron,Toia,
$(CH_3O)_2P(S)SCH_3$			Pellegrini
$(CH_3O)_2P(O)OCH_3$			Umestu
$(CH_3O)_2P(S)OP(S)(OCH_3)_2$			
$(CH_3O)_2P(S)SP(S)(OCH_3)_2$			
$(CH_3O)_2P(O)SC(CH_2COOC_2H_5)CHOOC_2H_5$	1g/kg		CAG2
$(CH_3O)_2P(S)SH$			
$(CH_3O)(CH_3S)P(O)SC(CH_2COOC_2H_5)HCOOC_2H_5$	2mg/kg		CAG2
$(CH_3S)_2P(O)OCH_3$			
$(CH_3O)(CH_3S)P(S)SC(CH_2COOCH_3)CHOOC_2H_5$			
$(CH_3O)(CH_3S)P(S)SC(CH_2COOC_2H_5)CHOOCH_3$	1.8%[④]		
$(CH_3O)(CH_3S)P(S)SC(CH_2COOC_2H_5)CHOOH$			
$(CH_3O)(CH_3S)P(S)SC(CH_2COOH)CHOOC_2H_5$			
$HSC(CH_2COOC_2H_5)CHOOC_2H_5$			
$S[C(CH_2COOC_2H_5)CHOOC_2H_5]_2$			
$(CH_2COOC_2H_5)C_2H_5OOCHSSC(CH_2COOC_2H_5)CHOOC_2H_5$			
Methamidophos			
amidate O,O-dimethyl phosphoramidothioate	90g/kg		FAO,Pavel
N-methylamidate	80g/kg		
O,O,S-trimethyl phosphoramidothioate	20g/kg		
$(CH_3O)_3P{=}S$	70g/kg		
Parathion			
$[(C_2H_5)_2P(S)]_2O$(sulfotep)	2g/kg		CAG9
$(C_2H_5O)_2P(S)SC_2H_5$			Greenhalgh,

Impurities			References[2]
Active ingredient	Specified	Found[3]	
Chemical name/formula of impurities	Max. Conc[4].	Concentration	
$(C_2H_5O)_3P(S)$			Baron
$(C_2H_5O)P(S)S(C_2H_5)_2 (C_2H_5O)_2P(S)SP(S)(C_2H_5)_2$			
$(C_2H_5O)_2P(S)SSP(S)(C_2H_5)_2$			
$(C_2H_5O)_2P(O)SC_2H_5$			
$(C_2H_5O)_2P(O)$			
$C_6H_4(NO_2)OH$			
$(C_2H_5O)(C_2H_5S)P(S)OC_6H_4NO_2$			
$(C_2H_5O)_2P(O)OC_6H_4NO_2$			
$(C_2H_5O)(C_2H_5S)P(O)OC_6H_4NO_2$			
$(C_2H_5O)_2P(O)OH$			
free p-nitrophenol	1.0%[12]		
			FAO
Quintozene			
hexachlorobenzene	75mg/kg		CAG5
Simazine			
2,4-dichloro-N^6-ethyl-1,3,5-triazine-amine			Baron
N^2,N^4,N^6-ethyl-1,3,5-triazine-triamine			
4-chloro-N^2,N^6-diethyl-1,3,5-triazine-diamine			
4-chloro-2-amino-N^6-ethyl-1,3,5-triazine-amine			
2-hydroxy-4-chloro-N^6-ethyl-1,3,5-triazine-amine			
2,4-dihydroxy-N^6-ethyl-1,3,5-triazine-amine			
4-hydroxy-N^2,N^6-diethyl-1,3,5-triazine-diamine			
Zineb			
ETU	0.5%		FAO
Arsenic	200mg/kg		
cadmium		11.2~59	Gärtel 1984

① The impurities were predicted by Baron and co-workers based on theoretical considerations. Since then, the presence of many of them was reported in technical products.

② Only the first author is given if it is sufficient for identification of the reference. Authors reported the impurities in commercial pesticides are indicated with superscript letters, while the authors described the impurities are listed without any marks.

③ Impurities found in commercial samples.

④ FAO, Australian (CAG) or Dutch national specifications available.

⑤ expressed as 2,4-dichlorophenol of the 2,4-D.

⑥ expressed as 2,4-dichlorophenol.

⑦ Total dioxin content ranged from 11 to 16300μg/kg in 2,4-D esters. The main components were the di-and tri-chlorodioxins.

⑧ Total dioxin content ranged from 1-3339μg/kg in amine salt of 2,4-D, The main components were the di-and tri-chlorodioxins.

⑨ Formulations manufactured before 1988 contained DDT related impurities at up to 575g/kg of dicofol. Formulations manufactured after the EC Prohibition Directive, requiring that DDT-related impurities represent less than 1g/kg dicofol content, contained these impurities at up to 7g/kg of the dicofol.

⑩ Calculated as dimethylamine HCl.

⑪ After stability test at 54℃ for 6 days (note: the normal test is 14 days).

⑫ Including p-nitrophenol from easily hydrolysed impurities.

附录3　某些农药及其杂质的毒性（英文）

Toxicity of some pesticides and their impurities

Active ingredient		Impurities	
	LD_{50}/(mg/kg)	Chemical name/formula	Toxicity(LD_{50})/(mg/kg)
2,4,5-T	500,rat	2,3,7,8-tetrachloro dibenzo- p-dioxin(TCDD)	630000x,guinea pig 10000x,rat
2,4-D	x	2,7-dichloro-,1,3,7,-trichloro and 1,3,6,8/1,3,7,9-teterachlorodioxins	
Benomyl		Phenazines	mutagenicity
Carbendazim		Phenazines	mutagenicity
Diazinon	300~400,rat 80~135,mice 250~355,guinea pig	Sulfotep	IC_{50}O,S-TEPP/Diazinon=14000 (Cholinesterase)
Fenitrothion		S-methyl isomer of fenitrothion	IC_{50} iso-fenitrothion/ fenitrothion=100~1000
Malathion	6100,mice 12500,rat[2][3]	$(CH_3O)_3P=S$	1150,mice 15,rat[1]
		$(CH_3O)_2P(S)SCH_3$	1850,mice[2] 15,rat[1][2]
		$(CH_3O)_2P(O)OCH_3$	400,mice
		$(CH_3O)_2P(S)OP(S)(OCH_3)_2$	25,mice
		$(CH_3O)_2P(S)SP(S)(OCH_3)_2$	1500,mice
		$(CH_3O)_2P(O)SC(CH_2COOC_2H_5)—CHOOC_2H_5$	215,mice
		$(CH_3O)_2P(S)SH$	1550,mice
		$(CH_3O)(CH_3S)P(O)SC—(CH_2COOC_2H_5)HCOOC_2H_5$	0.05% in pure malathion:LD_{50},rat:4400 0.5% in pure malathion LD_{50},rat:2000
		$(CH_3S)_2P(O)OCH_3$	26~43,rat 0.05% in pure malathion:LD_{50},rat:3100 0.5% in pure malathion LD_{50},rat:1700

[1] Delayed toxicity (Watanapron, 1988).

[2] Fukuto 1982.

[3] Purified malathion.

附录4　常用农药的气相色谱的测定条件

农　药	色谱柱	温　度	内标物	保留时间
右旋苯氰菊酯 (d-cyphenothrin)	5%SE-30 2m×3mm	柱温 225℃,气化温 250℃,检测温 260℃	苯二甲酸二 (2-乙基)己酯	9.4min,内标:7.1min
三唑磷（tri- azophos）	1.5%SE-30 1.5m×2.5mm	柱温 240℃,气化温 260℃,检测器 260℃	邻苯二甲酸二 环己酯	5.4min,内标:8.2min
残杀威（prop- oxur）	5%SE-30 30m×0.32mm	柱温 260℃,气化温 280℃,检测器 280℃	邻苯二甲酸二 丁酯	2.7min,内标:3.52min

农 药	色谱柱	温 度	内标物	保留时间
丙线磷（etho-prophos）	3%SE-30 1m×3.0mm	柱温185℃，气化温250℃，检测温240℃	邻苯二甲酸二丁酯	4.4min，内标：8.9min
啶虫脒（acet-amiprid）	3%SE-30 10m×0.53mm	柱温220℃，气化温250℃，检测温250℃	邻苯二甲酸二正辛酯	4.6min，内标：9.8min
杀螟硫磷（fe-nitrothion）	5%OV-101 0.5m×2mm	柱温170℃，气化温220℃，检测温210℃	磷酸三苯酯	3.0min，内标：9.1min
噻嗪酮（bu-profezin）	5%OV-101 0.5m×2mm	柱温170℃，气化温220℃，检测温210℃	磷酸三苯酯	6.2min，内标：9.3min
甘氨硫磷（alkatox）	5%XE-60 1.5m×2mm	柱温200℃，气化温220℃，检测温210℃	邻苯二甲酸二丁酯	3.3min，内标：7.2min
氯氰菊酯（primisulfuron-methyl）	OV-1 30m×0.25mm	柱温220℃，气化温260℃，检测温260℃，柱前压88.15kPa(0.87atm)	邻苯二甲酸二己酯	氯氰菊酯低顺体12.5min,高顺体15.8min，低反体14.1min，高反体17.9min，内标：6.4min
S-氰戊菊酯（esfenvalerate）	OV-1 25m×0.25mm	柱温225℃，气化温260℃，检测温260℃	癸二酸二异辛酯	10.5min，内标：7.8min
毒死蜱（chlor-pyrifos）	5%OV-101 1.5m×4mm	柱温190℃，气化温240℃，检测温220℃	邻苯二甲酸二戊酯	5.5min，内标：9.7min
戊唑醇（tebu-conazole）	3%OV-101 1m×3mm	柱温205℃，气化温220℃，检测温220℃	邻苯二甲酸二戊酯	8.8min，内标：4.3min
丙环唑（prop-iconazole）	3%OV-101 1m×3mm	柱温200℃，气化温220℃，检测温220℃	邻苯二甲酸二戊酯	9.7min，内标：5.3min
三唑酮（triad-imefon）	3%OV-101 1m×3mm	柱温200℃，气化温220℃，检测温220℃	邻苯二甲酸二戊酯	3.3min，内标：5.3min
烯唑醇（dini-conazole）	3%OV-101 1m×3mm	柱温195℃，气化温230℃，检测温230℃	二十烷	9.0min，内标：4.4min
粉唑醇（flu-triafol）	3%OV-101 1m×3mm	柱温195℃，气化温230℃，检测温230℃	二十烷	5.9min，内标：4.4min
克菌丹（cap-tan）	3%OV-101 1m×3mm	柱温195℃，气化温230℃，检测温230℃	邻苯二甲酸二戊酯	4.3min，内标：6.4min
灭菌丹（fol-pet）	3%OV-101 1m×3mm	柱温195℃，气化温230℃，检测温230℃	邻苯二甲酸二戊酯	4.6min，内标：6.4min
异菌脲（ipro-dione）	5%SE-30 1m×3mm	柱温230℃，气化室250℃，检测温250℃	邻苯二甲酸二戊酯	8.3min，内标：4.5min
敌稗（propa-nil）	10%SE-30 1m×3mm	柱温180℃，气化温230℃，检测温230℃	正十八碳烷	8.2min，内标：6.1min
二甲戊乐灵（pendimethalin）	5%OV-101 1m×3mm	柱温170℃±10℃，气化室240℃，检测温240℃	邻苯二甲酸二戊酯	8.5min，内标：13.5min
氰草津（cy-anazine）	3%OV-101 1m×3mm	柱温180℃，气化温200℃，检测温200℃	邻苯二甲酸二戊酯	12min，内标：6.1min
乙草胺（ace-tochlor）	3%OV-17 1m×3mm	柱温180℃，气化温201℃，检测温201℃	邻苯二甲酸二丁酯	3.5min，内标：4.7min
氰草净（cy-anatryn）	5%XE-60 1m×2mm	柱温150℃，气化室200℃，检测温200℃	三唑酮	3.8min，内标：7.2min
环庚草醚（cinmethylin）	5%OV-101 1m×2mm	柱温180℃，气化温250℃，检测温230℃	邻苯二甲酸二丙酯	7.7min，内标：2.8min
噁唑磷（isox-athion）	5%OV-101 1.5m×6mm	柱温210℃，气化温250℃，检测温250℃	苯二甲酸二异辛酯	2.9min，内标：5.8min
异丙甲草胺（metolachlor）	5%XE-60 1m×3mm	柱温190℃，气化温230℃，检测温230℃	邻苯二甲酸二戊酯	3.3min，内标：5.9min

农药	色谱柱	温度	内标物	保留时间
丁草胺(buta-chlor)	10%QF-1 2m×3mm	柱温 200℃,气化温 230℃,检测温 230℃	邻苯二甲酸二甲酯	6.2min,内标:3.8min
噁草酮(ox-adiazon)	10%QF-1 2m×3mm	柱温 200℃,气化温 230℃,检测温 230℃	邻苯二甲酸二甲酯	10.2min,内标:3.8min
氟草净(SSH-108)	5%XE-60 1.5m×2mm	柱温 170℃,气化温 180℃,检测温 180℃	邻苯二甲酸二戊酯	3.3min,内标:7.2min

附录5 常用农药的高效液相色谱的测定条件

农药	色谱柱	流动相	检测器	保留时间	内标
克百威(car-bofuran)	C$_{18}$ 5μm150mm×4.6(内径)mm	甲醇:水=70:30(体积比)流速 1ml/min	紫外 254nm	5min,邻苯二甲酸二乙酯:6.5min	邻苯二甲酸二乙酯
仲丁威(fenobucarb)	Lichrosorb Si 60 7μm250mm×4.6(内径)mm	正己烷:异丙醇=95:5(体积比)流速 2.8ml/min	紫外 254nm 或 262nm	2.8min	外标法
异丙威(iso-procarb)	Lichrosorb Si 60 7μm250mm×4.6(内径)mm	正己烷:四氢呋喃=82:18(体积比)流速 2.8ml/min	紫外 254nm	3min	外标法
溴氰菊酯(deltamethrin)	Spherisorb Si NH 5μm 250mm×4.6(内径)mm	正己烷:异丙醇=1000:2(体积比)流速 1ml/min	紫外 220nm	32.6min	外标法
氯氰菊酯(cypermethrin)	Supelcosil LC-CN 5μm 250mm×4.6(内径)mm	正己烷:异丙醇=99.5:0.5(体积比)流速 0.8ml/min	紫外 230nm	8 个异构体保留时间在 12~26min 之间	外标法
氯氰菊酯(cypermethrin)	5% OV-10 0.5m×3mm 250mm×4.6(内径)mm	正己烷:四氢呋喃=100:0.5(体积比)流速 1ml/min	紫外 254nm	顺式异构体 β 15.7min,顺式异构体 α 18.6min,反式异构体 β 21.27min,反式异构体 α 24.52min	外标法
阿维菌素(abamectin)	C18 5μm 250mm×4.6(内径)mm	甲醇:水=90:10(体积比)流速 1ml/min	紫外 230nm	9.3min	外标法
吡虫啉(imi-dacloprid)	C18 5μm 250mm×4.6(内径)mm	甲醇:水=55:45(体积比)流速 1ml/min	紫外 254nm	3.8min	外标法
氯溴异氰尿酸(chlorobro-moisocyanuric)	Zorbax SB-C$_{18}$ 5μm 250mm×4.6(内径)mm	甲醇:水:冰醋酸=10:90:0.1(体积比)流速 0.8ml/min	紫外 220nm	3.2min	外标法
三氯杀螨醇(dicofol)	C$_8$ 6μm 250mm×4.6(内径)mm	甲醇:水:乙酸=75:25:0.2(体积比)流速 2.0ml/min	紫外 254nm	o,p-异构体 8.84min p,p-异构体 12.7min	外标法
辛硫磷(phoxim)	C18 10μm 150mm×5(内径)mm	甲醇:水=75:25(体积比)流速 1ml/min	紫外 254nm		外标法
顺式氰戊菊酯(esfenvaler-are)	Lichrosorb Si 60 5μm 250mm×4.6(内径)mm	石油醚:乙酸乙酯=98.5:1.5(体积比)流速 1.5ml/min	紫外 278nm	12.44min	外标法
氟虫腈(fipronil)	C$_{18}$ 5μm 250mm×4.6(内径)mm	乙腈:甲醇:水=40:38:22(体积比)流速 1ml/min	紫外 215nm	6.1min	外标法

农 药	色谱柱	流动相	检测器	保留时间	内 标
毒死蜱(chlorpyrifos)	ODS 250mm×4.6(内径)mm	乙腈：水：乙酸＝82：17.5：0.5(体积比) 流速2ml/min	紫外300nm	7.9min	外标法
棉隆(dazomet)	C_{18} 250mm×3.9(内径)mm 5μm	甲醇：水＝33：67(体积比) 流速1.0ml/min	紫外284nm	7.3min	外标法
霜霉威盐酸盐(propanocarbhydro chloride)	Spherisorb 100 DS 250mm×4.6(内径)mm	甲醇：0.01moL/L $NH_4H_2PO_4$(pH＝2.5)＝10：90(体积比) 流速2.0ml/min	紫外210nm	6.8min	外标法
甲基硫菌灵(thiophanate-methyl)	Lichrosorb RP-8 10μm 250mm×4.6(内径)mm	乙腈：甲醇：水＝25：25：50(体积比)流速1ml/min	紫外269nm	6.7min,对羟基苯甲酸丙酯:10.4min	对羟基苯甲酸丙酯
福美双(thiram)	Partisil-10(硅胶柱)5～10μm250mm×4.6(内径)mm	正己烷：异丙醇＝95：5(体积比) 流速1.5ml/min	紫外250nm	5.0min,对羟基苯甲酸丙酯:3.5min	对羟基苯甲酸丙酯
粉唑醇(flutriafol)	Nova-Pak C_{18} 250mm×4.6(内径)mm	甲醇：水＝85：15(体积比) 流速0.8ml/min	紫外262nm	4.3min	外标法
多菌灵(carbendazim)	C_{18} 5μm 250mm×4.6(内径)mm	甲醇：水：氨水＝50：50：0.6(体积比)流速2.0ml/min	紫外285nm	8.2min	外标法
氟铃脲(hexaflumuron)	C_{18} 12μm 250mm×4.6(内径)mm	甲醇：水＝80：20(体积比) 流速1.0ml/min	紫外250nm	12.1min	外标法
苦豆碱(aloperine)	C_{18} 5μm 250mm×4.6(内径)mm	甲醇：水：三乙胺＝55：45：0.02(体积比) 流速1.0ml/min	紫外220nm	2.19min	外标法
苦参碱(matrine)	C_{18} 5μm 250mm×4.6(内径)mm	甲醇：水：三乙胺＝55：45：0.02(体积比) 流速1.0ml/min	紫外220nm	17.9min	外标法
氧化苦参碱(oxymatrine)	C_{18} 5μm 250mm×4.6(内径)mm	甲醇：水：三乙胺＝55：45：0.02(体积比) 流速1.0ml/min	紫外220nm	4.0min	外标法
槐果碱(sophocarpine)	C_{18} 5μm 250mm×4.6(内径)mm	甲醇：水：三乙胺＝55：45：0.02(体积比) 流速1.0ml/min	紫外220nm	17.0min	外标法
野靛碱(cytisine)	C_{18} 5μm 250mm×4.6(内径)mm	甲醇：水：三乙胺＝55：45：0.02(体积比) 流速1.0ml/min	紫外300nm	3.9min	外标法
槐胺碱(sophoramine)	C_{18} 5μm 250mm×4.6(内径)mm	甲醇：水：三乙胺＝55：45：0.02(体积比) 流速1.0ml/min	紫外300nm	3.8min	外标法
戊唑醇(tebuconazole)	C_{18} 5μm 250mm×4.6(内径)mm	甲醇：水＝85：15(体积比) 流速0.8ml/min	紫外225nm	6.1min	外标法
丙环唑(propiconazole)	C_{18} 5μm 250mm×4.6(内径)mm	甲醇：水＝85：15(体积比) 流速0.8ml/min	紫外225nm	6.5min	外标法
三唑酮(triadimefon)	C_{18} 5μm 250mm×4.6(内径)mm	甲醇：水＝85：15(体积比) 流速0.8ml/min	紫外225nm	5.2min	外标法
苯醚甲环唑(difenoconazole)	ODS 5μm 150mm×4.6(内径)mm	甲醇：水＝85：15(体积比) 流速0.8ml/min	紫外254nm	7.7min	外标法
烯唑醇(diniconazole)	C_{18} 5μm 250mm×4.6(内径)mm	甲醇：水＝85：15(体积比) 流速0.8ml/min	紫外252nm	5.2min	外标法

农 药	色谱柱	流动相	检测器	保留时间	内 标
三唑醇(triadi-menol)	C$_{18}$ 5μm 250mm×4.6(内径)mm	甲醇：水＝85：15(体积比)流速 0.8ml/min	紫外 223nm	7.3min	外标法
腈菌唑（my-clobutanil)	C$_{18}$ 5μm 250mm×4.6(内径)mm	甲醇：水＝85：15(体积比)流速 0.8ml/min	紫外 223nm	3.9min	外标法
克菌丹（cap-tan)	C$_{18}$ 5μm 250mm×4.6(内径)mm	甲醇：水＝85：15(体积比)流速 0.8ml/min	紫外 225nm	5.8min	外标法
灭菌丹（fol-pet)	C$_{18}$ 5μm 250mm×4.6(内径)mm	甲醇：水＝85：15(体积比)流速 0.8ml/min	紫外 225nm	6.1min	外标法
咪草烟（ima-zethapyr)	ODS 150mm×4.6（内径)mm	甲醇：水＝65：35(体积比)流速 1ml/min	紫外 230nm		外标法
苯磺隆(tribe-nuron-methyl)	C$_{18}$ 5μm 250mm×4.6(内径)mm	甲醇：水＝65：40(体积比)流速 1.2ml/min	紫外 234nm	11.8min	外标法
草甘膦(glyph-osate)	Partisil 10 SAX 强阴离子交换剂 10μm 250mm×4.6(内径)mm	0.8437g KH$_2$PO$_4$ 溶于 960ml 水中，加 40ml 甲醇，混合均匀，用 85% H$_3$PO$_4$ 将此溶液的 pH 调至 1.9 流速 2.3ml/min	紫外 195nm	2.4~4min	外标法
灭草松(benta-zone)	C$_{18}$ 12μm 300mm×3(内径)mm	甲醇：缓冲液＝40：60(体积比）缓冲液：0.08mol/L 丁酸钠缓冲液，用冰醋酸调至 pH＝6	紫外 340nm	9.5min	外标法
稀禾啶（se-thoxydim)	Zorbax SIL250mm×4.6(内径)mm	A 泵：正己烷：冰醋酸＝100：1,流速 1.55ml/min,B 泵：乙酸乙酯，流速 0.45ml/min	紫外 283nm	10.7min	外标法